高等学校土木工程专业系列选修课教材

土木工程造价

本系列教材编委会组织编写

孙昌玲
张国华 主编

中国建筑工业出版社

图书在版编目（CIP）数据

土木工程造价/孙昌玲，张国华主编．—北京：中国建筑工业出版社，2000
高等学校土木工程专业系列选修课教材

ISBN 978-7-112-04022-3

Ⅰ．土…　Ⅱ．①孙…，②张…　Ⅲ．土木工程-建筑造价-高等学校-教材
Ⅳ．TU723.3

中国版本图书馆 CIP 数据核字（2000）第 16180 号

本书系统阐述土木工程造价的基本概念和工程造价管理体系改革的动向。对水、暖、气工程，通风空调工程，电气安装工程与路桥工程造价，特别是土建工程造价的计价方法等作了详述或必要的概括。同时，对工程建设各阶段使用的不同计价方法即投资估算、设计概算、施工图预算、竣工结（决）算等进行了介绍。对国际工程造价及计算机辅助确立工程造价也作了比较详细的论述。

本书可作为土木工程相应专业的教材，也可供从事土木工程造价管理的专业技术人员参考。

高等学校土木工程专业系列选修课教材
土木工程造价
本系列教材编委会组织编写
孙昌玲
张国华 主编
*
中国建筑工业出版社出版、发行(北京西郊百万庄)
各地新华书店、建筑书店经销
北京蓝海印刷有限公司印刷
*
开本:787×1092 毫米　1/16　印张:15½　插页:4　字数:372 千字
2000 年 6 月第一版　　2007 年 8 月第九次印刷
印数:13101—14600 册　定价:**20.50** 元
ISBN 978-7-112-04022-3
(9429)

土木工程专业系列选修课教材

编委会名单

前　言

本书是为适应建筑市场发展和工程造价管理体制改革的要求，按土木工程专业系列选修课教材编委会审定的编写大纲，依据1995年《全国统一建筑工程基础定额》和1997年《江苏省建筑工程综合预算定额》及有关政策文件和定额资料编写的。本书可供作大专院校土木工程、工程管理及相关专业的教材，亦可作工程造价从业人员及自学者的参考书。

对本书的编写，我们考虑既要适应国家教委专业调整后的需要，拓宽学生的知识面，又要有利于学生了解土木工程造价的计价过程和分部组合计价的方法。在内容的编写上作了大胆的尝试，理论概念的阐述、实际操作的要点及工程实例的附录，尽量反映工程造价管理体制改革动向的新内容。

本书第1章、第2章由南京建工学院张国华编写，第3章由苏州城建环保学院席学军编写，第4章由扬州大学范网田编写，第5章、第8章由合肥工业大学孙昌玲编写，第6章由河海大学丰景春、刘永强编写，第7章、第9章由南京建工学院白春玲编写，附录实例土建部分由扬州大学范网田编写，水电部分由扬州大学朱永恒编写，全书由孙昌玲统稿，附录实例由张国华统稿。

东南大学沈杰教授百忙之中仔细认真地审阅了本书全稿，并提出许多中肯、建设性的宝贵意见，在此我们表示衷心感谢。

限于作者的水平和经验，书中难免存在缺点和错误，敬请读者批评指正。

编者

1999.10

目　录

第1章　土木工程造价概论

1.1　工程建设与建设项目

1.1.1　工程建设概念

1. 工程建设含义

工程建设是指为了国民经济各部门的发展和人民物质文化生活水平的提高而进行的增加固定资产的建设工作。固定资产的建造、购置、安装及与其相联系的其他工作，均属于工程建设工作。

固定资产是指在社会再生产过程中可供长时间反复使用，并在其使用过程中基本上不改变实物形态的劳动资料和其他物质资料，如房屋、建筑物、机器设备、运输工具等。

工程建设的最终成果表现为固定资产的增加，它是一种横跨国民经济许多部门，涉及生产、流通和分配等各个环节的综合性经济活动。工程建设工作内容包括建筑（土木）安装工程、设备和工器具的购置及与其相联系的土地征购、勘察设计、研究试验、技术引进、职工培训、联合试运转等其他建设工作。

2. 建筑（土木）安装工程组成

在工程建设中，建筑安装工程是创造价值的生产活动，它由建筑工程和安装工程两部分组成。

(1) 建筑（土木）工程包括：

1）各类房屋建筑工程和列入房屋建筑工程的供水、供暖、供电、卫生、通风、煤气等设备及其装设，油饰工程，以及列入建筑工程的各种管道、电力、电信和电缆导线敷设工程。

2）设备基础、支柱、工作台、烟囱、水塔、水池等附属工程。

3）为施工而进行的场地平整，工程和水文地质勘察，原有建筑物和障碍物的拆除以及施工临时用水、电、气、路和完工后的场地清理、环境绿化、美化等工作。

4）矿井开凿、井巷延伸、石油、天然气钻井，以及修建铁路、公路、桥梁、水库、堤坝、灌渠及防洪等工程。

(2) 安装工程包括：

1）生产、动力、起重、运输、传动和医疗、实验等各种需要安装的机械设备的装配，与设备相连的工作台、梯子、栏杆等装设工程以及附设于被安装设备的管线敷设工程和被安装设备的绝缘、防腐、保温、油漆等工作。

2）为测定安装工程质量，对单个设备进行单机试运转和对系统设备进行系统联动无负荷试运转而进行的调试工作。

1.1.2 工程建设程序

工程建设程序是指工程建设工作中必须遵循的先后次序。它反映了工程建设各个阶段之间的内在联系，是从事建设工作的各有关部门和人员都必须遵守的原则。

一般工程建设项目的建设程序为：

(1) 提出项目建议书，为推荐的拟建项目提出说明，论述建设它的必要性；

(2) 进行可行性研究，对拟建项目的技术和经济的可行性进行分析和论证；

(3) 编制可行性研究报告，选择最优建设方案；

(4) 编制设计文件。项目业主按建设监理制的要求委托工程建设监理，在监理单位的协助下，组织开展设计方案竞赛或设计招标，确定设计方案和设计单位；

(5) 签订施工合同进行开工准备，包括征地、拆迁、平整场地、通水、通电、通路以及组织设备、材料定货，组织施工招标，选择施工单位，报批开工报告等项工作；

(6) 施工和动用前准备，按设计进行施工安装。与此同时，业主在监理单位协助下做好项目建成动用的一系列准备工作，例如：人员培训、组织准备、技术准备、物资准备等；

(7) 试车验收，竣工验收；

(8) 后评价。项目建成投产后，对建设项目进行后评价。

以上工程建设程序可以概括为：先调查、规划、评价，而后确定项目、投资；先勘察、选址，而后设计；先设计，而后施工；先安装试车，而后竣工投产；先竣工验收，而后交付使用。工程建设程序顺应了市场经济的发展，体现了项目业主责任制、建设监理制、工程招标投标制、项目咨询评估制的要求，并且与国际惯例基本趋于一致。

1.1.3 工程建设项目的分类

工程建设项目由于性质、用途、规模和资金来源等不同，可进行如下分类：

1. 按建设性质不同分为

(1) 新建项目：是指从无到有，新开始建设的项目。对原有项目扩建，其新增加的固定资产价值超过原有固定资产价值三倍以上的，也属于新建项目。

(2) 扩建项目：是指原有企、事业单位为扩大原有产品的生产能力和效益，或增加新产品的生产能力和效益而进行的固定资产的增建项目。

(3) 改建项目：是指原有企、事业单位为提高生产效率、改进产品质量或改变产品方向，对原有设备工艺流程进行技术改造的项目；或为提高综合生产能力，增加一些附属和辅助车间或非生产性工程的项目。

(4) 恢复项目：是指企、事业单位的固定资产因自然灾害、战争或人为的灾害等原因，已全部或部分报废，而后又投资恢复建设的项目。不论是按原来规模恢复建设，还是在恢复同时进行扩建都属于恢复项目。

(5) 迁建项目：是指原有企、事业单位，由于各种原因迁移到另外的地方建设的项目。搬迁到另外地方建设，不论其建设规模是否维持原来规模，都属于迁建项目。

2. 按投资的用途不同分为

(1) 生产性建设项目，是指直接用于物质生产或满足物质生产需要的建设项目，包括：工业、农业、建筑业、林业、运输、邮电、商业以及物质供应、地质资源勘探等建设项目。

(2) 非生产性建设项目，是指用于满足人民物质文化需要的建设项目，包括：住宅、文教卫生、科研实验、公用事业以及其他建设项目。

3. 按建设总规模和投资的多少分为大、中、小型项目。划分标准根据行业、部门的不同有不同的规定。

(1) 工业项目按设计生产能力划分见表1-1。

工业项目划分标准表　　表1-1

	单　位	大　型	中　型	小　型
煤矿设计生产能力	10^4t	$a>500$	$200\leqslant a\leqslant 500$	$a<200$
电站装机容量	MW	$a>250$	$25\leqslant a\leqslant 250$	$a<25$
钢铁联合企业	10^4t	$a>100$	$10\leqslant a\leqslant 100$	$a<10$
合成氨厂设计能力	10^4t	$a>15$	$4.5\leqslant a\leqslant 15$	$a<4.5$
棉纺织厂棉纱锭	万枚	$a>10$	$5\leqslant a\leqslant 10$	$a<5$

(2) 非工业建设项目不分大型与中型，统称大中型项目，如库容量1亿m^3以上的水库、长度1000m以上的独立公路大桥、年吞吐量100万t以上新建扩建的沿海港口、有3000名学员以上的新建高等院校等均属大中型项目。

(3) 文教、卫生、科研等按投资额划分见表1-2。

按项目投资额划分表　　表1-2

单　位	大型项目	中型项目	小型项目
万　元	$a>2000$	$1000\leqslant a\leqslant 2000$	$a<1000$

4. 按资金来源和渠道不同分为

(1) 国家投资项目：是指国家预算直接安排的工程建设投资项目。

(2) 银行信用筹资项目：是指通过银行信用方式供应工程建设投资的项目。

(3) 自筹资金项目：是指各地区、部门、单位按照财政制度提留管理和自行分配用于基本建设投资的项目。

(4) 引进外资项目：是指吸收利用国外资金（包括与外商合资经营、合作经营、合作开发以及外商独资经营等形式）建设的项目。

(5) 利用资金市场项目：是指利用国家债券筹资和社会集资（包括股票、国内债券、国内补偿贸易等）项目。

1.1.4 工程建设项目的层次划分

根据工程建设项目的组成内容和层次不同，从大到小，依次可划分为：

(1) 建设项目（又称工程建设项目）。是指具有一个计划任务书，在一个场地或几个场地上，按一个总体设计进行施工的各个单项工程的总和。组成建设项目的单位是行政上有独立组织形式，经济上实行统一核算的企、事业单位（即建设单位），如工（矿）企业、学校等。

建设项目实行项目（业主）法人责任制，项目和企业法人对建设项目的筹划、筹资、建设实施直至生产经营、归还贷款以及资产的保值增值实行全过程的管理，并承担投资风险。建设项目法人可以采取多种组织形式，如：原有企业投资进行项目建设，项目法人就是原有企业领导班子；不同投资方以合资方式投资的扩建项目建立董事会，董事会就是项目法人；由单一政府投资的新建项目，设立的管理委员会就是项目法人。

(2) 单项工程。是指具有单独的设计文件，建成后能够独立发挥生产能力或效益的工程，如工（矿）企业中的车间，学校中的一幢教学楼、图书馆等。

（3）单位工程。它是单项工程的组成部分，是指具有独立的设计文件，可以独立组织施工，但竣工后不能独立发挥生产能力或效益的工程，如教学楼中的土建工程、水暖工程、电气照明工程等等；生产车间中的厂房建筑（土建工程）、管道工程、电气工程等等。

（4）分部工程。它是单位工程的组成部分，指单位工程中，为便于工料核算，按照工程的结构特征和施工方法而划分的工程部位和构部件，如房屋建筑的地基与基础工程、墙体工程、地面与楼面工程、门窗工程、屋面工程、装饰工程等等；电气工程中的变配电工程、电缆工程、配管配线、照明器具等等。

（5）分项工程。它是分部工程的组成部分，一般是按照选用的施工方法、所使用的材料、结构构件规格的不同等因素划分的，它是可以通过较为简单的施工过程生产出来，并可用适当的计量单位测算或计算其消耗的假想建筑产品。如一般基础工程中的开挖基槽、做垫层、基础灌筑混凝土（或砌石、砌砖）等分项工程。照明器具中的普通电器安装、荧光灯具安装、开关插销安装等等。

综上所述，一个建设项目由一个或几个工程项目所组成，一个工程项目由几个单位工程组成，一个单位工程又可划分为若干个分部、分项工程。工程预算的编制工作就是从分项工程开始，计算不同专业的单位工程造价，汇总各单位工程造价得单项工程造价，进而综合成为建设项目总造价。建设项目的这种划分，既有利于编制概预算文件，也有利于项目的组织管理。因此，分项工程是组织施工作业和编制施工图预算的最基本单元，单位工程是各专业计算造价的对象，单项工程造价是各专业造价的汇总。建设项目的划分与构成之间的关系如图 1-1 所示。

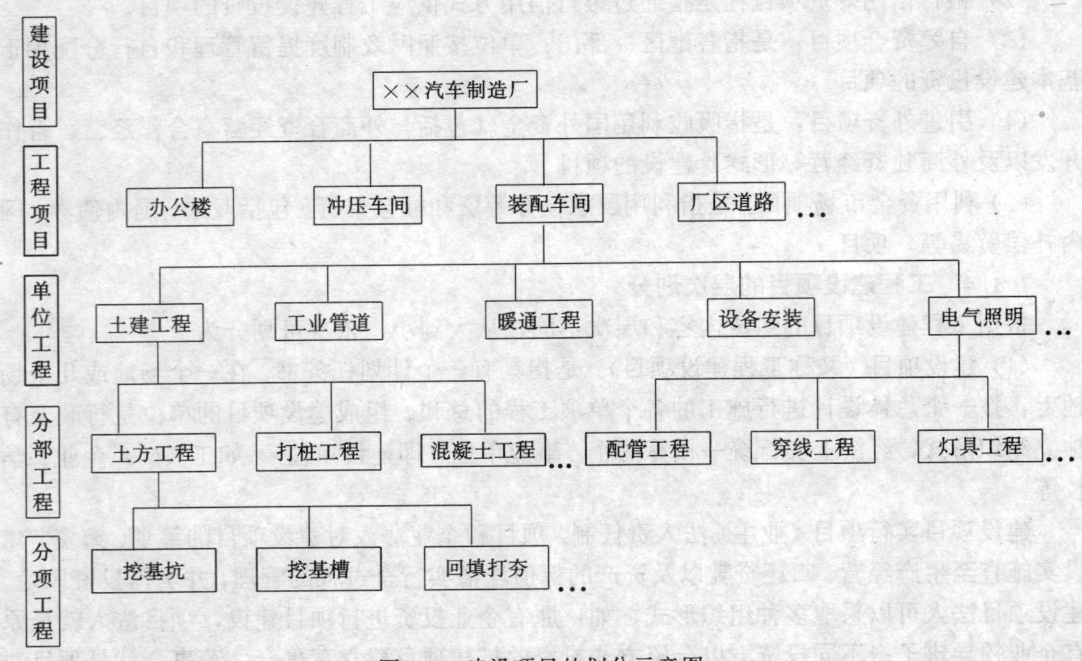

图 1-1　建设项目的划分示意图

1.2 工程造价的概念及其计价特点

1.2.1 工程造价概念

建设工程造价是指建设项目从筹建到竣工验收交付使用的整个建设过程所花费的全部费用。它主要由建筑（土木）安装工程造价、设备工器具费用和工程建设其他费用组成。

1. 建筑安装工程造价

建筑安装工程造价是指建设单位用于建筑和安装工程方面的投资，包括用于建筑物的建造及有关准备、清理等工程的费用，用于需要安装设备的安置、装配工程的费用。

2. 设备工器具购置费

设备工器具购置费是指按照建设项目设计文件要求，建设单位（或其委托单位）购置或自制达到固定资产标准的设备和新、扩建项目配置的首套工器具及生产家具所需的费用。它由设备工器具原价和包括设备成套公司服务费在内的运杂费组成。

3. 工程建设其他费用

工程建设其他费用是指未纳入以上两项的由项目投资支付的为保证工程建设顺利完成和交付使用后能够正常发挥效用而发生的各项费用总和。它可分为五类，第一类为土地转让费，包括土地征用及迁移补偿费，土地使用权出让金；第二类是与项目建设有关的费用，包括建设单位管理费、勘察设计费、研究试验费、财务费用（如建设期贷款利息）等；第三类是与未来企业生产经营有关的费用，生产准备费等费用；第四类为预备费，包括基本预备费和工程造价调整预备费；第五类是应缴纳的固定资产投资方向调节税。

1.2.2 工程造价的计算方法

我国现行建设工程造价组成及计算方法如表1-3所示。

1.2.3 建筑工程造价计价特点

建设工程造价的计价特点主要表现为：单件性计价、多次性计价和组合性计价。

1. 单件性计价

建设工程是按照特定使用者的专门用途，在指定地点逐个建造的。每项建筑工程为适应不同使用要求，其面积和体积、造型和结构、装修与设备的标准及数量都会有所不同。而且特定地点的气候、地质、水文、地形等自然条件及当地政治、经济、风俗习惯等因素必然使建筑产品实物形态千差万别。再加上不同地区构成投资费用的各种价值要素（如人工、材料）的差异，最终导致建设工程造价的千差万别。所以建设工程和建筑产品不可能像工业产品那样统一地成批订价，而只能根据它们各自所需的物化劳动和活劳动消耗量，按国家统一规定的一整套特殊程序来逐项计价，即单件计价。

2. 多次性计价

建设工程的生产过程是一个周期长、数量大、可变因素多的生产消费过程。依据建设程序，在不同的建设阶段，为了适应工程造价控制和管理的要求，需要对建设工程进行多次计价。其过程为：

（1）在项目建议书阶段，应编制初步投资估算，经有权部门批准，即为拟建项目列入国家中长期计划和开展资金筹措等前期工作的控制造价；

工程造价组成及各项费用的计算方法 **表 1-3**

	费 用 项 目	参 考 计 算 方 法
建筑安装工程造价（一）	直接工程费	Σ（实物工程量×分项工程单价）＋其他直接费＋现场经费
	间接费	（直接工程费×取费费率）或（人工费×取费费率）
	计划利润	［（直接工程费 ＋ 间接费）×计划利润率］或（人工费×计划利润率）
	税金	（直接工程费＋间接费＋计划利润）×规定的税率
设备、工器具费用（二）	设备购置费（包括备品备件）	设备原价×（1＋设备运杂费率）
	工器具及生产家具购置费	设备购置费×费率（或按规定的金额计算）
工程建设其他费用（三）	土地使用费	按有关规定计算
	建设单位管理费	［（一）＋（二）］×费率或按规定的金额计算
	研究试验费	按批准的计划编制
	生产准备费	按有关定额计算
	办公和生活家具购置费	按有关定额计算
	联合试运转费	［（一）＋（二）］×费率或按规定的金额计算
	勘察设计费	按有关规定计算
	引进技术和设备进口项目的其他费用	按有关规定计算
	供电贴费	按有关规定计算
	施工机构迁移费	按有关规定计算
	临时设施费	按有关规定计算
	工程监理费	按有关规定计算
	工程保险费	按有关规定计算
	财务费用	按有关规定计算
	经营项目铺底流动资金	按有关规定计算
	预备费 其中：价差预备费	［（一）＋（二）＋（三）］×费率 按规定计算
	固定资产投资方向调节税	Σ（各单位工程投资额×税率）

（2）在可行性研究阶段，应编制投资估算，经有权部门批准，即为该项目国家计划控制造价；

（3）在初步设计阶段，应编制初步设计总概算，经有权部门批准，即为控制拟建项目工程造价的最高限额；

（4）在施工图设计阶段，应编制施工图预算，用以核实施工图阶段造价是否超过批准的初步设计概算；

（5）对施工图预算为基础招标投标的工程，承包合同价也是以经济合同形式确定的建筑安装工程造价；

（6）在工程实施阶段，要按照施工单位实际完成的工程量，以合同价为基础，同时考虑因物价调整所引起的造价变动，考虑到设计中难以预计的而在实施阶段实际发生的工程费用合理确定结算价；

（7）在竣工验收阶段，全面汇集在工程建设过程中实际花费的全部费用，编制竣工决算，如实体现该建设工程的实际造价。

以上计价过程可以用图 1-2 表示。

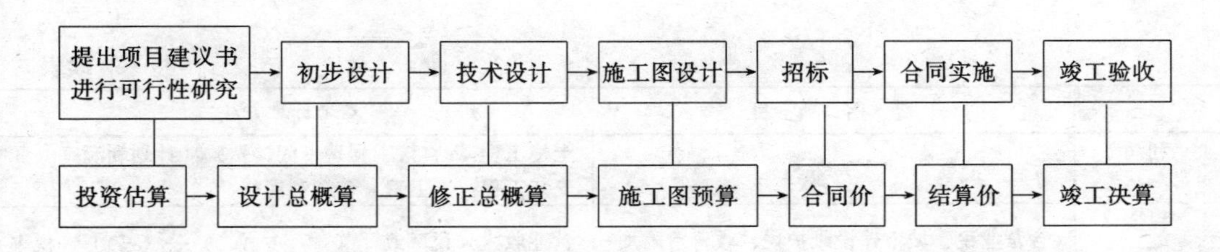

图1-2　工程多次性计价示意图

从投资估算、设计概算、施工图预算到招标投标合同价，再到各项工程的结算价和最后在结算价基础上编制的竣工决算，整个计价过程是一个由粗到细、由浅到深，最后确定建设工程实际造价的过程。计价过程各环节之间相互衔接，前者制约后者，后者补充前者。

3. 组合性计价

在整个建设工程费用中，对设备、工器具费用和工程建设其他费用的确定，都可以通过某些具体资料进行简单计算。然而对建筑安装工程的造价，由于它的内容繁多复杂，仅凭某种资料或文件很难计算出结果。因此，必须对建设工程项目，进行科学的分析和分解，找出便于确定建筑安装产品价值的一些基本规律，从而得出比较准确的造价。故要将建设项目按单项、单位、分部、分项等工程进行“构成要素”划分，这就是工程建设项目划分（分解）的目的。

与工程构成的方式相适应，建设工程具有组合计价的特点。计价时，按基本构成要素（分项工程）计算工程量，乘以相应的分项工程单价得到工程直接费，再按费用标准计算间接费、利税，汇总以上各项费用得到单位工程造价。综合各单位工程造价计算出单项工程造价，最终汇总成建设项目总造价。

综上所述，建设工程造价的计算过程为：首先按构成要素分解项目，然后按分部组合计价。

1.3　建筑工程造价构成

1.3.1　建筑安装工程造价构成

为了便于计算，一般把建筑安装工程造价分解为若干性质不同的费用。我国现行建筑安装工程费用的具体构成见表1-4。

我国现行建筑安装工程费用的构成　　表1-4

	费　用　项　目		参考计算方法
直接工程费 （一）	直接费	人工费	Σ（实物工程量×人工工日定额消耗量×日工资单价）
		材料费	Σ（实物工程量×材料定额消耗量×材料预算价格）
		施工机械使用费	Σ(实物工程量×机械定额消耗量×机械台班预算单价)
	其他直接费		土建工程：(人工费+材料费+机械使用费)×取费费率 安装工程：人工费×取费费率
	现场经费	临时设施费	
		现场管理费	
间接费 （二）	企业管理费		土建工程：直接工程费×取费费率 安装工程：人工费×取费费率
	财务费用		
	其他费用		

续表

	费 用 项 目	参考计算方法
利润 （三）		土建工程：（直接工程费＋间接费）×计划利润率 安装工程：人工费×计划利润率
税金 （四）	（含营业税、城市建设维护税、教育费附加）	营业收入×税率或［（一）＋（二）＋（三）］×税率

1．直接工程费

建筑安装工程直接工程费由直接费、其他直接费和现场经费组成。

（1）直接费：是指施工过程中耗费的构成工程实体和有助于工程形成的各项费用，它包括人工费、材料费和施工机械使用费。

1）人工费：是指直接从事建筑安装工程施工的生产工人（包括现场内水平、垂直运输等辅助工人）和附属辅助生产单位（非独立经济核算单位）工人开支的各项费用，包括基本工资、工资性津贴、流动施工津贴、房租补贴、辅助工资、职工福利费、劳动保护费等。

2）材料费：是指施工过程中耗用的构成工程实体的原材料、辅助材料、构配件、零件、半成品的费用和周转使用材料的摊销（或租赁）费。

3）施工机械使用费：是指使用施工机械作业所发生的机械使用费以及机械安、拆和进（退）场费用。

（2）其他直接费：其他直接费是指直接费以外的施工过程中发生的属于直接费性质的其他费用。其他直接费内容包括：

1）冬、雨季施工增加费：是指在冬季、雨季施工期间，为了确保工程质量，采取保温防雨措施所增加的材料费、人工费和设施费用以及因工效和机械作业效率降低所增加的费用。

2）夜间施工增加费：是指为确保工期和工程质量，需要在夜间连续施工或在白天施工需增加照明设施（如在炉窑、烟囱、地下室等处施工）及发放夜餐补助等发生的费用。

3）材料二次搬运费：是指因施工场地狭小等特殊情况而发生的材料搬运费。

4）仪器、仪表使用费：是指通信、电子等设备安装工程所需安装、测试仪器、仪表摊销及维修费用。

5）生产工具用具使用费：指施工、生产所需的不属于固定资产的生产工具和检验、试验用具等的购置、摊销和维修费，以及支付给工人自备工具的补贴费。

6）检验试验费：指对建筑材料、构件和建筑物进行一般鉴定、检查所花的费用。包括自设试验室进行试验所耗用的材料和化学药品等费用以及技术革新和研究试验费。

7）特殊工程培训费：是指在承担某些特殊工程、新型建筑施工任务时，根据技术规范要求对某些特殊工种的培训费。

8）工程定位复测、工程点交、场地清理等费用。

9）特殊地区施工增加费：是指铁路、公路、通信、输电、长距离输送管道等工程在原始森林、高原、沙漠等特殊地区施工增加的费用。

（3）现场经费：现场经费是指为施工准备、组织施工生产和管理所需的费用。包括：

1）临时设施费：指施工企业为进行建筑安装工程施工所必需的生活和生产用的临时建筑物、构筑物和其他临时设施的费用等。临时设施包括：临时宿舍、文化福利及公用事业房屋与构筑物、仓库、办公室、加工厂以及规定范围内道路、水、电、管线等临时设施和小型临时设施。

2）现场管理费：是指现场管理人员组织工程施工过程中所发生的费用。包括：

a．现场管理人员的基本工资、工资性补贴、职工福利费、劳动保护费。

b．办公费：是指现场管理办公用的文具、纸张、账表、印刷、邮电、书报、会议、水、电、烧水和集体取暖（包括现场临时宿舍取暖）用煤等费用。

c．差旅交通费：是指职工因公出差期间的旅费、外勤补助费、市内交通费和误餐补助费，职工探亲路费，劳动力招募费，职工离退休、退职一次性路费，工伤人员就医路费，工地转移费以及现场管理使用的交通工具的油料、燃料、养路费及牌照费。

d．固定资产使用费：是指现场管理及试验部门使用的属于固定资产的设备、仪器等的折旧、大修理、维修费或租赁费等。

e．工具用具使用费：是指现场管理使用的不属于固定资产的工具、器具、家具、交通工具和检验、试验、测验、消防用具等的购置、维修和摊销费。

f．保险费：是指施工管理用财产、车辆保险，高空、井下、海上作业等特殊工种安全保险费等。

g．工程保修费：是指工程竣工交付使用后，在规定保修期以内的修理费用。

h．工程排污费：是指施工现场按规定交纳的排污费用。

i．其他费用。

2．间接费

间接费是指虽不直接由施工的工艺过程所引起，但却与工程的总体条件有关的，建筑安装企业为组织施工和进行经营管理以及间接为建筑安装生产服务的各项费用。由企业管理费、财务费用和其他费用组成。

（1）企业管理费。企业管理费是指施工企业为组织施工生产经营活动所发生的管理费用。内容包括：

1）管理人员的基本工资、工资性补贴及按规定标准计提的职工福利费。

2）差旅交通费：是指企业职工因公出差、工作调动的差旅费，住勤补助费、市内交通及误餐补助费、职工探亲路费、劳动力招募费、离退休职工一次性路费及交通工具油料、燃料、牌照、养路费等。

3）办公费：是指企业办公用文具、纸张、账表、印刷、邮电、书报、会议、水、电、燃煤（气）等费用。

4）固定资产折旧、修理费：是指企业属于固定资产的房屋、设备、仪器等折旧及维修等费用。

5）工具用具使用费：是指企业管理使用不属于固定资产的工具、用具、家具、交通工具、检验、试验、消防等的摊销及维修费用。

6）工会经费：是指企业按职工工资总额一定标准计提的工会经费。

7）职工教育经费：是指企业为职工学习先进技术和提高文化水平按职工工资总额的一定标准计提的费用。

8）劳动保险费：是指企业支付离退休职工的退休金（包括提取的离退休职工劳保统筹基金）、价格补贴、医药费、易地安家补助费、职工退职金、六个月以上的病假人员工资、职工死亡丧葬补助费、抚恤费，按规定支付给离休干部的各项经费。

9）职工养老保险费及待业保险费：是指职工退休养老金的积累及按规定标准计提的职工待业保险费。

10）保险费：是指企业财产保险、管理用车车辆等保险费用。

11）税金：是指企业按规定交纳的房产税、车船使用税、土地使用税、印花税及土地使用费等。

12）其他：包括技术转让费、技术开发费、业务招待费、排污费、绿化费、广告费、公证费、法律顾问费、审计费、咨询费等。

(2) 财务费用。财务费用是指企业为筹集资金而发生的各项费用，包括企业经营期间发生的短期贷款利息净支出、汇兑净损失、调剂外汇手续费、金融机构手续费，以及企业筹集资金发生的其他财务费用。

(3) 其他费用。其他费用是指按规定支付工程造价（定额）管理部门的定额编制管理费及劳动定额管理部门的定额测定费，以及按有权部门规定支付的上级管理费。

3. 利润

利润是指按国家规定应计入建筑安装工程造价的企业利润。依据不同的企业等级和工程类别，各地区均规定有不同的计划利润率。计划利润率作为指导性利率，各施工单位在招投标等过程中可以浮动，以提高市场竞争力。

4. 税金

税金是指按国家税法规定应计入建筑工程造价内的营业税、城市维护建设税及教育费附加。

(1) 营业税。是指对从事建筑业、交通运输业和各种服务业的单位和个人，就其营业收入征收的一种税。营业税应纳税额的计算公式为：

应纳税额＝营业额×适用税率

营业额是指从事建筑、安装、修缮、装饰及其他工程作业收取的全部收入（即工程造价），还包括建筑、修缮、装饰工程所用原材料及其他物资和动力的价款；当安装设备的价款作为安装工程产值时，亦包括所安装设备的价款。

(2) 城乡维护建设税。是国家为了加强城乡的维护建设，扩大和稳定城市、乡镇维护建设资金来源，而对有经营收入的单位和个人征收的一种税。城市维护建设税与营业税同时缴纳，应纳税额的计算公式为：

应纳税额＝营业税应纳税额×适用税率

(3) 教育费附加。是国家为支持教育事业征收的一种税种，与营业税同时收取。教育费附加应纳税额的计算公式为：

应纳税额＝营业税应纳税额×适用税率

1.3.2 设备、工器具费用构成

设备、工器具费由设备购置费用和工器具、生产家具购置费用组成。

1. 设备购置费

设备购置费是指为工程建设项目购置或自制的达到固定资产标准的设备、工具、器具的费用。确定固定资产的标准是：使用年限在1年以上，单位价值在各主管部门规定的标准之上，一般为1000元、1500元或2000元。

设备购置费＝设备原价或进口设备到岸价＋设备运杂费

上式中，设备原价一般指国产标准设备、国产非标准设备的出厂价。进口设备到岸价，我国进口设备采用最多的是装运港船上交货价（F.O.B），其到岸价构成可概括为：

进口设备到岸价＝(F.O.B）货价＋国际运费＋运输保险费＋银行财务费
＋外贸手续费＋关税＋增值税

设备运杂费指设备供销部门手续费、设备原价中未包括的包装和包装材料费、运输费、装卸费、采购费及仓库保管费等。如果设备是由设备成套公司供应的，成套公司的服务费也应计入设备运杂费之中。

2. 工器具及生产家具购置费

工器具及生产家具购置费是指新建项目或扩建项目初步设计规定所必须购置的不够固定资产标准的设备、仪器、工卡模具、器具、生产家具和备品备件等的费用，其一般计算公式为：

工器具及生产家具购置费＝设备购置费×规定取费率

1.3.3 工程建设其他费用构成

工程建设其他费用是指建设项目在整个建设期间，除建筑安装工程费用和设备、工器具购置费以外的，为保证工程建设顺利完成和交付使用后能够正常发挥效用而发生的各项费用的总和。

1. 土地使用费

土地使用费是指建设项目通过划拨或土地使用权出让方式取得土地使用权所需土地征用及迁移的补偿费或土地使用权出让金。

(1) 土地征用及迁移补偿费

土地征用及迁移补偿费是指建设项目通过划拨方式取得无限期的土地使用权，依照《中华人民共和国土地管理法》等规定所支付的费用。内容包括：土地补偿费、青苗补偿费和被征用土地上的房屋、水井、树木等附着物补偿费、安置补助费、缴纳的耕地占用税或城镇土地使用税、土地登记费及征地管理费、征地动迁费、水利水电工程水库淹没处理补偿费等按规定所支付的费用。

(2) 土地使用权出让金

土地使用权出让金是指建设项目通过土地使用权出让方式取得有限期的土地使用权，依照《中华人民共和国城镇国有土地使用权出让和转让暂行条例》规定支付的土地使用权出让金。城市土地的出让和转让可采用协议、招标、公开拍卖等方式。关于国家有偿出让土地使用权的年限，一般在30～99年之间，以50年最常见。

2. 与项目建设有关的其他费用

(1) 建设单位管理费

建设单位管理费是指建设项目从立项、筹建、设计、招投标、建设、联合试运转、竣工验收交付使用及后评价等全过程所需的管理费用。内容包括：

1) 建设单位开办费：是指新建项目为保证筹建和建设工作正常进行所需办公设备、生活家具、用具、交通工具等购置费用。

2) 建设单位经费：包括工作人员的基本工资、工资性津贴、职工福利费、劳动保护费、劳动保险费、办公费、差旅交通费、工会经费、职工教育经费、固定资产使用费、工具使用费、技术图书资料费、生产人员招募费、工程招标费、合同契约公证费、工程质量监督检测费、工程咨询费、法律顾问费、审计费、业务招待费、排污费、竣工交付使用清理及竣工验收费、后评估等费用。

（2）勘察设计费

勘察设计费是指为本建设项目提供项目建议书、可行性研究报告及设计文件等所需费用。内容包括：

1）编制项目建议书、可行性研究报告及投资估算、工程咨询、评价以及为编制上述文件所进行的勘察、设计、研究试验等所需费用。

2）委托勘察、设计单位进行初步设计、施工图设计、概预算编制等所需的费用。

3）在规定范围内由建设单位自行完成的勘察、设计工作所需的费用。

（3）研究试验费

研究试验费是指为本建设项目提供或验证设计参数、数据资料等进行必要的研究试验，以及设计规定在施工中必须进行的试验、验证所需的费用。

（4）临时设施费

临时设施费是指建设期间建设单位所需临时设施的搭设、维修、摊销费用或租赁费用。临时设施包括：临时宿舍、文化福利及公用事业房屋与构筑物、仓库、办公室、加工厂以及规定范围内的道路、水、电、管线等临时设施和小型临时设施。

（5）工程监理费

工程监理费是指委托工程监理单位对工程实施监理工作所需的费用。

（6）工程保险费

工程保险费是指建设项目在建设期间根据需要实施工程保险所需的费用。包括建筑工程一切险、安装工程一切险，以及机器损坏保险等。

（7）供电贴费

供电贴费是指建设项目按照国家规定应交付的供电工程贴费、施工临时用电贴费，是解决电力建设资金不足的临时对策。供电贴费用于为增加或改善用户用电而必须新建、扩建和改善的电网建设以及有关的业务支出，由建设银行监督使用。

（8）施工机构迁移费

施工机构迁移费是指施工机构（一般是指大型施工单位）根据建设任务的需要，经有关部门决定成建制地由原驻地迁移到另一个地区的一次性搬迁费用。费用内容包括：职工及随同家属的差旅费、调迁期间的工资和施工机械、设备、工具、用具、周转性材料的搬运费。

（9）引进技术和进口设备其他费

引进技术和进口设备其他费包括：

1）为引进技术和进口设备派出人员进行设计、联络、设备材料监检、培训等的差旅费、置装费、生活费用等。

2）国外工程技术人员来华的差旅费、生活费和接待费用等。

3）国外设计及技术资料费、专利和专有技术费、延期或分期付款利息。

4）引进设备检验及商检费。

（10）财务费用

财务费用是指为筹措建设项目资金而发生的各项费用。内容包括：建设期间投资贷款利息、企业债券发行费、国外借款手续费和承诺费、汇兑净损失、金融机构手续费以及其他财务费用等。

3．与未来企业生产有关的费用

（1）联合试运转费

联合试运转费是指新建企业或新增加生产工艺过程的扩建企业在竣工验收前，按照设计规定的工程质量标准，进行整个车间的负荷或无负荷联合试运转发生的费用支出大于试运转收入的亏损部分。不包括应由设备安装工程费项目开支的单台设备调试费及试车费用。

（2）生产准备费

生产准备费是指新建企业或新增生产能力的企业，为保证竣工交付使用进行必要的生产准备所发生的费用。费用内容包括：

1）生产人员培训费、自行培训、委托其他单位培训人员的工资、工资性补贴、职工福利费、差旅交通费、学习资料费、学习费、劳动保护费。

2）生产单位提前进厂参加施工、设备安装、调试以及熟悉工艺流程与设备性能等人员的工资、工资性补助、职工福利费、差旅交通费、劳动保护费等。

（3）办公和生活家具购置费

办公和生活家具购置费是指为保证新建、改建、扩建项目如期正常生产、使用和管理所必需购置的办公和生活家具、用具的费用。

（4）经营项目铺底流动资金

经营性建设项目为保证生产和经营正常进行需要流动资金，按规定流动资金总额的30％可作为经营项目铺底流动资金列入建设项目总投资。

4．预备费

（1）基本预备费

基本预备费是指在初步设计及概算内难以预料的工程费用。费用内容包括：

1）在批准的初步设计范围内，技术设计、施工图设计及施工过程中所增加的工程费用，设计变更、局部地基处理等增加的费用。

2）一般自然灾害造成的损失和预防自然灾害所采取的措施费用。实行工程保险的工程项目费用应适当降低。

3）竣工验收时为鉴定工程质量对隐蔽工程进行必要的挖掘和修复费用。

（2）工程造价调整预备费

工程造价调整预备费是指建设项目在建设期间由于价格等变化引起工程造价变化的预测、预留费用。费用内容包括：人工、设备、材料、施工机械价差，建筑安装工程费及工程建设其他费用调整，利率、汇率调整等。

5．固定资产投资方向调节税

为了贯彻国家产业政策，控制投资规模，引导投资方向，调整投资结构，加强重点建设，促进国民经济持续稳定协调发展，对在我国境内进行固定资产投资的单位和个人（不含中外合资经营企业、中外合作经营企业和外商独资企业）征收固定资产投资方向调节税。固定资产投资方向调节税根据国家产业政策和项目经济规模实行差别税率，税率为0％、5％、10％、15％、30％五个档次，各固定资产投资项目按其单位工程分别确定适用的税率。

1.4 工程造价管理体制改革

我国经济正经历着一场由计划经济向市场经济转轨的变革，作为生产关系的工程造价管理体制，应适应经济发展的需要。而旧有的工程造价管理模式是计划经济体制下的产物，已经阻碍了生产力的发展，必须进行全面的改革。

1.4.1 工程造价改革现状

随着经济体制改革的深入，我国工程建设概预算定额管理的模式发生了很大变化。主要表现在：

(1) 制定了《全国统一建筑工程基础定额》(土建部分)、《全国统一建筑工程预算工程量计算规则》及《全国统一安装工程基础定额》，为量、价分离做好了必要的准备。

(2) 制定了“动态”研究和管理工程造价的方法，各地区工程造价管理部门定期发布反映市场价格水平的价格信息和调整系数。

(3) 实现了按技术要求和工程难易程度划分工程类别，在计划利润的基础上，实现差别利润率，使工程造价的取费规定更加合理。

(4) 工程造价社会咨询机构得以确立，并已开始实施造价工程师执业资格制度。

以上这些改革措施对促进工程造价管理、合理控制投资起到了积极的作用，向最终的目标迈出了踏实的一步。

1.4.2 过渡阶段改革任务

今后一段时期是工程造价管理体制改革的关键阶段，这一步的改革要涉及到原有造价管理体系的核心，进程的快慢取决于市场经济的发育水平。主要任务有：

(1) 实现定额含量与价格的分离。在此基础上，变政府主管部门的指导价为市场价格，变指令性的取费标准为指导性标准，实现企业自主报价，再通过市场竞争予以定价。

(2) 建立完善的工程造价信息系统。充分利用现代电子技术手段，实现信息共享，及时为造价信息用户提供材料、设备、人工价格信息及造价指数。

(3) 确立咨询业公正、负责的社会地位。工程造价咨询面向社会接受委托，承担建设项目的可行性研究、投资估算、项目经济评价、工程概算、预算、工程结算、竣工决算、工程招标标底、投标报价的编制和审核。充分发挥造价咨询业的咨询、顾问作用，并逐渐代替政府行使造价管理的职能，也同时接受政府工程造价管理部门的管理和监督。

1.4.3 工程造价管理体制改革的最终目标

工程造价管理最终将进入完全市场化阶段，政府仅行使协调监督的职能。工程造价管理体制改革的最终目标是：

(1) 通过完善招投标制度，规范工程承发包和勘察设计招标投标行为，建立统一、开放、有序的建筑市场体系。

(2) 社会咨询机构成为一个独立的行业，公正地开展咨询业务，实施全过程的咨询服务。

(3) 在统一工程量计量规则和消耗量定额的基础上，在国家宏观调控的前提下，建立以市场形成价格为主的价格机制，企业依据政府和社会咨询机构提供的市场价格信息和造价指数，自主报价。

工程造价管理体制的改革艰苦而又充满希望，最终一定能建成适应社会主义市场经济体制、符合中国国情与国际惯例接轨的工程造价管理体制。

复习思考题

1．什么是工程建设，工程建设包括哪些主要内容？

2．建设项目按性质不同分为哪几类？

3．工程建设项目由大到小是如何分解的？

4．什么是建设工程造价，建设工程造价的计价特点主要表现在哪几方面？

5．在建设项目的生产过程中，为什么要对建设工程进行多次计价？

6．根据规定，建筑安装工程造价可分解为哪几部分性质不同的费用？

7．现场管理费和企业管理费有何异同点？为何要把经营管理费分为现场管理费和企业管理费，其目的是什么？

8．设备费、工器具费两者的区别是什么？

9．工程建设其他费用主要包括哪几方面？

10．我国工程造价管理体制的现状如何？

11．我国工程造价管理体制的改革方向及改革的最终目标是什么？

第2章　建筑工程计价定额

2.1　定　额　概　念

定额广泛地存在于现代社会经济生活中，是经济管理的重要手段。建筑工程定额就是在一定的生产条件下，用科学的方法制定出的完成单位质量合格产品所必需消耗的劳动力、材料、机械台班及资金的数量标准。一项定额，它不仅仅规定该项产品的消耗资源数量标准，而且还规定了完成该产品的工程内容、质量标准和安全要求。建筑工程定额是工程造价的主要计价依据。

2.1.1　建筑工程定额的分类和作用

工程建设定额是一个综合概念，是工程建设中各类定额的总称，它包括许多种类定额。为了对工程建设定额能有一个全面的了解，可以按照不同的原则和方法对它进行科学的分类。

1．按生产因素分类

可以把工程建设定额分为劳动消耗定额（亦称工时定额或人工定额）、机械消耗定额和材料消耗定额。

（1）劳动消耗定额。在施工定额、预算定额、概算定额、估算指标等多种定额中，劳动消耗定额都是其中重要的组成部分。“劳动消耗”在这里的含义仅仅是指活劳动的消耗，而不是活劳动和物化劳动的全部消耗。

（2）机械消耗定额，简称机械定额。由于我国机械消耗定额是以一台机械一个工作班为计量单位，所以又称为机械台班定额。

（3）材料消耗定额，简称材料定额。材料作为劳动对象是构成工程的实体物资，需用数量很大，种类繁多，所以材料消耗量多少，消耗是否合理，不仅关系到资源的有效利用，影响市场供求状况，而且对建设工程的项目投资、建筑产品的成本控制都起着决定性影响。

2．按照定额的用途分类

可以把工程建设定额分为生产定额和计价定额。

（1）生产定额。生产定额主要指施工定额，它是施工企业为组织生产和加强管理在企业内部使用的一种定额。它是工程建设定额中的基础性定额。在预算定额的编制过程中，施工定额的劳动、机械、材料消耗的数量标准，是计算预算定额中劳动、机械、材料消耗数量标准的重要依据。

（2）计价定额。计价定额包括预算定额、概算定额、投资估算指标等。

1）预算定额。这是在编制施工图预算时，计算工程造价和计算工程中劳动、机械台班、材料需要量使用的一种定额，是确定工程造价的主要依据。从编制程序看，施工定额是预算定额的编制基础，而预算定额则是概算定额或估算指标的编制基础，因此预算定额在计价定额中是基础性定额。

2）概算定额。这是编制扩大初步设计概算时计算和确定工程概算造价、计算劳动、机械台班、材料需要量所使用的定额。它的项目划分比预算定额综合扩大，与扩大初步设计的深度相适应。概算定额是控制项目投资的重要依据，在工程建设的投资管理中有重要作用。

3)投资估算指标。它是在项目建议书可行性研究和编制设计任务书阶段编制投资估算、计算投资需要量时使用的一种定额。它非常概略，往往以独立的单项工程或完整的工程项目为计算对象。它的主要作用是为项目决策和投资控制提供依据。估算指标是一种计划定额。

3. 按编制单位和执行范围分类

(1) 全国统一定额，如:《全国统一安装定额》、《全国统一基础定额（土建部分)》等。

(2) 地区统一定额，如:《安徽省地区单位估价表（土建部分)》、《江苏省地区单位估价表》等。

(3) 企业定额。

4. 按专业不同分类

(1) 土建定额。

(2) 安装工程定额（包括：电气设备工程，给排水、采暖、煤气工程，工艺管道工程，通风空调工程，通信设备工程，道路桥梁工程等)。

5. 按投资的费用性质分类

(1) 建筑安装工程直接费定额。

(2) 建筑安装工程取费定额。包括：其他直接费定额、现场经费定额、间接费定额。

(3) 工器具定额。

(4) 工程建设其他费用定额。

2.1.2 建筑工程定额的特点

在社会主义市场经济条件下，建筑工程定额一般有以下特点：

1. 建筑工程定额是在遵循客观规律的条件下，经过长时间的观察、测定，实事求是地广泛搜集资料和总结生产实践经验基础上，经科学分析研究后确定的。所以，定额中数据的确定具有可靠的科学性。

2. 建筑工程定额经国家有关部、委或授权部门批准颁发使用，在定额规定范围内任何单位都必须执行，不得任意调整和改变定额的内容，不得任意降低定额的水平，如需调整、修改和补充，必须经授权编制部门批准。

3. 建筑工程定额是根据一定时期社会生产力水平而确定的。随着生产条件发生变化，技术水平的不断提高，新工艺、新材料的采用，突破了原有定额水平，在这种情况下，授权部门应根据新的情况制定出新的标准或补充规定。因此，定额具有相对稳定性和时效性。稳定的时间有长有短，一般而论，工程量计算规则比较稳定，能保持几十年，工料机消耗量相对稳定，能保持5年左右，基础单价、工程建设各项取费规定、造价指数等相对稳定的时间要短一些，能保持1年甚至更短。

2.1.3 劳动、机械台班、材料消耗定额

1. 劳动定额及其表示形式

劳动定额是在正常的施工组织和生产条件下，完成单位合格建筑产品所必需的劳动消

耗量的标准。因此，它是人工消耗定额，所以又称人工定额。

劳动定额从表达形式上可分为时间定额和产量定额两种。

(1) 时间定额

时间定额是指在合理的生产技术和组织条件下，以一定的技术等级工人小组或个人为前提，完成单位质量合格产品所必需消耗的工时。时间定额的单位是“工日”，以一个工人工作日 8h 的工作时间为“一个工日”。

计算方法：

$$单位产品的时间定额（工日）=\frac{1}{每工产量}$$

如以小组计算：

$$单位产品的时间定额（工日）=\frac{小组成员工日数总和}{小组每班产量}$$

(2) 产量定额

产量定额是指单位时间（一个工日）内完成产品的数量。产量定额的单位，以产品的单位计量，如米、平方米、立方米、吨、块、个等。

计算方法：

$$每工产量定额=\frac{1}{单位产品的时间定额（工日）}$$

如以小组来计算：

$$每班产量定额=\frac{小组成员工日数总和}{单位产品的时间定额（工日）}$$

从以上计算公式可以看出，时间定额与产量定额二者互为倒数。即：

$$时间定额=\frac{1}{产量定额}$$

(3) 劳动定额示例

1985 年国家颁发的《建筑安装工程统一劳动定额》是按工种划分的。建筑工程部分包括：①材料运输及材料加工；②人力土方工程；③架子工程；④砖石工程；⑤抹灰工程；⑥手工木作工程；⑦机械木作工程；⑧模板工程；⑨钢筋工程；⑩混凝土及钢筋混凝土工程……等 18 个分册。每一册都有总说明、分册说明以及工作内容和定额表附注等，在使用前必须详细阅读。

表 2-1 为《建筑安装工程统一劳动定额》第四分册“砖石工程”中的砖基础砌体的劳动定额。表中数字：分子为时间定额（工日），分母为产量定额（以产品的单位为单位）。例如：砌筑一砖厚砖基础，每 1 工日，综合可砌 1.12m³ 砖基础；砌筑 1m³ 砖基础需要 0.89 工日。

砖基础砌体的劳动定额 **表 2-1**

工作内容：包括清理地槽、砌垛、角、抹防潮层砂浆等。 计量单位：每 1m³

项 目	厚 度			序 号
	1砖	1.5砖	2砖及2砖以上	
综合	$\frac{0.89}{1.12}$	$\frac{0.86}{1.16}$	$\frac{0.833}{1.2}$	一
砌砖	$\frac{0.37}{2.7}$	$\frac{0.336}{2.98}$	$\frac{0.309}{3.24}$	二

续表

项　目	厚　　度			序　号
	1砖	1.5砖	2砖及2砖以上	
运输	$\frac{0.427}{2.34}$	$\frac{0.427}{2.34}$	$\frac{0.427}{2.34}$	三
调制砂浆	$\frac{0.093}{10.8}$	$\frac{0.097}{10.3}$	$\frac{0.097}{10.3}$	四
编号	1	2	3	

注：(1) 垫层以上防潮层以下为基础（无防潮层按室内地坪区分），其厚度以防潮层处（或上口宽度）为准；围墙以室外地坪以下为基础。

(2) 基础深度以1.5m以内为准，超过部分，每1m³砌体增加0.04工日。

(3) 墙基无大放脚时，按混水内墙相应定额执行。

2. 机械台班使用定额

机械台班使用定额是指施工机械在正常施工和合理组织的条件下，完成单位合格产品所必需的定额时间。包括有效工作时间、不可避免的中断时间、不可避免的空转等。计量单位以8h工作的台班计算。施工机械台班消耗定额的表示形式与劳动定额类似，有机械时间定额和机械产量定额两种，两者互为倒数。

(1) 机械时间定额

指在合理的施工条件和劳动组织条件下，完成单位合格产品所必需的机械台班数。

计算方法：

$$机械时间定额=\frac{1}{机械台班产量}（台班）$$

(2) 机械台班产量定额

指在合理的施工条件和劳动组织下，每一个机械台班必须完成合格产品的数量。

计算方法：

$$机械台班产量定额=\frac{1}{机械时间定额}$$

(3) 人工配合机械工作时的定额

即按照每机械台班内配合机械的工人班组总工日数完成的合格产品数量来确定。

计算公式如下：

1) 单位产品的时间定额

即完成单位合格产品所必需消耗的工作时间（工日）。

$$单位产品的时间定额=\frac{班组总工日数}{一个机械台班的产量}$$

2) 机械台班产量定额

即每一个机械台班时间中，能生产合格产品的数量。

$$机械台班产量定额=\frac{一个机械台班产量}{班组总工日数}$$

3. 材料消耗定额

材料消耗定额是指在合理和节约使用材料的条件下，生产单位合格建筑产品所必需消耗的一定品种、规格的建筑材料、半成品、配件等数量标准。材料消耗定额包括直接用于建筑物上的材料用量和不可避免的材料损耗，前者称为净用量，后者称为损耗量。因此单位合格产品中的材料消耗量等于该材料的净用量与损耗量之和。即：

$$材料消耗量=净用量+损耗量$$

材料损耗量与材料净用量之比称为材料损耗率。即：

$$材料损耗率=\frac{损耗量}{净用量}\times 100\%$$

材料的损耗率可以通过观测和统计计算获得，由国家有关部门确定。

$$材料总消耗量=材料的净用量\times(1+损耗率)$$

2.2 预 算 定 额

2.2.1 预算定额

1. 预算定额的意义和作用

预算定额是确定一定计量单位的分项工程或结构构件的人工、材料和机械台班消耗量的数量标准，是由国家及各地区编制和颁发的一种法令性指标。

预算定额结合各地区的人工、机械台班、材料的具体价格即成为单位估价表。再由单位估价表综合即成为综合预算定额。预算定额是计算建筑产品造价的基础，单位估价表和综合预算定额是计算建筑产品价格的直接依据。

预算定额的作用如下：

（1）预算定额是编制建筑工程施工图预算，计算招投标价，合理确定工程预算造价，以及施工工程拨付工程价款，进行竣工结算的基本依据。

（2）预算定额是施工单位编制施工组织设计，制定施工计划，考核工程成本，实行经济核算的基本根据。

（3）预算定额是决策单位对设计方案、施工方案进行技术经济评价的依据。

（4）预算定额是编制地区单位估价表、概算定额和投资估算指标的基础。

综上所述，预算定额在现行建筑安装工程预算制度中极为重要。进一步加强预算定额的管理，对于节约和控制建设资金，降低建筑工程的劳动消耗，加强施工企业的计划管理和经济核算，都有着重大的意义。

2. 预算定额的组成及内容

为了加强对建筑工程造价的宏观控制，促使建筑市场向有序、规范化的方向发展，国家建设部于 1995 年发布了《全国统一建筑工程基础定额（土建）》(GJD—101—95）及《全国统一建筑工程工程量计算规则》（GJD_{GZ}—101—95）。现以《全国统一建筑工程基础定额（土建）》为例，简述预算定额的内容及形式。

《全国统一建筑工程基础定额（土建）》（以下简称本定额）分上、下两册，主要由总说明、分部说明、分项工程说明、分项工程定额表和有关附录等组成。

（1）总说明：共计 12 条，阐明定额编制的指导思想、编制原则和编制依据、定额的适用范围、定额的作用以及有关规定和使用方法。因此，在使用定额时，应首先了解这些内容。

（2）分部说明：本定额共计 14 个分部，它们是 1）土、石方工程；2）桩基础工程；3）脚手架工程；4）砌筑工程；5）混凝土及钢筋混凝土工程；6）构件运输及安装工程；7）门窗及木结构工程；8）楼地面工程；9）屋面及防水工程；10）防腐、保温、隔热工程；

11）装饰工程；12）金属结构制作工程；13）建筑工程垂直运输定额；14）建筑物超高增加人工、机械定额。在每个分部的开始都有分部说明，主要阐明该分部工程定额的适用范围，以及一些规定和要求。

(3) 分项工程说明（即工作内容）：列于定额表的表头，主要说明工程项目的工作内容和施工过程。

(4) 定额表：定额表是预算定额的主要构成部分，主要列示完成分项工程消耗人工、材料、机械台班的数量标准。材料栏内只列主要材料消耗量，零星材料以“其他材料费”表示。有的定额项目表下部还列有附注，说明如设计有特殊要求时，怎样调整定额，以及其他应说明清楚的问题。表 2-2、表 2-3 为预算定额示例。

第五分部　钢筋混凝土结构现浇混凝土基础　　表 2-2

工作内容：1. 混凝土水平运输。

2. 混凝土搅拌、捣固、养护。　　计量单位：$10m^3$

定额编号			5－393	5－394	5－395	5－396
项　目		单位	带型基础		独立基础	
			毛石混凝土	混凝土	毛石混凝土	混凝土
人工	综合工日	工日	8.37	9.56	8.65	10.58
材料	现浇混凝土 C20	m^3	8.63	10.15	8.63	10.15
	草袋子	m^2	2.39	2.52	3.17	3.26
	水	m^3	7.89	9.19	7.62	9.31
	毛石	m^3	2.72		2.72	
机械	混凝土搅拌机 400L	台班	0.33	0.39	0.33	0.39
	混凝土振捣棒	台班	0.66	0.77	0.66	0.77
	机动翻斗车 1t	台班	0.66	0.78	0.66	0.78

第十一分部　装饰工程

墙、柱面装饰，一般抹灰的水泥砂浆　　表 2-3

工作内容：1. 清理、修补、湿润基层表面、堵墙眼、调运砂浆、清扫落地灰。

2. 分层抹灰找平、刷浆、洒水湿润、罩面压光（包括门窗洞口侧壁抹灰）。

计量单位：$100m^2$

定　额　编　号			11-25	11-26	11-27	11-28	11-29	11-30	11-31
项　目		单位	墙面、墙裙抹水泥砂浆						
			14＋6mm	12＋8mm	24＋6mm	14＋6mm	14＋6mm	6＋14mm	装饰线条
			砖墙	混凝土墙	毛石墙	钢板网墙	轻质墙墙面、墙裙	零星项目	100m
人工	综　合　工　日	工日	14.49	15.64	18.69	17.08	14.78	65.62	15.71
材料	水泥砂浆 1：3：9	m^3	—	—	—	—	1.62	—	—
	水泥砂浆 1：2.5	m^3	0.69	0.92	0.69	0.69	0.69	0.67	0.18
	水泥砂浆 1：3	m^3	1.62	1.39	2.77	1.62	—	1.55	0.18
	水泥砂浆 1：2	m^3	—	—	—	—	—	—	0.13
	素水泥浆	m^3	—	0.11	—	0.11	—	0.10	—
	107 胶	kg	—	2.48	—	2.48	—	2.21	—
	水	m^3	0.70	0.70	0.83	0.70	0.69	0.79	0.16
	松厚板	m^3	0.005	0.005	0.005	0.005	0.005	—	—
机械	灰浆搅拌机 200L	台班	0.39	0.39	0.58	0.39	0.39	0.37	0.08

(5) 附录：预算定额的最后一部分是附录和附表，包括混凝土配合比表及各种砂浆配合比表等。

3. 预算定额中人工、材料和机械台班消耗指标的确定

(1) 人工消耗指标的确定

预算定额中人工工日消耗量是指在正常施工生产条件下，生产单位假定建筑安装产品(即分项工程或结构构件)必需消耗的人工工日数量。应按现行的建筑安装工程劳动定额的时间定额计算。其内容是指完成该分项工程必需的各种用工量，包括基本用工、其他用工、人工幅度差三部分。

1) 基本用工。指完成假定建筑安装产品的基本用工工日。按综合取定的工程量和施工劳动定额进行计算。公式如下：

基本用工＝Σ（综合取定的工程量×施工劳动定额）

2) 其他用工。通常包括：

a. 超运距用工：是指施工劳动定额中已包括的材料、半成品场内搬运距离与现场材料、半成品实际堆放地点到操作地点的水平运输距离之差，根据测定的资料取定。

超运距用工＝Σ（超运距材料数量×超运距劳动定额）

超运距＝实际平均运距－劳动定额规定的运距

b. 辅助用工：指材料加工等辅助用工工日数。

辅助用工＝Σ（材料加工数量×相应的加工劳动定额）

3) 人工幅度差。是指在编制预算定额确定人工消耗指标时，由于劳动定额规定范围内没有包括，而在预算定额中必须考虑的用工量，包括正常施工情况下不可避免的一些零星用工。主要有：

a. 工种之间的搭接、交叉作业和单位工程之间转移操作地点影响工效；

b. 工程质量检查及验收隐蔽工程时耗用的时间；

c. 临时停水、停电所发生的工作间歇等。

人工幅度差一般占施工劳动定额的10%～15%。计算式如下：

人工幅度差＝(基本用工＋其他用工)×人工幅度差系数

表2-4是预算定额工程项目(砖石结构工程中的一砖内墙子目)的人工消耗指标计算方法示例。

(2) 材料消耗指标的确定

预算定额中的材料消耗量是指在合理和节约使用材料的前提下，生产单位假定建筑安装产品（即分项工程或结构构件）必需消耗的一定品种规格的材料、半成品、构配件等的数量标准，包括材料净耗量和材料不可避免损耗量。

1) 材料净用量的测定

材料的净用量是指直接用在工程上、构成工程实体的材料消耗量。测定材料的净用量一般采用理论计算法、图纸计算法、试验法等。

a. 理论计算法：是根据施工图纸和建筑的构造要求，用理论公式计算得出产品的净耗材料数量，主要用于板块类建筑材料（如砖、钢材、玻璃、油毡等）净用量的计算。

定额项目人工工日数计算表　　表 2-4

砖石结构　　一砖内墙　　计量单位：每 $10m^3$ 砌体

工序及工程量				劳动定额			工日数
名　称		数　量	单　位	定额编号	工　种	时间定额	
1		2	3	4	5	6	7=6×2
基本用工计算	双面清水墙	2	m^3	4-2-4	瓦工	0.994	1.988
	单面清水墙	2	m^3	4-2-9	瓦工	0.962	1.924
	混水内墙	6	m^3	4-2-14	瓦工	0.808	4.848
	小计						8.76
	墙心、附墙烟囱孔	10	m^3	4-2	瓦工	0.017	0.17
	弧形及圆形碹	10	m^3	4-2	瓦工	0.00018	0.0018
	垃圾道	10	m^3	4-2	瓦工	0.0018	0.018
	抗震拉孔	10	m^3	4-2	瓦工	0.015	0.15
	顶抹找平层	10	m^3	4-2	瓦工	0.005	0.05
	橱及小阁楼壁	10	m^3	4-2	瓦工	0.0009	0.009
	小计						0.399
其他用工计算	①超运距用工						
	砂子						
	80m－50m＝30m	2.43	m^3	4-13-160	瓦工	0.034	0.0826
	石灰膏						
	150m－100m＝50m	0.19	m^3	4-13-161	瓦工	0.096	0.0182
	砖						
	170m－50m＝120m	10	m^3	4-13-152	瓦工	0.104	1.04
	砂浆						
	180m－50m＝130m	10	m^3	4-13-152	瓦工	0.0468	0.468
	②材料加工用工						
	筛砂子	2.43	m^3	1-4-101	瓦工	0.156	0.379
	淋石灰膏	0.19	m^3	1-4-109	瓦工	0.40	0.076
	小计						2.064
人工幅度差		11.223				10%	1.1223
合　计							12.345

例如，每立方米各种不同厚度砖墙砖和砂浆用量的理论计算式如下：

砖净用量计算：

$$A=\frac{1}{\text{墙厚}\times(\text{砖长}+\text{灰缝})\times(\text{砖厚}+\text{灰缝})}\times\text{墙厚的砖数}\times 2$$

砂浆净用量计算：

$$B=1-\text{砖数}\times\text{每块砖的体积}$$

【例 2-1】　计算每立方米一砖厚砖墙砖和砂浆净用量。

$A=1/[0.24\times(0.24+0.01)\times(0.053+0.01)]\times 1\times 2=529$(块)

$B=1-529\times 0.24\times 0.115\times 0.053=0.226m^3$

b. 图纸计算法：根据选定的图纸，计算各种材料的体积、面积、延长米和重量。

c. 试验法：根据科学试验和现场测定资料确定材料的消耗量。

2）材料不可避免的损耗量

确定材料消耗指标时，主要应考虑建筑材料、成品、半成品在场内的运输损耗和施工操作损耗。材料不可避免的损耗内容和范围包括从施工工地仓库、现场堆放地点或施工现场加工地点，经领料后运至施工操作地点的场内运输损耗以及施工操作地点的堆放损耗与操作损耗。但不包括场外运输损耗、仓库保管损耗、场内二次搬运损耗及由于材料供应规格和质量标准不符规定要求而发生的加工损耗。材料的场外运输损耗、仓库保管损耗计入材料预算价格中。

损耗量的计算公式为：

$$材料损耗量=净用量\times损耗率$$

$$材料损耗率=\frac{材料不可避免的损耗量}{材料净用量}\times100\%$$

$$材料总消耗量=净用量+损耗量=净用量\ (1+损耗率)$$

材料的损耗率一般是通过观察和统计确定的，常见材料的损耗率参见表 2-5。

常用建筑材料成品半成品场内运输及操作损耗率参考表　　表 2-5

序号	材料名称	工程项目	损耗率%	序号	材料名称	工程项目	损耗率%
一、砖瓦灰砂石类				二、渣土粉类			
1	普通粘土砖	地面、屋面、空斗墙	1	19	素（粘）土		2.5
2	普通粘土砖	基础	0.4	20	菱苦土		2
3	普通粘土砖	实心砖墙	1	21	碎砖		1.5
4	普通粘土砖	方砖柱	3	22	珍珠岩粉		4
5	普通粘土砖	圆砖柱	7	23	蛭石粉		4
6	普通粘土砖	圆弧形砖墙	3.8	24	滑石粉		1
7	普通粘土砖	烟囱	4	25	滑石粉	用于油漆工程	5
8	普通粘土砖	水塔	2.5	26	水泥		1
9	粘土空心砖	墙	1	三、砂浆、混凝土胶泥类			
10	白瓷砖		1.5	27	砌筑砂浆	砖砌体	1
11	陶瓷锦砖	（马赛克）	1	28		空斗墙	5
12	铺地砖	（缸砖）	0.8	29		粘土空心砖墙	10
13	瓷砖、面砖		1.5	30		加气混凝土块墙	2
14	水磨石板		1	31	水泥石灰砂浆	抹顶棚	3
15	花岗石板		1	32		抹墙面及墙裙	2
16	大理石板		1	33	石灰砂浆	抹顶棚	1.5
17	混凝土板		1	34		抹墙面及墙裙	1
18	小青瓦、干土瓦		2.5				

3）周转性材料摊销额的测定

周转性材料是指在施工过程中多次使用的工具性材料，如脚手架、钢木模板、跳板、挡木板等。纳入定额的周转性材料消耗指标应当有两个：一个是一次使用量，供申请备料和编制施工作业计划使用，一般是根据施工图纸进行计算；另一个是摊销量，即周转材料使用一次摊在单位产品上的消耗量。

$$摊销量=\frac{一次使用量\times(1+损耗率)}{周转次数}$$

周转材料损耗率采用观察法测定，如木模板损耗率一般为5%，周转次数可根据长期现场观察和大量统计资料用统计分析法确定。

现行《全国统一建筑工程基础定额》中有关木模板及组合式钢模扳、复合木模板摊销量计算数据见表 2-6、表 2-7。

木模板摊销量计算数据 表 2-6

项 目 名 称	周转次数	损耗率%	备 注
圆柱	3	15	施工制作损耗率均取为 5%
异形梁	5	15	
整体楼梯、阳台、栏板等	4	15	
小型构件	3	15	
支撑材、垫板、拉杆	15	15	
木楔	2	10	

组合钢模、复合木模摊销量计算数据 表 2-7

名 称	周转次数	损耗率%	备 注
工具式钢模板、复合木模板	50	1	包括梁卡具、柱箍损耗率为 2%
零星卡具	20	2	包括 U 形卡具、L 形插销、钩头螺栓、对拉螺栓、3 字形扣件
钢支撑系统	120	1	包括连杆、钢管、钢管扣件
木模	5	5	
木支撑	10	5	包括琵琶撑、支撑、垫板、拉杆
铁钉、铁丝	1	2	
木楔	2	-	
尼龙帽	1	5	

（3）施工机械台班消耗指标的确定

预算定额中的机械台班消耗量是指在正常施工条件下，生产单位假定建筑安装产品必需消耗的某类型号施工机械的台班数量。它由分项工程综合的有关工序施工定额确定的机械台班消耗量以及施工定额与预算定额的机械台班幅度差组成。

预算定额中机械幅度差的内容主要包括：

1）施工中机械转移工作面及配套机械互相影响所损失的时间；

2）检查工程质量影响机械操作的时间；

3）在正常施工情况下机械施工中不可避免的工序间歇；

4）临时水、电线路在施工过程中移动所发生不可避免的机械操作间歇时间；

5）冬季施工期内发动机械的时间等。

2.2.2 基础单价的确定

建筑企业生产的基本特点是生产的流动性。因此，一个完全相同的设计，由于建设地点的不同，就有不相同的造价。这是由于工程造价除取决于预算定额规定的人工、材料和施工机械的消耗量以外，还取决于人工的工资标准、材料预算价格和施工机械台班使用费的高低。为了正确计算和如实反映工程造价，必须正确编制人工单价、材料和施工机械台班的预算价值。现分别简述如下：

1. 人工工资标准的确定

人工工资标准即预算人工工日单价，是指一个建筑工人一个工作日在预算定额中应计入的全部人工费用。当前生产工人的日工资单价组成如下：

（1）生产工人基本工资；

（2）生产工人工资性补贴：是指为了补偿工人额外或特殊的劳动消耗及为了保证工人的工资水平不受特殊条件影响，而以补贴形式支付给工人的劳动报酬，它包括按规定标准发放的物价补贴，煤、燃气补贴，交通费补贴，住房补贴，流动施工津贴及地区津贴等。

（3）生产工人辅助工资：是指生产工人有效施工天数以外非作业天数的工资，包括职工学习、培训期间的工资，调动工作、探亲、休假期间的工资，因气候影响的停工工资，女工哺乳时间的工资，病假在6个月以内的工资及产、婚、丧假期的工资。

（4）职工福利费：是指按规定标准计提的职工福利费。

（5）生产工人劳动保护费：是指按规定标准发放的劳动保护用品的购置费及修理费，徒工服装补贴，防暑降温费，在有碍身体健康环境中施工的保健费用等。

截至1996年6月，我国部分省、自治区、直辖市现行定额人工费单价情况如表2-8所示。

现行人工费单价表　　单位：元　**表2-8**

序号	地区	建筑工程	安装工程	序号	地区	建筑工程	安装工程
1	北京	24.39元（含流贴3.5）		5	河南	12.5元（含流贴2.5）	
2	天津	20.79元（含流贴3.5）		6	云南	18.17元	18.50元
3	上海	16.30元（含流贴3.5）		7	陕西	20.31元（含流贴3.5）	
4	山东	18.00元（含流贴3.5）	18.53元（含流贴3.5）	8	江苏	22.00元（含流贴3.5）	22.0元（含流贴3.5）

2. 材料预算价格的确定

材料预算价格是指材料（包括构件、成品及半成品等）从其来源地（或交货地点）到达施工工地仓库或施工现场存放材料的地点后的出库价格。材料预算价格一般由材料原价、供销部门手续费、包装费、运输费、采购及保管费组成。

（1）材料原价：材料原价也就是材料的出厂计划价。对同一种材料，因产地、供应渠道不同出现几种原价时，其综合原价可按其供应量的比例加权平均计算。

（2）供销部门手续费：是指根据国家现行的物资供应体制，不能直接向生产单位采购订货，需经过当地物资部门（如材料公司、金属公司等）供应时发生的经营管理费用。

供销部门手续费＝原价×供销部门手续费率

供销部门手续费由国家有关部门规定，一般为原价的1％～3％。

（3）材料的包装费：是指为便于材料运输和保护材料进行包装所需要的费用，包括水运、陆运的支撑、篷布、包装袋、包装箱、绑扎等费用。凡由生产厂负责包装的，如袋装水泥、玻璃、铁钉、油漆等材料，其包装费一般已计入原价内，在编制材料预算价格时不得另行计算；而采购单位自备包装容器，应计算包装费，加入到材料预算价格中。材料运到现场或使用后，要对包装品进行回收，回收价值冲减材料预算价格。

（4）材料运输费：是指材料由来源地或交货地运至施工工地仓库为止的全部运输过程中所支出的运输、装卸及合理的运输损耗等费用。运输费可根据材料的来源地、运输里程、运输方法，并根据国家和地方主管部门规定的运价标准计算。

（5）材料采购及保管费：是指施工单位的材料供应部门，在组织采购、供应和保管材料过程中所需的各项费用。具体项目有材料人员的工资、职工福利费、办公差旅及交通费、固定资产使用费、工具用具使用费、劳动保护费、检验试验费、材料存储损耗及其他。

采购及保管费是以材料原价和上述各种费用之和为基数乘以采购及保管费率来确定的。一般建筑材料费率为2％（其中采购费率和保管费率均为1％）。

采购及保管费＝（原价＋供销部门手续费＋包装费＋运输费）×采购及保管费率

综上所述，材料预算价格的计算公式如下：

$$材料预算价格=(原价+供销部门手续费+包装费+运输费)\times(1+采购及保管费率)-包装品回收价值$$

3. 施工机械台班使用费的确定

施工机械使用费以“台班”为计量单位。一个“台班”中为使用机械正常运转所支出和分摊的各种费用之和，就是施工机械台班使用费，或称台班预算价格。

施工机械台班使用费按费用因素的性质分为两大类。第一类费用包括：折旧费，大修理费，经常修理费，安装、拆卸及辅助设施费，机械管理费等。这类费用主要是取决于机械年工作制度决定的费用，它的特点是不管机械使用情况，不因施工地点和条件的变化，都必须支出，是一种较固定的经常费用，故称不变费用。第二类费用包括：机上工作人员工资、动力燃料费、养路费及牌照税等。这类费用常因施工地点和条件不同而发生较大变化，故称可变费用，也称一次费用。

（1）折旧费：是指机械设备在规定的使用期限（即耐用总台班）内，陆续收回其原值时每一台班所摊费用，其计算式如下：

$$台班折旧费=\frac{机械预算价格\times(1-残值率)}{耐用总台班数}$$

式中　机械预算价格（机械原值）——由机械出厂（或到岸完税）价格和由生产厂（销售单位交货地点或口岸）运至使用单位机械管理部门验收入库的全部费用组成。

残值率——是施工机械报废时回收的残余价值占原值的比率。

耐用总台班数——是指机械设备从开始投入使用至报废前所使用的总台班数。

（2）大修理费：是指为确保机械完好和正常运转，达到大修间隔期而支出的修理费用，计算公式为：

$$台班大修理费=\frac{一次大修理费\times(大修理周期数-1)}{耐用总台班数}$$

其中大修理周期是指从开始使用到大修理为止的一段时间。

（3）经常修理费：是指机械设备除大修理以外的各级保养及临时故障排除所需费用，为保障机械正常运转所需更换设备、随机配备的工具、附具的摊销及维护费用，机械运转及日常保养所需润滑、擦拭的材料费用和机械停置期间的维护保养费用等。

（4）安装拆卸及辅助设施费：是指施工机械在工地进行安装、拆卸所需的工、料、机具、试运转费，以及安装机械所需的辅助设施及搭设拆除的工料费用。

辅助设施费包括安装机械基础底座、固定锚桩，以及行走轨道及枕木等的折旧费用。

（5）机械进出场费：是指机械整体或分件自停放场地至施工工地，或自一工地运至另一工地的运输或转移费。

（6）燃料动力费：是指机械设备在运转施工作业中所耗用的固体燃料（煤炭、木材）、液体燃料（汽油、柴油）、电力、水和风力等的费用。

（7）人工费：是指机上司机、司炉和其他操作人员的工作日工资以及上述人员在机械规定的年工作台班以外的基本工资和工资性质的津贴。

（8）运输机械养路费、车船使用税及保险费：是指运输机械按国家有关规定应交纳的养路费、车船使用税以及机械投保所支出的保险费。

2.2.3 单位估价表

1. 单位估价表的意义

单位估价表是以货币形式确定定额单位某分部分项工程或结构构件直接费用的文件。它是根据预算定额所确定的人工、材料和机械台班消耗量，乘以人工工资单价、材料预算价格和机械台班预算价格汇总而成的，是预算定额中每一分项工程或结构构件的单位预算价格表。每一定额单位某分部分项工程或结构构件直接费用，即综合单价（又叫定额基价）的公式表示为：

综合单价＝Σ(工、料、机定额消耗量×预算价格)＝人工费＋材料费＋施工机械使用费

式中　人工费＝Σ（工日消耗量×综合工资标准）；

材料费＝Σ（材料消耗量×相应的材料预算价格）；

施工机械使用费＝Σ（机械台班消耗量×相应的机械台班预算价格）。

由于各地区的人工工资标准、材料价格以及机械台班价格各不相同，因此编制产品的单位价格也各不相同，故单位估价表多称为地区单位估价表。

2. 单位估价表的组成及内容

现以江苏省1997年颁发的《全国统一建筑工程基础定额江苏省估价表》为例，简述单位估价表的内容及形式。

《全国统一建筑工程基础定额江苏省估价表》（以下简称本估价表）以国家建设部1995年发布的《全国统一建筑工程基础定额（土建）》（GJD—101—95）及《全国统一建筑工程工程量计算规则》（GJD_{GZ}—101—95）为基础，以省中心城市南京1994年底的人工、材料、施工机械台班基础单价为依据，结合江苏省的实际情况编制而成的。

本估价表内容包括：总说明、分部说明、分项工程说明、单位估价表表格和有关附录。其中，单位估价表表格是本估价表的主要构成部分。分部的划分比预算定额增加了一个，即第十五分部道路及排水工程。其他的说明部分是在《全国统一建筑工程基础定额》有关说明的基础上进行必要的补充，增加了工程量的计算规则等，在此不再赘述。

表2-9、表2-10为《江苏省估价表》的分项工程估价定额表示例，对比表2-2、表2-3可以看出单位估价表与预算定额之间的联系与区别。

3. 预算定额与单位估价表的区别

预算定额与单位估价表的主要区别表现在以下三个方面：

(1)“量”与“值”的区别：预算定额主要是规定单位产品所需消耗的劳动力工日数、各种材料耗用量和使用机械台班的台班数等三个用量数（即含量），如表2-2、表2-3所示；而单位估价表则是将这三个用量数，按照地区工资标准、材料预算价格、机械台班单价（即单价）进行综合计算，确定出单位产品所需的人工费、材料费和机械台班使用费，并由此得出单位产品的预算价格（即基价），如表2-9、表2-10所示。

(2) 适用地区范围的区别：预算定额具有跨地区的统一通用性，如《全国统一建筑工程基础定额》；而单位估价表主要适用本地区所辖的管区范围，如《江苏省单位估价表》。

(3) 内容细节上的区别：预算定额在大的原则上和比较固定的要求方面作了统一规定和说明；而单位估价表则在统一定额精神下，结合当地的工作特点和地区条件，作出一些

第五分部　混凝土及钢筋混凝土工程现浇混凝土基础　　表 2-9

工作内容：混凝土搅拌、水平运输、捣固、养护。　　计量单位：10m³

定额编号				5-274		5-275		5-280		5-281	
项目		单位	单价（元）	带形基础				独立基础			
				毛石混凝土		混凝土		毛石混凝土		混凝土	
				数量	合价	数量	合价	数量	合价	数量	合价
基价		元		1795.73		1947.95		1802.43		1971.28	
其中	人工费	元		184.14		210.32		190.30		232.76	
	材料费	元		1507.31		1614.51		1507.85		1615.40	
	机械费	元		104.28		123.12		104.28		123.12	
人工	综合工日	工日	220	8.37	184.14	9.56	210.32	8.65	190.30	10.58	232.76
材料	毛石	t	29.90	4.49	134.25			4.49	134.25		
	草袋子	m^2	1.04	2.39	2.49	2.52	2.62	3.17	3.30	3.26	3.39
	水	m^3	0.99	7.89	7.81	9.19	9.10	7.62	7.54	9.31	9.22
机械	混凝土搅拌机 400L	台班	110.00	0.33	36.30	0.39	42.90	0.33	36.30	0.39	42.90
	混凝土振捣器（插入式）	台班	12.00	0.66	7.92	0.77	9.24	0.66	7.92	0.77	9.24
	机动翻斗车 1t	台班	91.00	0.66	60.06	0.78	70.98	0.66	60.06	0.78	70.98
	小计	元			432.97		345.16		439.67		368.49
（1）	粒径 40mmC10 混凝土（425#）	m^3	142.34	(8.63)	(1228.39)	(10.15)	(1444.75)	(8.63)	(1228.39)	(10.15)	(1444.75)
	合计	元			(1661.36)		(1789.91)		(1668.06)		(1813.24)
（2）	粒径 40mmC15 混凝土（425#）	m^3	146.18	(8.63)	(1261.53)	(10.15)	(1483.73)	(8.63)	(1261.53)	(10.15)	(1483.73)
	合计	元			(1694.50)		(1828.89)		(1701.20)		(1852.22)
（3）	粒径 40mmC20 混凝土（425#）	m^3	157.91	8.63	1362.76	10.15	1602.79	8.63	1362.76	10.15	1602.79
	合计	元			1795.73		1947.95		1802.43		1971.28
（4）	粒径 40mmC25 混凝土（425#）	m^3	166.51	(8.63)	(1436.98)	(10.15)	(1690.08)	(8.63)	(1436.98)	(10.15)	(1600.08)
	合计	元			(1869.95)		(2035.24)		(1876.65)		(2058.57)

第十一分部　装饰工程墙、柱面装饰，一般抹灰的水泥砂浆　　表 2-10

工作内容：1. 清理、修补、湿润基层表面、堵墙眼、调运砂浆、清扫落地灰。

2. 分层抹灰找平、刷浆、洒水湿润、罩面压光（包括门窗洞口侧壁抹灰）。

计量单位：100m²

定额编号				11-17		11-18		11-19		11-20	
项目		单位	单价（元）	墙面、墙裙抹水泥砂浆							
				12＋8mm 砖墙		12＋8mm 混凝土墙		24＋6mm 毛石墙		14＋6mm 钢板网墙	
				数量	合价	数量	合价	数量	合价	数量	合价
基价		元		732.03		804.58		1013.17		880.46	
其中	人工费	元		318.78		344.08		411.18		375.76	
	材料费	元		395.70		442.95		575.89		487.15	
	机械费	元		17.55		17.55		26.10		17.55	
人工	综合工日	工日	22.00	14.49	318.78	15.64	344.08	18.69	411.18	17.08	375.76

续表

定额编号				11-17		11-18		11-19		11-20	
项目		单位	单价（元）	墙面、墙裙抹水泥砂浆							
				12+8mm 砖墙		12+8mm 混凝土墙		24+6mm 毛石墙		14+6mm 钢板网墙	
				数量	合价	数量	合价	数量	合价	数量	合价
材料	水泥砂浆 1：2.5	m^3	181.17	0.92	166.68	0.92	166.68	0.69	125.01	0.96	173.92
	水泥砂浆 1：3	m^3	160.67	1.39	223.33	1.39	223.33	2.77	445.06	1.62	260.29
	水泥砂浆 1：2	m^3	192.55								
	素水泥浆	m^3	379.76			0.11	41.77			0.11	41.77
	107 胶	kg	2.21			2.48	5.48			2.48	5.48
	水	m^3	0.99	0.70	0.69	0.70	0.69	0.83	0.82	0.70	0.69
	松厚板	m^3	1000.00	0.005	5.00	0.005	5.00	0.005	5.00	0.005	5.00
机械	灰浆搅拌机 200L	台班	45.00	0.39	17.55	0.39	17.55	0.58	26.10	0.39	17.55

更进一步的补充内容和深化要求。

2.2.4 建筑工程综合预算定额

随着建筑业管理体制改革的不断深入，招投标承包制度的全面推广，为了快速准确地进行工程报价，很多省市都编制了介于“概算定额”和“预算定额”之间的“综合预算定额”。

1. 综合预算定额的定义

综合预算定额是在建筑工程预算定额（单位估价表）的基础上，以主体工程项目为主，综合有关项目编制而成的。综合预算定额属于预算定额范畴，定额项目划分介于预算定额和概算定额之间，但向概算定额靠拢，因此定名为“综合预算定额”。

2. 综合预算定额的综合方法

（1）综合法。综合是指将单位估价表中的主要项目作为计量单位，然后按系数（含量）综合其他次要项目，编制综合预算定额。例如基础工程中，将各种类型的基础项目作为主要项目，然后按照测算所得的工程量综合挖土、回填土、人工运土、墙基防潮层等。

（2）归并法。归并是指将计算口径相同的单位估价表项目进行归并，编制综合预算定额。例如，将预制钢筋混凝土构件及金属构件的运输、吊装及其制作归并在一起；门窗的制安、油漆归并在一起。

（3）简化法。简化是改变部分项目在原单位估价表中确定的计量单位，其他项目采用系数（含量）综合，编制综合预算定额，从而简化工程量计算。例如：墙身不用立方米体积计算，而根据不同墙身厚度以平方米计算（示例见表 2-11）；钢筋混凝土楼面、屋面也以平方米计算等。

（4）其他方法有：

1）图算法。当采用标准图集或通用图集的做法确定综合预算定额项目时，其包含的项目及其数量均按图集做法计算。这种综合预算定额项目的计量单位一般根据项目的形体特征而定，例如：水箱、水池、化粪池以座（只）表示，围墙以 10m 表示等。

2）价差法。例如：圈梁、构造柱、水泥砂浆墙裙项目。在墙体工程量计算规则中规定不扣圈梁、构造柱体积，而在圈梁、构造柱定额中抵扣砖墙含量，以简化工程量计算。用价差法编制的定额为价差定额。

3．综合预算定额的作用

综合预算定额具有概算定额和预算定额的双重作用，它的主要作用如下：

（1）作为编制设计概算和施工图预算的依据。

（2）作为编制招标工程标底的依据。

（3）是办理竣工结算的依据。

（4）是建筑施工企业进行经济核算的依据。

（5）是选择建筑设计方案和进行经济比较的依据。

4．综合预算定额的主要内容

现以《江苏省建筑工程综合预算定额》(1997) 为例说明综合预算定额的主要内容形式。

综合预算定额由文字说明、定额表组成。

（1）文字说明包括总说明，建筑面积计算规则，分部说明，工程量计算规则等。主要阐明定额的作用、编制依据、适用范围、计算规则和计算方法，以及有关规定。

（2）定额表的项目按工程部位划分，共分为12个分部。内容如下：

1）土方工程；2）基础工程；3）墙体工程；4）柱、梁工程；5）楼地面、顶棚工程；6）屋盖工程；7）门窗及木装修工程；8）钢筋工程；9）构筑物工程；10）附属工程及零星工程；11）脚手架费用、垂直运输机械、超高费用定额；12）大型机械进（退）场及组装、拆卸费。

表2-11所示为《江苏省建筑工程综合预算定额》(1997) 的第三分部墙体工程的定额表表格形式。

《建筑工程综合预算定额》(1997)

第三分部　墙体工程砖内墙　　　　表2-11

计量单位：$10m^2$

综合定额编号				3-11		3-12		3-13	
估价表编号	综合项目	单价（元）	单位	$\frac{1}{2}$砖墙		1砖墙		$1\frac{1}{2}$砖墙	
				双面1：1：6混合砂浆底、1：0.3：3面					
				苏J9501—5—5					
				数量	合价	数量	合价	数量	合价
	基　价		元	354.94		550.96		753.62	
其中	人工费		元	122.26		154.42		192.01	
	材料费		元	227.46		388.93		551.53	
	机械费		元	5.22		7.61		10.08	
4-19	混合砂浆M5砌$1\frac{1}{2}$砖墙	1634.83	$10m^3$					0.365	596.71
4-17	混合砂浆M5砌1砖墙	1641.91	$10m^3$			0.24	394.06		
4-13	混合砂浆M5砌$1\frac{1}{2}$砖墙	1722.06	$10m^3$	0.115	198.04				
11-28换	1：1：6混合砂浆底、1：0.3：3面	638.01	$100m^2$	0.20	127.60	0.20	127.6	0.20	127.6
11-453	刷803涂料	146.54	$100m^2$	0.20	29.31	0.20	29.31	0.20	29.31

续表

综合定额编号				3-11		3-12		3-13	
估价表编号	综合项目	单价（元）	单位	$\frac{1}{2}$砖墙		1砖墙		1$\frac{1}{2}$砖墙	
				双面1：1：6混合砂浆底、1：0.3：3面					
				苏J9501—5—5					
				数量	合价	数量	合价	数量	合价
人工及主要材料	合计工		工日	5.56		7.02		8.73	
	普通粘土砖240mm×115mm×53mm		千块	0.64		1.27		1.92	
	425#水泥		kg	152.42		210.17		261.68	
	中（粗）砂（天然）		t	1.11		1.67		2.16	
	石灰膏		m^3	0.09		0.12		0.14	
	木材		m^3	0.001		0.002		0.002	
	铁钉		kg			0.01		0.01	
	清油		kg	0.13		0.13		0.13	
	石膏粉		kg	0.41		0.41		0.41	
	大白粉		kg	0.30		0.30		0.30	
	803涂料		kg	7.11		7.11		7.11	
	水		m^3	0.64		0.90		1.16	

2.3 概 算 定 额

2.3.1 概算定额的定义

建筑工程概算定额是确定一定计量单位扩大结构构件或扩大分项工程的人工、材料和机械台班消耗量的数量标准。它是以建筑工程预算定额为基础，按结构构件或分项工程内容，以主体结构分部为主，合并其相关部分，综合扩大而成的一个综合项目，包括了为完成该扩大结构构件或扩大分项工程所需的全部施工过程。因此，也称扩大预算定额。概算定额与综合预算定额都是在预算定额的基础上综合扩大而成的，但概算定额的综合性更大，项目包括的内容更广。

概算定额基价又称扩大单位估价表，是确定概算定额单位（扩大分部分项工程、完整的结构件等）所需全部材料费、人工费、施工机械使用费之和的文件，是概算定额在各地区以价格表现的具体形式。计算公式为：

概算定额基价＝概算定额单位材料费＋概算定额单位人工费＋概算定额单位施工机械使用费

＝Σ（材料概算定额消耗量×材料预算价格）＋Σ（人工概算定额消耗量×人工工资单价）＋Σ（施工机械概算定额消耗量×机械台班费用单价）

2.3.2 概算定额的作用

建筑工程概算定额的作用，可归纳为以下几点：

（1）是编制一般工业与民用建筑新建、扩建工程初步设计概算和技术设计修正概算的主要依据。

（2）是选择设计方案，进行经济比较，衡量设计是否经济合理的依据。

（3）是编制设计任务书、投标估算，进行投资大包干及编制建筑工程项目主要材料申报计划的依据。

（4）是编制概算指标的依据。

2.3.3　概算定额的内容

概算定额手册由文字说明和定额项目表组成，文字说明包括总说明、分部说明等。总说明中主要阐明定额的编制依据、适用范围、定额的作用、取费标准以及有关规定等。分部说明中规定了该分部工程量的计算规则、综合项目内容以及有关规定等。

定额项目表中列出了概算定额各分部、分项定额项目及工程内容、概算基价、人工、材料和机械消耗数量。

（1）以土建工程概算定额为例，概算定额项目一般按工程结构划分或按工程部位划分，其主要的分部工程项目有：

1）基础：不分材质，包括砖、石、混凝土等，并综合了挖土、填土、垫层、砌体、防潮层等。

2）墙体：不分材质，砖、石、混凝土墙、间壁、隔断等，综合了砌体、抹灰、勾缝、刷浆等。

3）柱梁：不分材质，包括木制、金属制和钢筋混凝土梁、柱等。

4）楼地面：包括垫层、找平层、面层、踢脚线和楼板、顶棚等。

5）屋盖与顶棚。

6）零星工程以及构筑物等。

脚手架及垂直运输机械一般均包括在各子目中，不另列项目。

表2-12为一般土建工程概算定额示例。

（2）以公路工程概算定额为例，公路工程概算定额主要包括如下分部：

1）路基工程；

2）路面工程；

3）隧道工程；

4）涵洞工程；

5）桥梁工程；

6）其他工程及沿线设施；

7）临时工程。

《江苏省建筑工程概算定额》（1999）

第三分部　墙体工程砖内墙　　**表2-12**

工程内容：砌砖墙，浇捣钢筋混凝土，构造柱，圈梁，过梁，墙内钢筋加固；砌砖脚手架。

计量单位：10m² 墙净面积

概算定额编号		单价（元）	单位	3-4		3-5	
项　目				$\frac{1}{2}$砖墙		1砖墙	
				双面1∶1∶6混合砂浆底、1∶0.3∶3面			
				苏J9501—5—5			
				数量	合价	数量	合价
基　准　价			元	514.72		896.23	
其中	人工费		元	141.68		208.78	
	材料费		元	327.55		596.04	
	机械费		元	45.49		91.41	

续表

概算定额编号				3-4		3-5	
项 目		单价（元）	单位	$\frac{1}{2}$砖墙		1 砖墙	
				双面 1：1：6 混合砂浆底、1：0.3：3 面			
				苏 J9501—5—5			
				数量	合价	数量	合价
	合计工	22.0	工日	6.44	141.68	9.49	208.78
	普通粘土砖 240mm×115mm×53mm	197.80	千块	0.575	113.74	1.051	207.89
	中（粗）砂（天然）	35.81	t	1.164	41.68	1.838	65.82
	碎石 5～20mm	36.18	t	0.149	5.39	0.516	18.67
	石灰膏	93.89	m^3	0.086	8.07	0.107	10.05
	普通木成材	1000.00	kg	0.005	5.00	0.014	14.00
	组合钢模板	4.00	kg	0.665	2.66	2.194	8.78
	钢支撑（钢管）	4.85	kg	0.192	0.93	0.570	2.76
	零星卡具	4.00	kg	0.156	0.62	0.467	1.87
	22# 镀锌铁丝	8.07	kg	0.175	1.41	0.197	1.59
	电焊条	7.84	kg	0.073	0.57	0.292	2.29
	清油	12.30	kg	0.126	1.55	0.126	1.55
	803 涂料	1.45	kg	7.112	10.31	7.112	10.31
	水	0.99	m^3	0.769	0.76	1.347	1.33
	425# 水泥	0.25	kg	198.392	49.60	360.923	90.23
	钢筋	3000.00	t	0.020	60.00	0.044	132.00
	脚手费		元		21.63		21.63
	其他材料费		元		3.63		5.27
机械	垂直运输费		元		37.29		74.27
	其他机械费		元		8.20		17.14

2.4 建筑工程造价费用定额

根据第 1 章所述，建筑工程造价由直接工程费、间接费、计划利润、税金等四部分组成。其中，直接工程费包括定额直接费、现场经费、其他直接费三个部分。在以上的所有费用中，“定额直接费”可以通过一定的实物量乘以预算定额基价计算出来。除此之外的费用由于不能以定量形式确定消耗定额，故大多采用费率方法，即用定额直接费或定额直接费中的人工费乘以一定的费率计算。这些不同的费率就称为费用定额，又称为取费标准。

由于各地区的建筑水平不一致，费用定额没有全国统一的标准，一般是以国家有关部门颁发的“建筑安装工程费用项目组成”为依据，结合各地区的实际情况，编制费用定额。本节以《江苏省建筑安装工程费用定额》（1997）为例，介绍建筑安装工程费用的具体计算方法。

2.4.1 费用内容

《江苏省建筑安装工程费用定额》（1997）的费用组成如图 2-1 所示。

图 2-1 中所示的大部分费用内容在第 1 章已有解释，对部分有变化及特殊的内容解释如下：

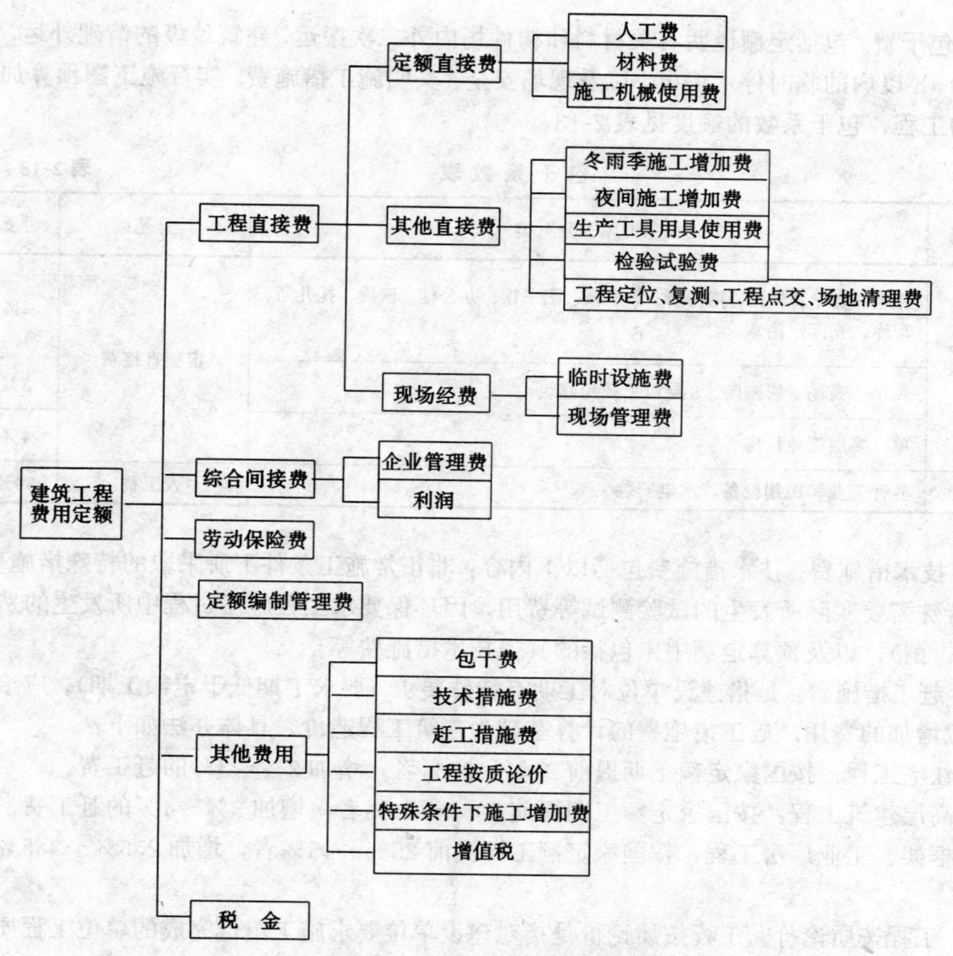

图 2-1　建筑工程费用定额组成

1. 综合间接费

综合间接费由企业管理费和利润组成。其中企业管理费不包括劳动保险费和在职职工退休养老金的积累费用。

2. 劳动保险费

为了便于实行行业劳保统筹，把原属于企业管理费性质的劳动保险费及养老保险费分离出来组成独立的劳动保险费。劳动保险费内容是指施工企业支付离退休职工的退休金、价格补助、医药费、职工退职金及6个月以上的病假人员工资、职工死亡丧葬补助费、抚恤费、按规定支付给离、退休干部的各项经费，以及在职职工的养老保险费等。

已实行建筑行业劳保统筹的地方，其劳动保险费取费标准由各市规定，按统一的劳动保险费率列入预算，在统一的社会保险制度实施之前，由各市统筹办公室统一收取，再按企业性质、成立时间返回劳保费用。

3. 其他费用

其他费用是指完成单位建筑产品所必需发生的，但没有计入定额直接费、其他直接费、间接费的费用。这部分费用的计算办法及标准由当地省、直辖市、自治区建委制定，承发包双方通过合同或现场签证加以确认。费用内容包括：

(1) 包干费。包括定额说明有关材料和构件场内外二次搬运，建筑垃圾的清理外运，非甲方所为4h以内的临时停水停电，以及现场安全、文明施工措施费。实行施工图预算加系数包干的工程，包干系数的额度见表2-13。

包干系数表　　表2-13

工程类别	房屋分类	计算基础	系数
土建工程	住宅、食堂、旅馆、招待所、教学楼、图书馆、办公楼、医院、托儿所、车库、仓库、浴室	定额直接费	2%
	宾馆、商场、影剧院、8层以上高层建筑		3%
	单、多层工业厂房		4%
安装工程	各种工业和民用设备、水电安装	人工费	30%

(2) 技术措施费。技术措施费包括以下内容：非正常施工条件下所采取的特殊措施费，因工程特殊需要实际所发生的试验测试等费用，因环保要求工程施工过程中所发生的费用（滴、撒、漏），以及预算定额中未包括的其他技术措施费等。

(3) 赶工措施费：是指建设单位对工期有特殊要求（要求工期低于定额工期），应给予施工单位增加的费用。赶工措施费的计算基础为建筑工程造价，具体办法如下：

1) 住宅工程：按国家定额工期提前20%～35%者，增加2%～3%的赶工费。

2) 高层建筑工程：按国家定额工期提前30%～50%者，增加3%～4%的赶工费。

3) 框架、工业厂房工程：按国家定额工期提前25%～45%者，增加2.5%～3.5%的赶工费。

(4) 工程按质论价。工程按质论价是指对建设单位要求施工单位完成的单位工程质量达到经有权部门鉴定为优良、优质（含市优、省优、国优）工程而必需增加的施工成本费。工程按质论价的计算基础为建筑工程造价，具体办法如下：

1) 住宅工程：优良级增加建安造价的1.5%～2.0%，优质增加建安造价的2%～3%。一次、二次验收不合格者，除返工合格外，尚应按建安造价的0.8%～1%和1.2%～2%扣罚工程款。

2) 一般工业与公共建筑：优良级增加建安造价的1%～1.5%，优质增加建安工程造价的1.5%～2.5%。一次、二次验收不合格者，除返工合格外，尚应按0.5%～0.8%和1%～1.7%扣罚工程款。

(5) 增值税：指按税务部门规定交纳预制混凝土构件、木构件、金属构件、商品混凝土等增值税。

2.4.2 工程类别划分

建筑工程按难易及复杂程度划分不同的类别，进行差别取费，这是工程造价管理改革的重要措施，目的是使工程造价的确定更趋合理。江苏省建筑工程类别划分如表2-14、表2-15所示。一个单位工程中有几种不同的工程类别组成时，其工程类别按建筑面积比例分别计算。与建筑物配套的零星项目，如化粪池、检查井、分户围墙等，执行相应的主体建筑工程类别。其余零星工程，如厂区围墙、道路、下水道、挡土墙等，均按四类标准执行。

建筑工程类别划分标准表 **表 2-14**

项目		类别	单位	一类	二类	三类	四类
工业建筑	单层	檐口高度	m	≥20	≥16	≥9	<9
		跨度	m	≥24	≥18	≥12	<12
	多层	檐口高度	m	≥30	≥18	≥12	<12
		建筑面积	m^2	≥8000	≥5000	≥3000	<3000
民用建筑	住宅	檐口高度	m	≥62	≥34	≥14	<14
		建筑面积	m^2	≥10000	≥6000	≥3000	<3000
		层数	层	≥22	≥12	≥5	<5
	公共建筑	檐口高度	m	≥56	≥30	≥15	<15
		建筑面积	m^2	≥10000	≥6000	≥3000	<3000
		层数	层	≥18	≥10	≥5	<5
构筑物	烟囱	混凝土结构高度	m	≥100	≥50	<50	
		砖结构高度	m	≥50	≥30	<30	
	水塔	高度	m	≥40	≥30	<30	
		容积	m^3	≥80	≥60	<60	
	筒仓	高度	m	≥30	≥20	<20	
	贮池	容积（单体）	m^3	≥2000	≥1000	<1000	
大型机械吊装工程		檐口高度	m	≥20	≥16	≥9	<9
		跨度	m	≥24	≥18	≥12	<12
桩基础工程		预制混凝土桩长	m	≥30	≥15	<15	
		灌注混凝土桩长	m	≥50	≥30	<30	
单独土（石）方工程 大型土（石）方工程		挖或填土（石）方容量	m^3	≥10000	≥5000	≥2000	<2000

建筑工程以建筑面积、檐高、跨度、层数等标准确定工程类别时，凡工程类别标准中，有两个指标控制的，只要满足其中一个指标即可按该指标确定工程类别；有三个指标控制的，须满足两个或两个以上指标方可按该指标确定工程类别。安装工程的工程分类中，只要符合其中一个条件，则此单位工程即按相应类别的取费标准执行。

单独土（石）方工程和大型土（石）方工程是指单独编制概预算或一个单位工程内挖方或填方量在 5000m^3 以上的工民建土石方工程。

安装工程类别划分标准 **表 2-15**

工程类别	划分标准
一类工程	1. ≥10kV 以上变配电装置 2. ≥10kV 以上电缆敷设工程或实物量在 1km 以上的单独 6kV（含 6kV）电缆敷设分项工程 3. 锅炉单蒸发量在>10t/h 的锅炉安装及其相配套的设备、管道、电气工程 4. 总实物量>50m^3 的炉窑砌筑工程 5. 专业电气调试（电压等级>500V）与工业自动化仪表调试 6. 工业安装工程（一类项目） 7. 建筑面积>2000m^2，其安装全面积 50%以上中央空调系统及自动防灾报警系统的民用建筑安装工程 8. 建筑物使用空调面积在 10000m^2 以上单独的中央空调分项安装工程 9. 运行速度≥1.75m/s 单独的自动电梯分项安装工程 10. 公共安装工程中的煤气发生炉、液化站、制氧站及其配套的设备、管道、电气工程

续表

工程类别	划分标准
二类工程	1. 除一类取费范围以外的变配电装置和10kV以下架空线路工程 2. 除一类取费范围以外的电缆敷设工程 3. 除一类取费范围以外的宾馆、高级商住楼、商店、医院等的安装工程 4. 除一类取费范围以外的各类工业设备安装、车间工艺设备安装及其相配套的管道、电气工程 5. 锅炉单炉蒸发量<10t/h 的锅炉安装及其相配套的设备、管道、电气工程 6. 除一类取费范围以外的单独的中央空调分项安装工程 7. 除一类取费范围以外的单独自动扶梯、自动或半自动电梯分项安装工程 8. ≥7层住宅（包括底层商场）、办公楼、学校、综合楼、实验楼的安装工程
三类工程	1. 7层以下住宅（包括底层商场）、办公楼、学校、幼儿园、综合楼、实验楼的安装工程 2. 一、二类以外的工业项目辅助设施的安装工程
四类工程	1. ≤4层住宅（包括底层商场）、办公楼、学校、幼儿园、综合楼、实验楼的安装工程 2. 一、二、三类取费范围以外的各项零星安装工程

2.4.3 各类工程取费标准

1. 各类工程综合费率

建筑工程综合费率的内容包括：其他直接费、现场经费、企业管理费、利润及定额编制管理费五部分。计算基础为定额直接费，综合费率详见表2-16。

综合费率拆分表 **表2-16**

项目	工程类别	计算基础	综合费率（%）	其中						
				其他直接费（%）	现场经费（%）	其中		企业管理费（%）	利润（%）	定额编制管理费（%）
						现场管理费（%）	临时设施费（%）			
一般建筑工程（包工包料）	一类工程	定额直接费	18.14	2.87	4.55	2.66	1.89	4.98	5.5	0.24
	二类工程	定额直接费	15.96	2.87	3.98	2.34	1.64	4.37	4.5	0.24
	三类工程	定额直接费	13.37	2.87	3.31	1.84	1.47	3.45	3.5	0.24
	四类工程	定额直接费	10.90	2.87	2.29	1.04	1.25	2.50	3	0.24
其中：构件制作	一、二类工程	定额直接费	9.40	1.80	1.62	1.62		3.03	2.71	0.24
构件吊装	三、四类工程	定额直接费	7.52	1.77	1.30	1.30		2.45	1.76	0.24
	一、二类工程	包括制作的定额直接费	6.66	1.04	1.48	0.85	0.63	1.61	2.29	0.24
	三、四类工程	包括制作的定额直接费	5.21	1.02	1.21	0.66	0.55	1.25	1.49	0.24
安装工程（包工包料，包括工业炉窑砌筑）	一类工程	人工费	110	12	32	24	8	39.5	24	2.5
	二类工程	人工费	95	10	29	22	7	33.5	20	2.5
	三类工程	人工费	74	8	22	17	5	25.5	16	2.5
	四类工程	人工费	47	5	11	8	3	14.5	14	2.5

2. 劳动保险费

劳动保险费系不可竞争费用，应按规定执行。实行建筑行业劳保统筹的省辖市、县（市），其劳动保险费按经省建委批准的劳保统筹费费率标准执行。未实行建筑行业劳保统筹的地方，建筑工程的劳动保险费按表2-17标准执行。

劳动保险费取费标准表（%）　　表 2-17

项目 类别标准	土建	构件制作	大型机械吊装工程	桩基础工程	大型土（石）方工程	安装工程
一类标准	2.8	1.41	1.02	1.18	2.80	11.5
二类标准	2.00	1.01	0.73	0.84	2.00	8.5
三类标准	1.37	0.44	0.32	0.38	0.88	6.0

3. 其他费用

包括：①包干费；②技术措施费；③赶工措施费；④工程按质论价；⑤特殊条件下施工增加费；⑥增值税等。这部分费用的计算办法，一般是以定额直接费为计算基础乘以一定的系数，通过合同形式加以确认。

4. 税金

税金计费基础为不含税工程造价，即工程直接费、综合间接费、劳动保险费、利润、其他费用、材料价差等费用之和。税率现为3.441%。

2.5 估算指标

2.5.1 投资估算指标的定义

投资估算指标是一种用建筑面积（或体积）或万元造价为计量单位，以独立的建设项目、单项工程或单位工程为对象规定其所需人工、材料、机械台班和资金消耗的定额。它的数据均来自工程预算和决算资料。估算指标比概算定额更为综合和概括，属于参考性经济标准。

2.5.2 估算指标的作用

建筑工程估算指标的主要作用如下：

(1) 在编制项目建议书和可行性研究报告阶段，它是多方案比选、优化设计方案、正确编制投资估算、合理确定项目投资额的重要基础；

(2) 在建设项目评价、决策过程中，它是评价建设项目投资可行性、分析投资效益的主要经济指标；

(3) 在编制初步设计或扩初设计阶段，它是对设计方案进行技术经济分析，选择设计方案的依据；

2.5.3 估算指标的内容和形式

估算指标一般要有总说明，说明指标的作用、编制依据、适用范围及使用方法等；估算指标内容一般包括计量单位、工程名称、建筑面积、结构特征、造价指标以及人工、材料和机械台班的消耗量等。估算指标的表现形式主要有：

1. 单项工程估算指标

单项工程估算指标是一种以建筑物或构筑物为对象，用平方米形式来表示的定额，它包括工业建筑、辅助建筑、民用建筑、构筑物等。单项工程估算指标按各种类型工程项目和结构特征，分别列出每平方米造价以及所需的人工、材料消耗量。凡工程项目相符且构造内容一致均可套用。

2. 万元消耗工料指标

万元消耗工料指标是一种概括性较大的定额指标，以万元为单位反应建筑安装工作量中人工、材料消耗的数量标准。万元消耗是一种计划指标，是编制长期计划和年度计划以及在可行性研究阶段进行投资估算的依据。它分为工业建筑和民用建筑两大类。工业建筑按结构类型分别列出装配式重型结构、装配式轻型结构、单层混合结构、多层混合结构等；民用建筑按建筑类型分别列出住宅类、办公教学楼类、试验楼、门诊医院类、公用建筑类等。

表 2-18～表 2-21 所示为不同类型不同形式的投资估算表。

工程建设百万元投资参考指标　　　　表 2-18

序号	项目	投资分配（%）						百万元指标		建筑工程百万元指标								
		建筑工程			设备及安装工程													
		工业建筑	民用建筑	厂外工程	设备	安装	其他	标准设备（t）	非标准设备（t）	钢筋（t）	型钢（t）	钢管（t）	原木（m²）	水泥（t）	石灰（t）	砖（千块）	黄沙（t）	碎石（t）
1	冶金工业	33.4	3.5	1.3	48.2	5.7	7.9	148	82	66	62	29	108	496	27	328	2050	3500
2	电工器材工业	27.7	5.4	0.8	51.7	2.2	12.2			82	78	35	162	574	35	736	2810	3140
3	石油工业	22	3.5	1	50	10	13.5	180	151	108	30	125	305	324	20	316	2500	5150
4	机械制造工业	27	3.9	1.3	56	2.3	9.5	162	34	89	75	59	222	653	36	664	3680	4070
5	化学工业	33	3	1	46	11	6	169	61	79	71	41	230	552	49	784	3640	4260
6	建筑材料工业	35.6	3.1	3.5	50	2.8	7.8	242	43	95	31	19	236	589	27	320	3380	4070
7	轻工业	25	4.4	0.5	55	6.1	9			94	11	25	228	664	59	856	3560	3840
8	电力工业	30	1.6	1.1	51	13	3.3	95	43	55	50	39	209	363	19	296	1910	2650
9	食品工业（冻肉厂）	55	3	0.5	30	9	2.5	85		150	21	31	287	960	43	560	3580	5110
10	纺织工业（棉纺厂）	29	4.5	1	53	4	8.5			70	5	14	246	864	70	480	3930	4310

建筑工程每万元或每百平方米消耗工料指标　　　　表 2-19

项　目		人工及主要材料																
		人工	钢材	水泥	模板	成材	砖	黄沙	碎石	毛石	石灰	白铁皮	玻璃	油毛毡	电焊条	铁钉	铁丝	沥青	油漆
		工日	t	t	m³	m³	千块	t	t	t	t	m²	m²	kg	kg	kg	kg	kg	kg
工业与民用综合	每万元	308	2.65	13.21	1.62	1.43	15.62	44	43	8	1.62	3	17	100	21	17	16	220	11
	100m²	315	3.04	13.57	1.69	1.44	14.76	44	46	8	1.48	4	18	110	27	18	18	240	11
一、工业建筑	每万元	400	3.16	12.60	1.55	1.24	10.68	40	45	8	1	3	16	114	32	17	20	250	7
	100m²	340	3.94	14.45	1.82	1.43	11.56	46	51	10	1.02	4	18	133	42	20	24	300	7
二、民用建筑	每万元	318	1.87	14.11	1.72	1.70	23.04	43	41	7	2.63	4	19	74	5	16	9	180	14
	100m²	327	1.68	12.24	1.50	1.48	19.58	42	36	6	2.20	4	17	67	5	15	9	160	18

建筑工程每万元或每百平方米消耗工料指标　　表 2-20

项目			人工	钢材	水泥	模板	成材	砖	黄沙	碎石	毛石	石灰	白铁皮	玻璃	油毛毡	电焊条	铁钉	铁丝	沥青	油漆
			工日	t	t	m^3	m^3	千块	t	t	t	t	m^2	m^2	kg	kg	kg	kg	kg	kg
工业	装配式重型结构	每万元	248	4.10	10.74	1.50	1.10	7.25	32	41	10	0.51	3	12	127	54	17	25	280	4
		$100m^2$	371	6.13	16.04	2.22	1.64	10.83	48	61	15	0.76	4	18	190	80	25	38	418	0
	装配式轻型结构	每万元	372	2.64	14.85	1.31	1.05	11.78	46	49	6	1.17	4	25	97	23	20	14	194	6
		$100m^2$	364	2.58	14.51	1.27	1.03	11.50	45	48	6	1.14	4	24	95	22	20	14	190	5
	框架结构	每万元	284	3.13	13.68	2.09	1.64	7.42	41	46	6	1.00	2	15	54	16	17	15	114	8
		$100m^2$	369	4.06	17.77	2.71	1.13	9.50	53	59	8	1.28	3	20	70	21	22	20	152	10
	单层混合结构	每万元	515	2.33	12.84	1.41	1.32	15.40	47	48	9	1.16	4	13	164	19	18	15	372	9
		$100m^2$	251	1.90	10.45	1.15	1.07	12.64	38	39	8	0.95	3	11	134	16	15	12	304	8
	多层混合结构	每万元	348	2.15	14.00	1.97	1.54	16.10	48	40	6	1.81	3	21	51	5	8	14	120	11
		$100m^2$	314	1.94	12.65	1.78	1.39	14.55	43	36	5	1.63	3	19	47	5	7	13	108	10
民用	住宅宿舍类	每万元	337	1.72	15.20	1.68	1.70	28.50	48	39	6	3.52	4	18	49	4	15	10	100	16
		$100m^2$	257	1.31	11.40	1.28	1.30	21.95	37	30	5	2.66	3	14	38	3	12	8	76	12
	办公楼教学楼类	每万元	327	1.75	14.69	2.34	2.03	20.43	55	39	5	2.71	4	25	62	4	19	6	133	14
		$100m^2$	238	1.43	12.03	1.93	1.70	16.77	46	31	6	2.23	3	21	50	4	16	5	108	15
	试验楼门诊医院类	每万元	290	2.13	11.50	1.43	1.52	15.77	41	29	6	1.55	3	20	47	5	15	9	173	14
		$100m^2$	322	2.37	12.80	1.64	1.69	17.58	46	31	7	1.72	4	22	52	6	17	10	190	16
	公用建筑类	每万元	352	3.43	12.80	2.15	1.57	19.26	44	48	4	2.00	5	17	36	14	23	13	76	12
		$100m^2$	420	4.09	15.27	2.57	1.87	17.01	51	56	5	2.39	6	20	44	16	28	16	90	14
	饭厅、厨房、浴室类	每万元	279	1.74	13.40	1.59	1.69	18.34	51	53	10	1.37	4	20	173	8	17	9	437	11
		$100m^2$	261	1.62	13.23	1.48	1.59	17.20	48	49	9	1.27	4	19	162	7	16	9	400	10

民用建筑类住宅工程的单项工程估算指标　　表 2-21

工程内容	面积	层数	层高	跨度	檐高
	(m^2)	(层)	(m)	(m)	(m)
	2480	6			16.70
构造说明	砖混结构 砖基础，钢筋混凝土地梁，砖外墙，现浇钢筋混凝土圈梁，构造柱，连续梁，预制钢筋混凝土空心楼板，水泥砂浆楼地面，屋面二毡三油一砂，架空隔热板，木门（带纱），钢窗（带纱），外墙混合砂浆抹灰，内墙、顶棚石灰砂浆普通抹灰刷 106 涂料				

指标	每平方米造价（元）	人工及主要材料				
		人工	钢材	水泥	成材	砖
		（工日）	（kg）	（kg）	（m^3）	（块）
	580	3.51	18.83	121	0.0250	220

复 习 思 考 题

1. 在社会主义市场经济条件下，工程造价计价依据一般具有哪些特点？
2. 劳动定额有哪两种表达形式？两者有何关系？
3. 何为预算定额及单位估价表？各有何作用？
4. 试述预算定额与单位估价表的联系和区别。
5. 预算定额中人工、材料和机械台班消耗指标是如何确定的？

6. 试述定额中人工单价、材料和施工机械台班的预算价格的确定方法。

7. 概算定额与综合预算定额有何联系和区别？各有何作用？

8. 概算指标有哪两种表达形式？各有何作用？

9. 建筑工程造价取费定额规定，某项费用的费率大小主要由哪些因素决定的？

第3章　工程造价的编制与审查

建筑工程造价是建设项目的投资估算、设计概算和施工图预算造价的统称。工程造价贯穿于工程建设的全过程，它们是建设项目在不同阶段控制投资的依据。

3.1　施工图预算的编制

3.1.1　施工图预算的含义及作用

1. 施工图预算的含义

施工图预算是确定建筑安装工程预算造价的文件。它是在施工图设计完成后，由施工企业根据施工图设计及施工组织设计按照现行预算定额（单位估价表或综合预算定额）分部分项地计算出工程量，在此基础上逐项套用相应的预算单价，计算出直接费、进行工料分析及汇总，再根据规定的各项费用的取费标准最终计算出建筑安装工程预算造价。

编制施工图预算时，首先根据施工图设计文件、定额和价格等资料，以一定的方法，编制单位工程的施工图预算；然后汇总所有各单位工程施工图预算，成为单项工程施工图预算；再汇总所有单项工程施工图预算，便是一个建设项目建筑安装工程的预算造价。

2. 施工图预算的作用

(1) 是确定建筑安装工程造价和实行招投标的依据。

经审核、批准后的施工图预算，成为建设单位和施工企业都确认的关于工程预算造价的文件。在招、投标过程中，无论施工单位，还是建设单位，均以施工图预算为依据，编制标底或报价，进行开标和决标，最终签订工程合同。

(2) 是办理工程价款结算的依据。

建设单位在施工期间按施工图预算和工程进度办理工程款的预支和结算。单项工程或建设项目竣工后，也以施工图预算为主要依据办理竣工结算。

(3) 是落实或调整年度建设计划的依据。

由于施工图预算比设计概算更具体更切合实际，因此，可据以落实或调整年度计划。

(4) 是施工企业编制施工计划的依据。

施工图预算的工料汇总表列出了单位工程的各类人工和材料的需要量，施工企业可据以编制施工计划，进行施工准备活动，并可作为供应和控制施工用料的依据。

(5) 是加强施工企业实行经济核算的依据。

施工图预算所确定的工程预算造价，是施工企业产品的预算价格。要想获得好的经济效益，施工企业必须在施工图预算的范围内加强经济核算，降低成本。

3.1.2　施工图预算的编制程序

施工图预算的编制是一项复杂而又细致的工作，为了准确而又顺利地编制，一般可按以下程序进行：

1. 收集资料

广泛搜集、准备各种与编制单位工程施工图预算有关的资料，如会审过的施工图纸、施工组织设计、施工合同、标准图集、现行的建筑安装预算定额、取费标准以及地区材料预算价格等。

2. 熟悉图纸

施工图纸是编制单位工程施工图预算的重要依据，编制前必须对施工图进行全面的熟悉和阅读。通过施工图纸可以了解设计意图和工程全貌，对建筑物的造型、平面布置、结构类型、应用材料以及图注尺寸、说明及其构配件的选用等方面的熟悉程度，将直接影响到能否准确、全面、快速地编制预算。

同时，还应注意，图纸虽经过会审，但仍可能有尺寸不符或标注得不够清楚的地方，阅读时，应注意核对和改正，将结构图、建筑图、大样图以及所采用的标准图、材料具体做法等资料结合起来，以达到对建筑物的全部构造、构件连接、装饰要求等，都有一个清晰完整的认识，对搞不清的，应请技术部门或设计单位解决。

3. 熟悉施工组织设计或施工方案

施工组织设计是施工企业全面安排建筑工程施工的技术经济文件。编制预算时，应熟悉并了解和掌握施工组织设计中影响工程造价的有关内容，如施工方法和施工机械的选择、构配件的加工和运输方式等。这些都关系到预算定额子目的选套和取费标准的确定。

4. 熟悉现行定额

对现行定额内容的理解和熟悉程度的深浅，直接影响着编制预算的水平，因此，要提高施工图预算的编制质量，必须认真熟悉现行定额的内容和适用范围。

例如某些零星建筑工程，既可以套用建筑工程预算定额，也可以套用房屋修缮工程预算定额；某些厂区道路及排水工程，既可以套用建筑工程预算定额，也可以套用市政工程预算定额，如此等等。而套用不同的定额，所得出的工程造价也不同，因此对套用定额依据有可能产生争议的工程应结合工程特点和各种定额的适用范围、定额交叉部分划分界限，根据“干什么工程执行什么定额，预算定额与费用定额配套使用”的原则来确定。

又如，应熟悉定额中各分部分项工程章节中所包含的内容，否则在列项进行工程量计算之前，就会出现重列或漏列工程项目的可能，造成预算造价的偏差。

5. 计算工程量

工程量计算应严格按照图纸尺寸和现行定额规定的工程量计算规则，遵循一定的科学程序逐项计算分项工程的工程量。在计算各分部工程中分项工程的工程量前，最好先按照定额中各分项子目的顺序列项，然后再计算，列项后，分项子目的名称应与定额完全一致。

6. 套用定额，计算定额直接费

在编制预算中，正确选套定额是至关重要的，应注意区分哪些定额子目是可以直接套用的，哪些定额子目必须换算或另作补充。凡是施工图纸要求与预算定额子目内容完全一致，或虽有些不同，但不允许换算者，都可以直接套用该子目的定额指标；凡是施工图纸要求与预算定额子目内容基本相同，仅是所用材料的品种、规格或配合比与定额不一致，而定额规定允许换算者，则必须换算后才能套用，并在原定额号后面添加一个“换”字；凡是施工图所示分项子目要求与定额中类同分项子目的内容差异较大或定额中缺项的子目，均应编制补充定额，并应在定额号前加一个“补”字，补充定额指标的构成应作为预算书的附件，列在预算书的后面。

当所有的分项工程的预算单价选套好后，再将其与相应的工程量相乘，得到该分项工程的合价，然后将所有分项工程的合价相加，即得定额直接费。即：

单位工程定额直接费＝Σ（分项工程的工程量×相应的定额单价）

7. 计算各项费用，编制预算书

按照各地区现行费用定额以及有关动态管理文件的规定，逐一计算单位工程的其他直接费、现场经费、间接费、利润和税金等各项费用及单位工程总造价，并编制单位工程预算书。

8. 填写编制说明

编制说明是编制单位向各有关方面交待和说明预算编制依据和编制情况。单位工程预算编制说明无统一格式，一般应包括如下内容：

（1）工程名称、概况以及设计变更。

（2）编制依据的综合预算定额或单位估价表的名称，所采用的材料预算价格，套用单价需要补充说明的问题。

（3）编制补充单价的依据及基础资料。

（4）编制依据的费用定额，地区发布的动态文件号以及预算所取定的承包企业等级和承包方式。

（5）工程造价及主要经济指标。

（6）其他有关说明。如预算中的余土处理、构件二次运输的计算方法以及措施性费用的计算依据，由于图纸交待不清未能列入预算的项目等。

（7）封面装订、签章。

将施工图预算的封面、编制说明、预算书、材料分析、补充单价等有关资料按顺序编排装订成册。编制人员签名盖章，并请主管负责人审阅、签名盖章，最后，加盖公章完成编制工作。

3.1.3 造价计算

工程预算造价是指建设单位支付给从事某项目的建筑施工单位的全部生产费用。包括直接发生在各单位工程的材料、人工、施工机械使用费，以及分摊到各单位工程中去的管理、服务费用和利税等。工程预算造价的确定实质上就是单位工程施工图预算所确定的最终价格。

1. 土建工程预算造价的计算

定额直接费计算出来后，要根据各地区造价管理部门颁发的费用定额及各项规定计算出单位工程的各项费用。

（1）计算其他直接费用：

单位工程其他直接费＝单位工程定额直接费×其他直接费费率

（2）计算现场经费：

单位工程现场经费＝单位工程定额直接费×现场经费费率

（3）计算单位工程直接费：

单位工程直接费＝单位工程定额直接费＋其他直接费＋现场经费

（4）计算单位工程间接费：

单位工程间接费＝单位工程直接费×间接费费率

（5）计算单位工程计划利润：

单位工程计划利润＝（单位工程直接费＋单位工程间接费）×计划利润率

（6）计算其他费用：按照合同规定或现场签证来具体计算。

（7）计算材料价差：应根据本地区造价主管部门定期发布的价格、造价信息和有关调价文件计算。

材料价差＝Σ(市场价格－定额预算价格)×定额用量

（8）计算税金：

税金＝（单位工程直接费＋间接费＋计划利润＋价差＋其他费用）×税率

（9）单位工程总造价＝单位工程直接费＋间接费＋计划利润＋价差＋其他费用＋税金

以江苏省造价计算程序为例，见表3-1。

一般建筑工程(包工包料)造价计算程序 **表3-1**

序号	费用名称	计 算 公 式	备 注
一	定额直接费	按1997年《江苏省建筑工程综合预算定额》	包括定额说明
二	机械费调整	按文件调整后的机械费－定额机械费	
三	综合间接费	(一)×各工程类别综合间接费率	按建筑工程类别划分标准表和综合间接费标准表确定
四	劳动保险费	(一)×劳动保险费率	按核定的费率执行
五	其他费用	发生的各项费用	按合同或签证为准
六	材料价差	实际价－定额价	
七	税 金	[(一)＋(二)＋(三)＋(四)＋(五)＋(六)]×税率	按各市规定二税一费
八	工程造价	(一)＋(二)＋(三)＋(四)＋(五)＋(六)＋(七)	

2. 安装工程预算造价的计算

建筑安装工程造价是以定额人工费为计算基础，根据各地区造价管理部门颁发的费用定额及各项规定，计算出其他直接费、间接费等，最后算出工程造价。

以江苏省建筑安装工程造价计算程序为例，见表3-2。

安装工程造价计算程序 **表3-2**

序号	费用名称		计 算 公 式	备 注
一	定额基价		按全国统一安装工程预算定额	
二	其中	人工费	定额人工费	
三		机械费	定额机械费	
四		辅材费	(一)－(二)－(三)	
五	人工费调整		(二)/2.50×22	
六	调整后的辅材费		(四)＋辅材差	按各市规定系数执行
七	机械费调整		(三)×机械费调整系数	按省、市文件执行
八	调整后的定额基价		(五)＋(六)＋(七)	
九	主材费		按定额用量×各市材料价格	
十	综合间接费		(五)×各工程类别综合间接费率	按取费规定执行
十一	劳动保险费		(五)×劳动保险费费率	按核定的标准执行
十二	其他费用		发生的各项费用	按合同或签证为准
十三	税金		[(八)＋(九)＋(十)＋(十一)＋(十二)]×税率	按各市规定二税一费
十四	工程造价		(八)＋(九)＋(十)＋(十一)＋(十二)＋(十三)	

3. 道路工程预算造价的计算

道路工程预算造价的计算程序见表3-3。

公路工程造价计算程序　　表3-3

序号	项　目	说明及计算式
一	定额基价	指概、预算定额的基价
二	人工费、材料费、机械使用费	按编制年工程所在地的预算价格计算
三	其他直接费	(一)[(四)+(六)]其他直接费综合费率
四	定额直接费	(一)+(三)
五	直接费	(二)+(三)
六	间接费	(四)×间接费综合费率
七	施工技术装备费	[(四)+(六)]×技术装备费率
八	计划利润	[(四)+(六)]×计划利润率
九	税金	[(五)+(六)+(八)−临时设施费−劳动保险基金]×综合税率
十	定额建筑安装工程费用	(四)+(六)+(七)+(八)+(九)

3.1.4　单位工程施工图预算文件组成

单位工程施工图预算由编制说明、预算分析表和汇总表组成，具体包括：

(1) 封面；

(2) 编制说明；

(3) 工程造价计算表；

(4) 材差计算表；

(5) 直接费计算表；

(6) 补充定额和换算分析表；

(7) 材料分析表；

(8) 材料汇总表；

(9) 工程量计算表。

3.1.5　工料分析

1. 工料分析的含义

工料分析是确定完成单位工程所需的各种人工和各种规格、种类的材料数量的基础资料。

根据工程量的计算和定额套用，在计算汇总定额直接费后，对整个单位工程所需用工日及材料进行分析计算。

通过工料分析得到的全部人工和各种材料消耗量，是工程消耗的最高限额，是编制单位工程劳动计划和材料供应计划、开展班组经济核算的基础，是向工人班组下达施工任务和考核人工、材料节约、超支情况的依据。另外，材料分析的结果还可用来作为材差计算的依据之一。

2. 工料分析的方法

工料分析，首先从综合预算定额或单位估价表中，查出各分项工程各种工料的单位定额消耗工、料数量，然后分别乘以相应分项工程的工程量，得到分项工程的人工、材料消耗量。最后将各分部分项工程的人工、材料消耗量分别进行计算和汇总，得出单位工程人工、材料的消耗数量。计算公式是：

$$人工=\Sigma 分项工程量\times 各工种工日消耗定额$$

$$材料=\Sigma 分项工程量\times 各种材料消耗定额$$

工料分析的编制，一般是采用表格形式进行的。首先将施工图预算书中各分部分项工程项目、定额编号和工程数量按顺序填入表格中，然后根据定额编号查找各分项工程项目的各种工料单位定额用量，填入表格中的相应栏，用工程量再分别乘以定额用量，即为该分项工程工种或材料的需用量，填入表格相应栏内，然后将纵向表格按照工种、材料种类和规格不同分别进行汇总。

工料分析表格形式如表 3-4 所示。

工料分析表 **表 3-4**

建设单位：

工程名称：

序　号	定额编号	分项工程名称	单位	工程量	名称					
					规格					
					单位					
					定额	用量	定额	用量	定额	用量

3. 工料分析应注意的事项

(1) 地方材料一般按系数法补价差的可以不分析，但经济核算有要求时应全部分析。

(2) 工料分析时应将综合预算定额和单位估价表配合使用。凡换算的定额子目在工料分析时要注意含量的变化。

(3) 根据需要确定材料品种。建筑材料种类繁多，一般只列主要材料。三大材数量应按品种、规格及材料预算价格不同分别进行计算。

(4) 凡是半成品由预制厂制造现场安装的构件，应按制作和安装分别计算工料。

(5) 装饰工程工料分析，应根据工程项目分别按抹灰、油漆等计算。

(6) 对需换算材料，如砂浆强度等级、混凝土强度等级调整等，按定额附表计算。

(7) 门窗五金应单独列表进行计算、分析工料数量。

(8) 个别工程项目，机械费用需单独调整的，还必须按机械规格、型号进行使用台班用量的分析。

3.2 工程预算的审查

3.2.1 审查工程预算造价的意义

审查工程预算造价是合理确定工程造价的有效措施，是施工企业与建设单位办理工程价款结算的重要文件，通过审查可以提高工程预算的准确性，对合理控制工程造价、节约基本建设投资和合理使用人力、物力、财力都起着十分重要的作用，同时也可以防止计算中的高估冒算，避免造价计算的不合理性，帮助企业端正经营思想，提高工程造价人员的业务水平。

3.2.2 审查前的准备工作

1. 收集并熟悉资料

有关建设项目的合同文件、设计图纸、预算定额或单位估价表、费用定额、材料价格以及待审查的预算文件必须完整，并对每一内容加以熟悉。

2. 必要的调查研究

对某些必备或参考的资料，如市场价格、类似工程技术经济指标或预算资料、现场情况（如交通运输、供水、供电情况、场地大小等）应作一定的调查研究，以利于审查工作全面进行。

3.2.3 审查的方法

通常审查工程预算造价方法有三种——全面审查法、重点审查法、分解对比审查法。审查方法选择的是否得当，直接关系到审查的质量和速度，为了提高审查质量，必须采用有效的审查方法，在实际工作中应根据工程规模的大小、结构复杂程度以及预算文件质量和其他客观条件全面分析后来确定具体的审查方法。

1. 全面审查法

全面审查，又称逐项审查，是按照设计图纸的要求，结合预算定额、承包合同及有关等价计算的规定和文件，对各个分项逐项进行审查的方法。全面审查法的主要优点是全面细致，审查质量高、效果好。但工作量大，花费时间长。适用于一些工程量较小、结构和工艺较简单的工程。

2. 重点审查法

重点审查就是抓住工程预算中的重点项目有针对性地进行审查。如对那些工程量大、造价高的项目，对补充单价以及各项费用的计取进行重点审查等。重点审查法的主要优点是重点突出，审查速度快、效果好。

3. 分解对比审查法

分解对比审查法是将一个单位工程按直接费、间接费进行分解，然后把直接费或材料费或分部工程进行分解，分别与标准预算或地区综合技术指标进行对比分析的方法。分解对比审查法的主要优点是一般不需翻阅图纸和重新计算工程量，只需选用一、二种指标即可，工作量小，既快又准确。

3.2.4 审查的内容

审查工程预算造价，主要是审查其列项、工程量的计算、预算定额单价的套用和直接费计算以及取费标准等内容。

1. 审查列项

工程造价的准确与否，首要的一点就是列项要准确，既不能多列项、重列项，也不能漏列项，否则即使其他步骤都正确，预算造价也不正确。因此，审查预算造价时一定要根据设计图纸和定额来重点审查预算的列项。

2. 审查工程量

审查工程量是审查预算造价工作的一项重要内容，对已算出的工程量进行审查，主要是审查其工程是否有漏算、多算和错算。审查时要抓住重点部分和容易出错的分项工程进行详细计算和校对，对于其他分项工程可作一般审查，并应注意计算工程量的尺寸数据来源和计算方法等是否正确。

3. 审查预算单价

审查预算单价套用是否正确，也是审查预算工作的主要内容之一。在审查过程中主要是对使用方法的审查，所谓使用方法主要包括定额单价的套用、换算和补充单价的编制三种。

（1）直接套用定额单价的审查

主要是审查同类项目有无高套，检查预算表中所列项目名称、规格、计量单位、施工方法、材料构成和所包括的工程内容是否与定额一致，防止错套。例如：同类分项工程结构构件的形式不同、大小不同、施工方法不同、工程内容不同则工料消耗也不同，所以单价自然也不同。

（2）换算定额单价的审查

对换算单价的审查，首先要审查换算的分项工程是否是定额中允许换算的，不允许换算的部分，不能强调工程的特殊性或其他什么原因。其次审查换算是否正确，对定额规定允许换算的，也要按定额的规定和计算方法去换算。

（3）补充定额单价的审查

对补充定额单价要审查补充定额的编制是否符合定额编制的原则，单价计算是否正确，补充定额的有关资料数据是否符合实际情况，有无经过主管部门审批。

4. 审查费用标准

根据各地区费用标准，主要审查以下几点：

（1）审查建筑工程的类别。因为工程类别是决定取费标准的重要依据。

（2）审查施工企业的经济性质、资质等级，是否按本企业的级别和工程性质、类别计取费用，有无高套取费标准。

（3）审查各项取费标准是否符合定额规定的条件和适用范围。

（4）审查计费基础是否符合规定。

（5）预算外调增的材料差价是否计取了间接费，直接费增减后有关费用是否相应作了调整。

（6）有无巧立名目，乱摊费用现象。

（7）利润和税金的审查，主要审查计费基础和费率是否符合当地有关部门的现行规定，有无多算或重算的现象。

（8）审查施工合同和招标文件，对有些定额外的措施性费用，如包干费、赶工费、特殊技术措施费等，一般都在施工合同或招标文件中加以明确。审查这些费用是否符合合同条款和招标文件，费率、计算基础和计算方法是否符合规定。

5. 审查总造价

（1）审查总造价的计算程序和方法是否有误。

（2）审查各项数据计算是否准确。

3.3 标底、报价与合同价

3.3.1 招投标概述

建设工程的招标和投标，是发包单位与承包单位两个“法人”之间通过公开竞争、择优选择的一种手段，并受国家和国际法律保护和监督。建筑工程实行招投标制，有利于开展竞争，鼓励先进、鞭策落后，提高工程质量和效益。

工程招投标制是我国建筑业和工程建设管理体制改革的主要内容之一。工程招标使建设任务的分配引入了竞争机制，建设单位有条件选择施工单位。使工程造价得到了比较合理的控制，从根本上改变了长期以来先干后算造成投资失控的局面。同时在竞争中推动了施工企业的管理，施工企业为了赢得社会信誉，增强了质量意识，提高了合同履约率，缩短了建设周期，较快地发挥了投资效益。

国家要求招投标不受地区、部门、行业的限制，任何地区、部门、行业不得以任何理由设置障碍，进行封锁。任何单位和个人不得在招投标中弄虚作假，营私舞弊，保证了招投标公正性。

3.3.2 承包方式与合同类型

1. 承包方式

在建筑市场中，受承包内容和具体环境的影响，承包方式是多种多样的。

（1）按承包范围（内容）分

1）建设全过程承包

建设全过程承包，也称“一揽子承包”或“交钥匙承包”，从项目建议书开始，包括可行性研究、勘察设计、设备材料询价与采购、工程施工，直至竣工投产、交付使用实行全过程承包。全过程承包一般是由建设单位或项目主管部门通过议标方式确定总承包单位，再由总承包单位组织建设。这种方式要求总承包单位具备综合承包能力。

2）阶段性承包

对某些大型复杂项目，往往需要由多个专业队伍承担，这些项目专业性强，但工程阶段划分明显，作业面容易区分。业主往往将项目按阶段划分为设计、基础施工、土建主体施工、安装调试、内外装修等不同部分，然后分段进行发包。该方式的优点是，业主可以针对不同阶段的工程性质，选择那些专业性较强或在某些方面具有特殊优势的企业来承担专项任务，从而达到较好的竞争效果。

（2）按合同所包括的工程范围和承包关系分

1）总承包

总承包是指业主与总承包商之间就某工程项目的承包内容签订合同，总承包合同的当事人是业主和总承包商。工程项目中所涉及的权利和义务关系，只能在业主和总承包商之间发生。

2）分承包

分包合同是指总承包将工程项目的某部分工程或单项工程分包给某一分包商完成所签订的合同。分包合同的当事人是总承包商和分包商。工程项目所涉及的权利和义务关系，只能在总承包商与分包商之间发生，业主与分包商之间不直接发生合同法律关系，但分包商要间接地对业主承担总承包商与分包商的工程项目有关的义务。

(3) 按合同类型和计价方法分

一般可分为总价合同、单价合同和成本加酬金合同三类。

2. 合同类型

建设单位在招标前，要根据建设工程的设计深度和发包策略来决定合同的形式。合同的形式和类别很多，可从不同角度进行分类。下面主要介绍按合同计价方式分类：

(1) 单价合同

单价合同，是指整个合同期间执行同一合同单价，而工程量则按实际完成的数量进行计算的合同。

(2) 总价合同

总价合同要求投标者按照招标文件的要求，对工程建设报一个总价。采用这一合同形式，要求在招标时能详细而全面地准备好设计图纸和说明书，以便投标者能准确地计算工程量，它主要适用于工程风险和工程规模都不太大的工程项目。

(3) 成本加酬金合同

成本加酬金合同，是由建设单位向施工企业支付工程项目的实际成本，并按事先约定的某一种方式支付酬金的合同类型。在这类合同中，建设单位需承担工程建设实际发生的一切费用，因此，也就承担了项目的全部风险。

3.3.3 工程量清单

1. 工程量清单的概念

工程量清单是把承包合同中规定的准备实施的全部工程项目的内容，按工程部位、性质以及它们的数量、单价、合价等列表表示出来，用于投标报价和作为中标后计算工程款的依据，工程量清单是承包合同的重要组成部分。

2. 工程量清单的主要内容

(1) 前言。说明工程量清单在合同中的地位，工程量的计算的规则，应摊入单价内的费用内容，对工程量清单中没有列入和漏报项的处理原则，以及使用工程量清单所必须注意的问题，前言由业主编写或委托造价工程师编写。

(2) 工程量清单表。编写工程量清单表时应做到简明、清晰、不漏项。

(3) 计日工表。计日工表给出了工程实际过程中，可能发生的临时或新增加的工程计价方法和名义数量。一般有劳务、材料和机械三个表，表中的单价和合价由投标单位填入。

(4) 汇总表。将各分部分项工程量清单表总计及暂定金额（计日工表的总计及不可预见费）汇入本表，构成汇总表。

3. 工程量清单中单价的确定

工程量清单中的单价是由投标单位经过对清单中所列项目逐一分析，通过计算来确定的，一般招标文件中不要求投标单位提供单价分析表，有的招标文件则要求全部或主要项目的单价分析，通过对单价分析可以使投标报价建立在可靠的基础上，也可以使造价工程师正确地做好投资控制。

3.3.4 标底

1. 标底的含义

标底是建筑安装工程造价的表现形式之一。是由招标单位自行编制或委托有相应资质的工程造价咨询单位、经工程造价咨询资质管理部门核准认可的工程发包代理等单位编制，并报经本地主管部门核准审定的发包造价。标底是招标工程的预期价格，是建设单位对招标工程所需费用的自我测算和控制，也是判断投标报价合理性的依据，制定标底是工程招标的一项重要准备工作。

只有经过审定后的标底，才能保证其合理性、准确性和公正性。

2. 标底的作用

（1）使招标单位预先明确自己在拟建工程上应承担的财务义务。

（2）给上级主管部门提供核实建设规模的依据。

（3）是衡量投标单位标价的准绳。只有有了标底，才能正确判断投标者所投报价的合理性、可靠性。

（4）是评标的重要尺度。

标底虽然不是选择中标施工企业的惟一依据，但是一个重要的依据。没有标底，评标就是盲目的，有了科学的标底，评标定标才能作出正确抉择，中标价应控制在接近标底的合理幅度内，力求准确、客观、不超出工程投资金额，否则招投标管理单位有权停止办理该工程的招标手续。

3. 编制标底的依据和原则

（1）标底造价的编制依据为：

1）招标文件的商务条款；

2）工程施工图纸、施工说明及设计交底；

3）施工现场地质、水文、地上情况的有关资料；

4）施工方案或施工组织设计；

5）现行预算定额、工程量计算规则、工期定额、取费标准、国家或地方有关价格调整文件规定等。

（2）标底造价的编制原则为：

1）根据设计图纸及有关资料、招标文件，参照国家规定的技术、经济标准定额及规范，确定工程量和编制标底；

2）标底的计价内容、计价依据应与招标文件的规定完全一致；

3）标底造价作为建设单位的期望价格，应力求与市场的实际变化吻合，要有利于竞争和保证工程质量；

4）标底造价应由成本、利润、税金等组成，一般应控制在批准的总概算（或修正概算）的限额内。

5）标底应考虑人工、材料、机械台班等变化因素，还应包括不可预见费、预算包干费、措施费等，工程要求优良的还应增加相应的费用。

6）一个工程只能编制一个标底。

4. 标底的编制方法

标底的编制方法基本上与施工图预算的方法相同，所不同的是，它比预算要求更为具体确切，主要表现在以下几个方面：

（1）要根据不同的承包方式，考虑不同的包干系数及风险系数；

（2）要根据不同的施工工期及现场具体情况，考虑必要的技术措施费；

(3) 对于甲方提供的暂估的但可按实调整的设备、材料，要提供数量和价格清单；

(4) 对于钢筋用量，凡有条件者应在标底中在定额用量的基础上加以调整等，以上内容，在编制预算中一般不加考虑。

目前，编制标底的方法有：

(1) 以施工图预算为基础的标底。即是以招标范围内工程的施工图纸和有关技术说明为依据，按工程预算定额规定的分部分项工程子目，逐项计算工程量，套用预算定额单价确定直接费，再按有关规定的费率确定施工管理费、其他间接费、计划利润、税金等项，汇总后形成的总金额即为工程标底。

(2) 以工程概算为基础的标底。其程序与施工图预算为基础的标底基本相同，其不同的是子目的划分以工程概算定额为依据，其单价为概算单价，因子目较预算定额粗，故使编制工作较为简化，适用于以初步设计进行招标的场合。

(3) 以平方米造价包干为基础的标底。适用于采用标准图纸大量建造的住宅工程。一般做法是由地方工程造价管理部门经过多年实践，对不同结构体系的住宅工程造价进行测算分析，制定每平方米造价包干标准。在具体工程招标时，再根据装修、设备情况进行适当调整，确定标底单价。鉴于基础工程因地基地质条件不同而有很大差别，平方米造价多以工程的±0.00以上为对象，基础及地下室工程仍以施工图预算为基础编制标底，二者之和构成完整的工程标底。

3.3.5 报价

1. 投标报价的概念

投标报价是指施工企业根据招标文件及有关计算工程造价的资料，计算工程预算总造价，在工程预算总造价的基础上，再考虑投标策略以及各种影响工程造价的因素，然后提出投标报价。投标报价又称为标价。标价是工程施工投标的关键。

报价并非仅仅是报一个价格，而是包括一系列的文件资料，标书的具体内容应符合招标文件所提出的要求。

2. 按现行造价计算方法计算标价的方法

(1) 施工合同的计价形式；

(2) 执行的定额标准及取费标准；

(3) 执行的人工、材料、机械设备政策性调整文件等；

(4) 材料、设备计价方法及采购、运输、保管等的责任；

(5) 工程量清单及施工图纸。

在以上这些规定和条件的基础上，允许施工企业根据本企业的人员配备、技术装备、管理水平和具体施工措施等实际情况，对标价进行合理的浮动。

3. 计算程序

首先应熟悉施工图纸和招标文件，了解设计意图、工程全貌，同时还应掌握工程现场情况，然后对建设单位提供的工程量清单进行审核。

工程量的审核，视建设单位是否允许对工程量清单内所列各工程项目的工程量，对有较大误差的，通过建设单位答疑会提出调整意见，取得建设单位同意后进行调整。不允许调整工程量的，无须对工程量进行详细的审核，只对主要项目或工程量大的项目进行审核，发现这些项目有较大误差时，可以利用调整这些项目单价的方法解决。

工程量确定后进行工程造价的计算，按现行施工图预算造价计算程序进行。

4．计算方法

根据已审定的工程量，按照定额的单价，逐项计算每个分项工程的合价，分别填入建设单位提供的工程量清单内，计算出全部工程直接费；再根据施工企业自定的各项费率及法定税金率，依次计算出间接费、利润及税金，得出工程预算总造价。

3.3.6 合同价

合同价是指按国家有关规定由甲乙双方在施工合同中约定的工程造价。

1．合同价的构成

合同价是由成本（直接成本、间接成本）、利润和税金构成。包括：合同价款、追加合同价款和其他款项。

合同价款系指按合同条款约定的完成全部工程内容的价款。

追加合同价款系指在施工过程因设计变更、索赔等增加的合同价款以及按合同条款约定的计算方法计算的材料价差。

其他款项系指在合同价款之外甲方应支付的款项。

2．定价方式

（1）实行招投标的工程应当通过工程所在地招标投标监督管理机构采用招投标的方式定价。

（2）对于不宜采用招投标的工程，可采用审定施工图预算为基础，甲乙双方商定工程变更增减价的方式定价。

（3）一般现有房屋装修工程可采用以综合单价为基础商定。

3．分类

（1）固定价格。合同价在实施期间不因价格变化而调整，价格中应考虑价格风险因素并在合同中明确固定价格包括的范围。

（2）可调价格。合同价在实施期间可随价格变化而调整，调整的范围应在合同条款中约定。

（3）工程成本加酬金确定的价格。工程成本按现行计价依据以合同约定的办法计算，酬金按工程成本乘以通过竞争确定的费率计算，从而确定工程竣工结算价。

3.4 概 算 造 价

3.4.1 概算造价概述

概算造价是指在初步设计阶段或扩大初步设计阶段，根据设计要求通过编制设计概算概略地计算出工程的价格。

设计概算必须完整地反映工程项目初步设计的内容，严格执行国家有关的方针、政策和制度，实事求是地根据工程所在地的建设条件，按有关的依据资料进行编制。

建设项目设计概算，是由建设项目总概算、单项工程综合概算、单位工程概算和其他工程和费用概算组成。设计概算的编制内容及相互关系如下所示：

- 建设项目总概算
  - 单项工程综合概算
    - 单位工程概算
    - 单位设备及安装工程概算
  - 工程建设其他费用概算
  - 预备费、投资方向调节税、建设期贷款利息等

3.4.2 单位工程概算的编制

单位工程概算是确定单项工程中各单位工程建设费用的文件，是编制单项工程综合概算的依据。单位工程概算分为建筑工程概算和设备及安装工程概算两大类。

1. 建筑工程概算的编制

(1) 扩大单价法（也称概算定额编制法）

当初步设计达到一定深度，建筑结构比较明确，图纸的内容较齐全时，可采用这种方法编制概算。采用扩大单价法编制概算是根据当地现行概算定额基价乘算出的扩大分部分项工程的工程量进行具体计算。其中工程量的计算必须根据概算定额中规定的各个扩大分部分项工程的内容，遵循概算定额中规定的计量单位、工程量计算规则来进行。

利用概算定额编制设计概算的具体步骤和方法与利用预算定额编制施工图预算的步骤和方法基本相同，所不同的是使用的定额不同，而且由于扩大初步设计阶段对一些细节问题尚未全面考虑，致使有些分项工程的工程量难以计算。因此编制概算时，对于一些次要零星工程项目的费用，一般可按所占主要分项工程的定额直接费百分比进行估算。

另外在套用概算定额基价时，如果所在地区的工资标准及材料预算价格与概算定额不一致，则需要重新编制扩大单位估价表或测定系数加以调整。

(2) 概算指标法

当初步设计深度不够，不能准确地计算工程量，但工程采用的技术比较成熟且又有类似概算指标可以利用时，可采用概算指标来编制概算。

概算指标是按一定计量单位规定的，比概算定额更综合扩大的分部工程或单位工程等的劳动、材料和机械台班消耗量标准和造价指标。

编制时，应按照设计的要求和结构特征，如结构类型、檐高、层高、基础、内外墙、楼板、屋面、地面、门窗等用料及做法，与概算指标中的“简要说明”和“结构特征”对照，选择相应的指标进行计算。

当设计的工程项目在结构特征地质及自然条件上与概算指标基本相同时，可直接套用概算指标编制概算。

当设计的工程项目在结构特征上与概算指标有出入时，则需对该概算指标进行修正。

第一种修正方法是：

单位造价修正指标＝原指标单价－换出结构构件价值＋换入结构构件价值

换出（入）结构单价＝换出（入）结构构件工程量×相应概算定额的地区单价

另一种修正方法是：

从原指标的工料数量中减去与设计工程项目不同的结构构件的工程量，乘以相应的扩大结构定额所得的人工、材料及机械使用费，换上所需结构构件的工程量乘以相应定额中的人工、材料和机械使用费。

(3) 类似工程预算法

当拟建工程项目与已建工程相类似，结构特征基本相同或者概算定额和概算指标不全

时，可以采用这种方法编制概算。

类似工程预算是以原有的相似工程的预算为基础，按编制概算指标的方法，求出单位工程的概算指标，再按概算指标法编制工程概算。

作为类似工程预算要注意选择结构上和体积上相类似而又造价合理、质量较好的工程预算。选好后还应考虑工程项目与类似预算的设计在结构与建筑上的差异、地区价格和间接费用的差异。对于结构设计的差异可参考修正概算指标的方法加以修正，其他的差异则需编制修正系数。

计算修正系数时，应要求类似预算的人工费、材料费、机械使用费以及间接费用在全部价值中所占比重（分别用 r_1、r_2、r_3、r_4）然后分别求这四种因素的修正系数，最后求出总的修正系数。用总修正系数乘以类似工程预算造价，即得拟建工程的概算造价。

修正系数计算公式如下：

$$\text{人工费修正系数 } K_1=\frac{\text{编制概算地区人工工资标准}}{\text{类似工程所在地区人工工资标准}}$$

$$\text{材料费修正系数 } K_2=\frac{\Sigma\text{（类似工程各主要材料数量×编制概算地区材料预算价格）}}{\Sigma\text{类似工程主要材料费}}$$

$$\text{机械使用费修正系数 } K_3=\frac{\Sigma\text{（类似工程各主要机械台班数×编制概算地区机械台班单价）}}{\Sigma\text{类似工程主要机械使用费}}$$

$$\text{间接费修正系数 } K_4=\frac{\text{编制概算地区的间接费率}}{\text{类似工程所在地区的间接费率}}$$

$$\text{造价总修正系数 } K = K_1 \cdot r_1\% + K_2 \cdot r_2\% + K_3 \cdot r_3\% + K_4 \cdot r_4\%$$

式中　$r_1\%$、$r_2\%$、$r_3\%$——分别表示人工费、材料费、机械使用费在类似预算价值中占的百分比；

$r_4\%$——间接费及计划利润在类似预算中占的百分比。

当出现拟建工程与类似工程的结构构件有部分不同时，就应增减工程量价值，然后再求出修正后的总造价。计算公式如下：

修正后的类似预算总造价＝[类似工程预算造价×造价修正系数±结构增减值]×（1＋修正后的间接费率）

2. 设备及安装工程概算编制

设备及安装工程设计概算包括设备购置费和设备安装费。

（1）设备购置概算的编制方法

设备购置费由设备的原价（出厂价或订货合同价）和运杂费组成。

设备的原价：国家标准设备，按各部规定的统配价格或工厂自行制定的出厂价格计算，非标准设备按各部规定的非标准计价办法估算。

运杂费：按各部、省、市、自治区规定的运杂费率乘以设备原价计算。

（2）安装工程费概算方法

主要包括设备安装及设备有关的其他安装费，例如连接设备的管线、线缆与设备附属配件，以及用原材料制作安装的设备和有关部件的安装费。

1）预算单价法

当初步设计有详细设备清单时，可直接按预算单价编制设备安装单位工程概算。根据计算的设备安装工程量乘以安装工程预算综合单价，经汇总求得。

2）扩大单价法

当初步设计的设备清单不完备或仅有成套设备的重量时，可采用主体设备、成套设备或工艺线的综合扩大安装单价编制概算。

3）概算指标法

当初步设备的设备清单不完备或安装预算单价及扩大综合单价不全，无法采用预算单价法和扩大单价法时，可采用概算指标编制概算。

3.4.3 单项工程综合概算的编制

单项工程综合概算是单项工程建设费用的综合。一个单项建筑工程概算，一般包括土建、给排水、电气、采暖、通风、空调工程等单位工程概算。当不编总概算时，除了计算上述各单位工程概算，还应列入其他费用和预备费、主要建筑材料表及编制说明。

单项工程概算的编制方法只是各单位工程概算的汇总。

3.4.4 工程建设项目总概算

工程建设项目总概算，即全部主要工程项目、辅助、附属或小型建筑工程、室外工程、工程建设其他费用以及预备费、固定资产投资方向调节税、建设期贷款利息等综合概算和单位工程概算的汇总后，所确定的整个工程建设项目总投资。其概算文件包括全部单位工程、单项工程的概算表以及主要建筑材料、设备表和编制说明。

3.5 概算造价的审查

审查概算造价是确定工程建设投资的一个重要环节，通过审查使概算投资总额尽可能地接近实际造价，做到概算投资额更加完整、合理、确切，从而促进概预算编制人员严格执行国家有关概算的编制规定和费用标准，防止任意扩大投资规模或出现漏项，从而减少投资缺口，打足投资，避免故意压低概算投资，搞“钓鱼”项目，最后导致出现实际造价大幅度地突破概算的现象。

3.5.1 审查设计概算的编制依据

1. 审查编制依据的合法性

在编制设计概算的过程中,采用的各种编制依据都必须是经过国家和授权机关批准的,符合国家的政策和编制规定。未经批准的不能擅自使用，更不能提高或降低概算定额、指标或费用标准。

2. 审查编制依据的时效性

编制设计概算时所采用的定额、指标、价格、取费标准等都应按国家有关部门的现行规定进行，同时应注意有无新的规定和调整，因为有的因颁发时间过长，不能全部适用，因此须按有关部门的规定进行调整。

3. 审查编制依据的适用范围

设计概算所采用的各种依据都有其规定的适用范围，计算时必须根据工程的具体特点和所在地具体选用。

3.5.2 审查设计概算的构成

1. 单位工程设计概算的审查

在审查单位工程概算时，首先要熟悉各地区和各部门编制概算的有关规定，了解其项目划分是否和定额一致，了解当地取费标准，熟悉其编制的主要依据、编制程序和编制方法。其次从分析经济指标入手，分析各项技术经济指标是否先进合理，选好审查重点，依次进行。

(1) 建筑工程概算的审查

1) 审查工程量。工程量计算的准确与否，直接关系到概算的质量。审查时，重点审查工程量计算是否按照初步设计图纸和概算定额中的规定，确认是否有重算或漏算现象。

2) 审查采用的定额或指标。根据初步设计图纸的情况，审查选择的定额或指标是否合适，定额中的基价或指标是否需要调整，图纸与定额指标内容不相符或缺项时，是否对所缺项目进行补充。

3) 审查材料的预算价格。材料的价格一般占建筑工程造价的60%～70%左右，审查时应以此为重点，从材料预算价格的组成入手，着重对材料的原价和运输费用进行审查。注重材料的来源和消耗是否合理。

4) 各项费用的审查。审查时应结合工程的特点和实际情况，搞清各项费用所包含的具体内容，避免重复计算或遗漏。同时审查是否符合国家有关部门或地方规定的取费标准和计费基数。

(2) 设备及安装工程概算的审查

审查设备及安装工程概算时，应着重抓住设备清单和安装费用两个方面，设备的数量、规格、型号是否符合设计要求，标准设备和非标准设备的原价是否准确，对进口设备费用要根据国家有关部门不同时期的规定进行。

在审查设备运杂费时，应注意设备的运杂费一般要按主管部门或省、自治区、直辖市的有关规定标准执行，另外如果在确定设备价格时已包括了包装费和供销部门手续费，就应适当降低设备的运杂费率。

安装费用的计算应按国家规定的安装工程概算定额或指标计算。审查时应根据所采用的方法具体检查，当采用概算定额计算安装费用，要审查采用的各种计量单位是否合适，计算的安装工程量是否符合规则要求，是否准确；当采用概算指标计算安装费时，主要审查采用的概算指标是否合理，计算结果是否达到精度要求。

2. 综合概算和总概算的审查

(1) 审查概算的编制是否符合国家有关政策的要求，根据工程所在地的条件，合理地反映施工条件，正确地确定工程造价，不允许随意扩大投资额和硬留投资缺口。

(2) 审查概算文件反映的设计内容必须完整

概算文件反映的设计内容是否完整，设计文件内的项目是否遗漏，设计外项目是否列入；概算所反映的建设规模、建筑结构、建筑面积、建筑标准、总投资是否符合设计文件的要求；概算投资是否完整地包括建设项目从筹建到竣工的全部建设费用。

3. 审查总图设计和工艺流程

总图布置应根据生产和工艺的要求，全面规划、紧凑合理，厂区运输和仓库布置要避免迂回运输；分期建设的工程项目要统筹考虑合理安排、留有余地；占地面积应符合“规划指标”要求。不应多占多征，更不能多征少用或不用，要有利于支援农业，节约投资。

按照生产要求和工艺流程合理安排工程项目，主要车间工艺要形成合理的流水线，避免工艺倒流，造成生产运输和管理上的困难和人力、物力的浪费。

4. 审查经济效果

概算是设计在经济方面的反映，对投资的经济效果要全面考虑，不能单纯考核投资大小，而要全面地衡量建成后的社会效果、建设周期、原材料来源、生产条件、产品销路、资金回收和利税等因素。

5. 审查项目的“三废”治理方案和投资

设计项目必须同时安排“三废”（废水、废气、废渣）的治理方案和投资。对于未作安排或漏列的项目，应按国家规定的要求列入项目内容和投资。

6. 对具体项目要逐一审查

（1）审查各项技术经济指标是否先进合理。技术经济指标包括综合指标和单项指标，是对概算价值的综合反映，可与同类工程的经济指标对比，分析投资高低的原因。

（2）审查建筑工程费。生产性建设项目的建筑面积和造价指标，要根据设计要求和同类工程计算确定；对非生产性项目，要按国家及各地区的主管部门的规定，审查建筑面积和造价指标等。

（3）审查设备及安装工程费。审查设备数量是否符合设计要求，设备价值的计算是否符合规定，安装工程费是否与需要安装的设备相符合，要同时计算设备费和安装费。安装工程费必须按国家规定的安装工程概算定额或指标计算。

（4）审查各项其他费用。应按照国家和地方主管部门规定，逐项详细审查，不属于工程建设范围内的费用不能列入概算；对一些无具体规定的费用要根据实际情况核实后列入。

3.5.3 审查的方法

1. 审查方式

审查设计概算一般采用会审方式。可以先由会审单位分头审查，然后集中研究定案；也可以组织有关部门及单位，组成专门审查班子，按照审查人员的业务专长，分成若干小组，将概算造价分成几个部分，分头审查，最后集中起来讨论定案。

2. 审查步骤

（1）熟悉和掌握有关情况

要熟悉设计概算的组成内容、编制依据和方法；弄清建设项目的规模、设计能力和工艺流程；弄清设计图纸和说明书的主要内容；掌握概算所列的工程项目费用构成和有关技术经济指标，明确概算各表和设计文字说明相互之间的关系；还要收集概算定额或概算指标等有关规定文件资料。

（2）开展经济分析

利用规定的概算定额或概算指标，以及有关的技术经济指标同设计概算进行分析比较，找出差异，提供线索和依据；根据设计和概算所列的工程性质、结构类型、建设条件、投资比例、生产规模、设备数量、造价指标等各项技术经济指标同国内外同类型工程的相应指标进行对比分析，从而找出差距，提供审查线索。

（3）处理概算中的问题

对在审查中遇到的问题，应在调查研究的基础上，根据有关定额、指标、标准及有关文件等规定，实事求是地处理。

（4）调整概算

在审查概算的过程中发现的问题，要认真地记录，一部分一部分地整理清楚，写出书面材料，向上级主管部门报告，以便有关部门研究、定案，经过会审决定的定案问题应及时调整概算，并经原批准单位下达文件。

（5）积累资料

对已建成项目的实际造价和有关数据，以及技术经济资料等进行收集整理，编制成册，为修订概算和今后审查同类工程概算提供参考依据。

3.6 估 算 造 价

3.6.1 投资估算

投资估算是指建设项目在投资决策过程中，依据现有的资料和一定的估算办法，对建设项目的投资数额进行估计。经批准的投资估算造价是建设工程造价的最高限额，是建设项目投资决策的重要依据，也是设计方案选择和初步设计阶段建设项目投资控制目标。

投资决策过程一般分为规划、项目建议书、可行性研究和评审四个阶段，不同阶段所具备的条件和掌握的资料不同，因而投资估算的准确程度不同，所起的作用也不同。投资估算是在设计前期编制的，因此要密切结合设计方案的具体情况和条件，尽可能做到切合实际，达到应有的正确性。

3.6.2 投资估算编制的原则及内容

1. 投资估算的编制原则

（1）全面贯彻“对外开放，对内搞活”的方针，形成有利于资源最优配置和效益达到最高的经济运行机制。

（2）深入开展调查研究，掌握第一手资料。

（3）实事求是地反映投资情况，不弄虚作假。

（4）充分利用原有的建筑物和投资，能改建、扩建的就不新建，尽量节约投资。

（5）选择最优化的投资方案。

2. 投资估算的编制内容

建设项目投资估算的内容，是从筹建、设计、施工直至建成投产的全部建设工程费用，其包括的内容应视建设项目的规模、性质和范围及估算所处的阶段而定。

（1）民用建筑工程方案设计中的投资估算内容

投资估算是反映一个建设项目所需全部建筑安装工程投资的总文件。它是由各单位工程为基本组成的投资估算（如土建、水卫、暖通、空调、电气等）综合成单项工程的投资估算和室外工程（如土方、道路、围墙大门、室外管线等）投资估算，并考虑预备费用后，汇总成建筑项目的总投资。

（2）全厂性工业项目的投资估算内容

全厂性工业项目，应包括红线以内的准备工作（如征地、拆迁、平整场地等），主体工程、工艺设备等附属工程、室外工程（如大型土方、道路、广场、管线、构筑物和庭院绿化等），直至红线外的市政工程（或摊销），生活用具购置费，建设单位管理费等自筹建至竣工验收的全部投资。单项工程或几个单项工程的工业扩建项目，随着建设规模的缩小内容也相应地减少，但仍应包括准备工作及其他费用等。

投资估算文件一般应包括投资估算编制说明和投资估算表。

3.6.3 投资估算的编制依据和方法

1．投资估算的编制依据

(1) 项目建议书、可行性研究报告、方案设计，包括文字说明和图纸；

(2) 单位生产能力的投资估算指标或技术经济指标；

(3) 单项工程投资估算指标或技术经济指标。如：工业建设中某一类型车间的每单位生产能力（元/t、元/辆）或每平方米建筑面积的单方造价；

(4) 单位工程投资估算指标或技术经济指标。如：每平方米建筑面积土建、卫生、照明等单方造价；

(5) 设计参数（指标)。如：各类建筑面积指标，医院 m^2/病床、学校 m^2/学生（人)；暖气、空调工程每平方米建筑面积耗热（冷）量指标，kW/m^2。

(6) 概算定额、概算指标及预算定额和单价；

(7) 当地材料、设备预算价格及市场价格；

(8) 当地取费标准。如：其他直接费、现场经费、间接费、利润、税金以及与建设有关的其他费用标准等；

(9) 当地历年、历季调价系数及材料价差；

(10) 现场情况。如：地理位置、地质条件、交通、供水、供电条件等。

以上资料越完备、越丰富，编制投资估算就越准确。

2．投资估算的编制方法

建设项目投资估算的编制方法较多，有些方法适用于整个项目的投资估算，有些适用于一套生产设备的投资估算，有些适用于单个项目的投资估算，而不同的方法其精确度有所不同。为了提高投资估算的科学性和精确性，应按建设项目的性质、内容、范围、技术资料和数据的具体情况，有针对性地选用较为适宜的方法。

(1) 单位工程指标估算法

此方法适用于估算每一单位工程的投资。如土建工程、给排水工程、采暖工程、照明工程按建筑面积平方米为单位；变配电工程按设备容量以千伏安为单位；锅炉设备安装以每吨时蒸汽为单位等。算法是每一单位技术经济指标，乘以所需的面积或容量，即为该单位工程的投资。在使用此方法时，还须注意：

1)套用的指标与具体工程之间的标准或条件有差异时，应加以必要的局部换算或调整。如土建工程中的地面、屋面、粉刷等。

2) 使用的指标单位应密切结合每个单位工程的特点，能正确反映其设计参数，切勿盲目单纯地套用一种单位指标。

(2) 单元估算法

即工业产品单位生产能力或民用建筑功能或营业能力指标法。这种方法适用于从整体性框算一个项目的全部投资额。

(3) 近似（框算）工程量估算法

这种方法基本上与编制概预算方法相同，即采用框算工程量后，配上概预算定额的单价和取费标准，即为所需造价。这种方法适用于室外道路、围墙、管线等无规律性指标可套的单位工程，也可供换算或调整局部不合适的构配件之用。

在实际工作中常常采用单位指标估算法和近似（框算）工程量估算法使用时互相配合。

（4）采用类似工程概、预算编制

当拟建项目的建设规模与结构类型与已建工程相类似，可以直接套用已建工程的概、预算，当局部用料标准或做法不同时要进行换算，对于不同年份所造成的造价水平差异要加以调整。

（5）采用市场询价加系数办法编制

这种方法主要适用于建筑设备安装工程和专业分包工程，在项目规划或可行性研究中，如对设备系统已有明确选型，可以采用市场询价加运杂费、安装费的方法估算投资。

（6）生产能力指数法

这种方法是根据已建成的、性质类似的建设项目或装置的生产能力与投资额和拟建项目或装置的生产能力来估算拟建项目的投资额。计算公式如下：

$$\text{拟建项目的投资估算造价}=\text{已建类似项目的投资造价}\times\left(\frac{\text{拟建项目或装置的生产能力}}{\text{已建项目或装置的生产能力}}\right)^n\times f$$

式中　n——生产能力指数，$n\leqslant1$；

f——不同时期、不同地区的定额单价、市场价格等方面的差异系数。

复习思考题

1. 什么是投资估算？
2. 什么是估算指标？
3. 投资估算的编制方法有哪些？
4. 总概算、综合概算和单位工程概算的关系怎样？
5. 编制概算有哪几种方法？各有什么区别？
6. 审查设计概算包括哪些主要内容？
7. 根据所在地区造价管理部门的规定，土建工程造价由哪几部分组成？
8. 审查工程预算造价的意义？
9. 审查工程预算的主要方法有哪些？

第4章　一般土建工程预算造价

4.1　工程量计算的一般原则及方法

在工程预算造价工作中，工程量计算是编制预算造价的原始数据，繁杂且量大。工程量计算的精度和快慢，都直接影响着预算造价的编制质量与速度。

4.1.1　工程量计算依据

（1）设计说明及施工图。

（2）工程量计算规则和方法。

（3）现行的标准图集。

（4）施工组织设计及施工现场情况。

4.1.2　工程量计算原则

为了准确计算工程量，防止错算、漏算和重复计算，通常要遵循以下原则：

1. 列项要正确

计算工程量时，按施工图列出的分项工程必须与预算定额中相应分项工程一致。例如：水磨石楼地面分项工程，预算定额中含水泥白石子浆面层、素水泥浆及分带嵌条与不带嵌条，但不含水泥砂浆结合层。计算分项工程量时就应列面层及结合层二项。又如，水磨石楼梯面层，预算定额中已包含水泥砂浆结合层，则计算时就不应再另列项目。

因此，在计算工程量时，除了熟悉施工图纸及工程量计算规则外，还应掌握预算定额中每个分项工程的工作内容和范围，避免重复列项及漏项。

2. 工程量计算规则要一致，避免错算

计算工程量采用的计算规则，必须与本地区现行预算定额计算规则相一致。例如：《全国统一建筑工程预算工程量计算规则》中对有围护结构的阳台，按其围护结构外围水平面积计算建筑面积；而江苏省预算定额工程量计算规则规定，阳台不论有无围护结构，均按其水平投影面积的一半计算其建筑面积。如按《全国统一建筑工程预算工程量计算规则》计算江苏省的建筑面积，就会发生错误。

3. 计量单位要一致

计算工程量时，所列出的各分项工程的计量单位，必须与所使用的预算定额中相应项目的计量单位相一致。例如：女儿墙压顶，《全国统一建筑工程基础定额》及《江苏省估价表》均以体积计，而《江苏省建筑工程综合预算定额》则以延长米计。故在计算工程量时，一定要与所用定额一致，以免发生差错。

4. 工程量计算精度要统一

工程量的计算结果，除钢材、木材取三位小数外，其余一般取小数点后四位和三位，汇总时取小数点后三位和二位。

4.1.3 工程量计算方法

1. 计算工程量的顺序

计算顺序是一个重要问题。一幢建筑物的工程项目很多，如不按一定的顺序进行，极易漏算或重复计算。

（1）单位工程的计算顺序

1）按施工顺序计算：即按施工先后来计算。

2）按定额项目顺序计算：即按定额上所列分部分项工程顺序计算。

（2）分项工程的计算顺序

1）按顺时针方向计算：从图纸的左上方一点开始，从左而右的环绕一周后，再回到左上方这一点。这种方法一般适用于计算外墙、地面、楼面面层、顶棚等（图 4-1）。

2）按先横后竖、先上后下、先左后右的顺序计算：这种方法适用于内墙、内墙基础、内墙装饰、隔墙等工程。如图 4-2 数字所示。

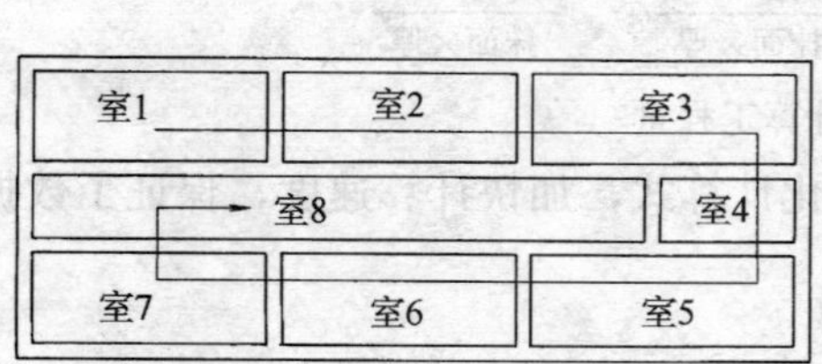

图 4-1 按顺时针方向计算

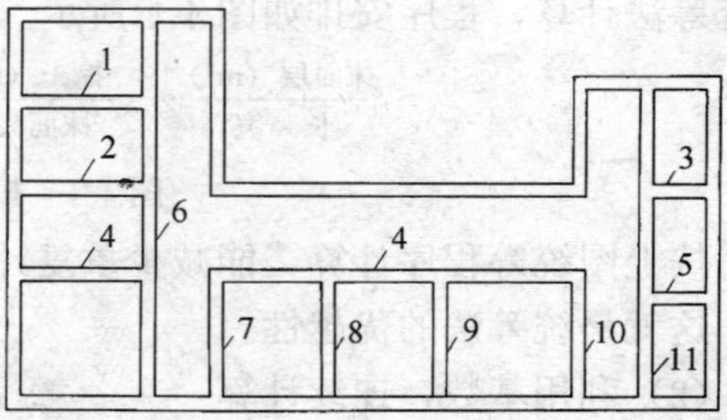

图 4-2 先横后竖、先上后下

3）按轴线编号顺序计算：这种方法适用于挖地槽、基础、墙体砌筑、墙体装饰等工程。

4）按构件编号顺序计算：这种方法适用于门、窗、混凝土构件、屋架等工程。

2. 计算工程量的注意事项

（1）预算工程量是根据设计图纸进行计算的，因此必须在熟悉图纸、了解工程内容的基础上，严格按照工程量计算规则，以施工图所注尺寸进行计算，不得人为地加大或缩小构件尺寸。

（2）计算要简单明了，按一定顺序排列，并要注明轴线、部位和计算式，以利检查。

（3）数字计算要准确，计算完毕后应进行复核，检查其项目、计算式、计算数字及小数点等有否错误。

（4）计算时要防止漏算和重复计算，可根据图纸按一定顺序计算。

（5）注意各项目尺寸之间的关系，如土方和砖墙基础、墙体与装饰之间相互关系等，以尽量减少重复劳动，简化计算过程，加快计算速度。

3. 运用统筹法计算工程量

实践表明，每个分项工程量计算虽有着各自的特点，但都离不开计算“线”、“面”之类的基数，它们在整个工程量计算中常常要反复多次使用。因此，根据这个特性的预算定额的规定，运用统筹法原理，对每个分项工程的工程量进行分析，然后依据计算过程的内在联系，按先主后次，统筹安排计算程序，从而简化了繁琐的计算，形成了统筹计算工程量的计算方法。

（1）统筹程序，合理安排

在工程量计算中，计算程序安排得是否合理，直接关系到计算工程量效率的高低、进度的快慢。计算工程量通常采用的方法是按照施工顺序或定额顺序逐项进行计算。这种计算方法虽然可以避免漏项，但对稍复杂的工程，就显得很繁琐，造成大量的重复计算。

例如：室内地面工程中挖（填）土、垫层、找平层、抹面层等四道工序，如果按施工程序来计算工程量则为图 4-3 所示。

$$① \xrightarrow[\text{长×宽×深}]{\text{挖（填）土（m}^3\text{）}} ② \xrightarrow[\text{长×宽×厚}]{\text{地面垫层（m}^3\text{）}} ③ \xrightarrow[\text{长×宽×厚}]{\text{找平层（m}^3\text{）}} ④ \xrightarrow[\text{长×宽}]{\text{抹面层（m}^2\text{）}}$$

图 4-3　按施工程序计算工程量

显然，这种计算方法没有抓住各项工程量计算中的共性因素，结果四个分项工程算了四次长×宽，计算重复，浪费时间。

按照统筹法原理，根据工程量计算的规律，抓住计算中的共性因素长×宽，先计算抹面层，然后利用它的得数供计算其他分项工程使用，即可避免重复计算。将上面的题目改用统筹法计算，程序安排如图 4-4 所示。

$$① \xrightarrow[\text{长×宽}]{\text{抹面层（m}^2\text{）}} ② \xrightarrow[\text{抹面×厚}]{\text{挖土（m}^3\text{）}} ③ \xrightarrow[\text{抹面×厚}]{\text{垫层（m}^3\text{）}} ④ \xrightarrow[\text{抹面×厚}]{\text{找平层（m}^3\text{）}}$$

图 4-4　按统筹法计算工程量

按上图统筹程序计算，能减少重复计算，简化计算式，加快计算速度，保证了数据质量。这就是统筹法的优越性。

(2) 利用基数，连续计算

所谓基数就是计算分项工程量时重复利用的数据。在统筹法计算中就是以“线”和“面”为基数，利用连乘或加减，算出与它有关的分项工程量。

“线”是指建筑平面图上所标示的外墙中心线、外墙外边线和内墙净长线。即：

外墙中心线(用 $L_{中}$ 表示) = 外墙外边总长度 $L_{外}$ − (墙厚 × 4)

外墙外边线(用 $L_{外}$ 表示) = 建筑平面图的外围周长尺寸之和

内墙净长线(用 $L_{内}$ 表示) = 建筑平面图中的所有内墙长度之和

根据分项工程量计算的不同情况，以这三条线为基数，可计算出的有关项目有：

外墙中心线——外墙基挖地槽、基础垫层、基础砌筑、墙基防潮层、基础梁、圈梁、墙身砌筑等分项工程。

外墙外边线——勒脚、腰线、勾缝、抹灰、散水等分项工程。

内墙净长线——内墙基挖地槽、基础垫层、基础砌筑、墙基防潮层、基础梁、圈梁、墙身砌筑、墙身抹灰等分项工程。

“面”是指建筑平面图上所标示的底层建筑面积。用 S 表示，计算时要结合建筑物的造型而定。即：

底层建筑面积 S = 建筑物底层平面勒脚以上外围水平投影面积

与“面”有关的计算项目有：平整场地、地面、楼面、屋面、顶棚等分项工程。

一般土建工程量计算，都离不开三“线”和一“面”这些基数。利用这些基数，把与它有关的许多项目串起来，使前边的计算项目为后边的计算项目提供依据，这样彼此衔接，可以减少很多重复劳动，加快计算速度，提高工程量计算的质量。

(3) 一次计算，多次使用

在工程量计算的过程中，往往还有一些不能用“线”、“面”基数进行连续计算的项目，如常用的定型钢筋混凝土构件、洗脸槽、各种水槽、煤气台、炉灶、楼梯扶手、栏杆等分项工程，可按它们的数量单位，预先组织力量一次计算出工程量编入手册。另外，也要把那些规律性较明显的如土方放坡系数、砖砌大放脚断面系数、墙垛的折长系数、屋面坡度系数等预先一次算出，编成手册，供预算人员使用。在日常计算工程时，只要根据设计图纸中有关项目的数量，乘上手册上的单位数量和系数，就可以计算出所需的分项工程量，从而减少了过去那种按图纸逐项计算的繁琐过程，大大简化了工程量的计算工作。

必须注意的是，一次计算多次应用的数据，必须符合国家和地方的现行规定，满足简化计算工程量的需要。

（4）结合实际，灵活机动

由于每项建筑工程的结构和造型不同，它的基础断面、墙厚、砂浆强度等级、各楼层面积等都有可能不同，这就不能只用一个“线”、“面”、“册”基数进行连续计算，而必须结合设计的实际，采用灵活机动的方法来计算，以下介绍几种常用的方法：

1）分段计算法

当基础断面不同，则基础的挖土、垫层以及基础都应分段计算；内外墙有几种不同的厚度时，也应分段计算。

假设：有三个不同的基础断面分别为Ⅰ断面、Ⅱ断面、Ⅲ断面，则基础砌体体积为：

$L_{中}$（Ⅰ）长度×Ⅰ断面$S+L_{中}$（Ⅱ）长度×Ⅱ断面$S+L_{中}$（Ⅲ）长度×Ⅲ断面S

2）分层法

当多层建筑或高层建筑各层楼的面积不等，或墙厚和砌筑砂浆强度等级不同时，应分层计算。

3）分块法

楼地面、顶棚、墙面抹灰等，有多种构造和做法时，应分块计算。计算时先计算小块，然后在总面积中减去这些小块面积，得到另外一块大面积。

4）补加减计算法

如遇局部构造和图示尺寸不同，为了便于利用基数进行连续计算，可先视其为相同来计算，然后再进行调整，即加上或减去局部不同部分的工程量。

5）平衡法和近似法

当工程量不大或图纸复杂难以正确计算时，可以采用平衡抵消或近似计算法计算。

由于建筑工程的多样化，在运用统筹法计算工程量的工作中，对那些不能用“线”、“面”基数计算的分项工程，一般可采用以下两种方法：一是按建筑工程量手册中的数据进行计算；另一种是按图示尺寸单独计算。

总之，为了准确地计算出工程量，必须把联系实际、灵活运用的方法，贯穿于工程量计算的始终。

4.2 建筑面积计算规则

房屋建筑面积是指房屋建筑的水平平面面积。建筑面积是表示建筑技术效果的重要依据，同时也是计算某些分项工程量的依据。

4.2.1 计算建筑面积的范围

（1）单层建筑物不论其高度如何，均按一层计算其建筑面积。其建筑面积按建筑物外墙勒脚以上结构的外围水平面积计算。单层建筑物内如带有部分楼层者，亦应计算建筑面积。

（2）高低联跨的单层建筑物，如需分别计算建筑面积，当高跨为边跨时，其建筑面积按勒脚以上两端山墙外表面之间的水平长度乘以勒脚以上外墙表面至高跨中柱外边线水平宽度计算；当高跨为中跨时，其建筑面积按勒脚以上两端山墙外表面间的水平长度乘以中柱外边线的水平宽度计算。如图 4-5 所示。

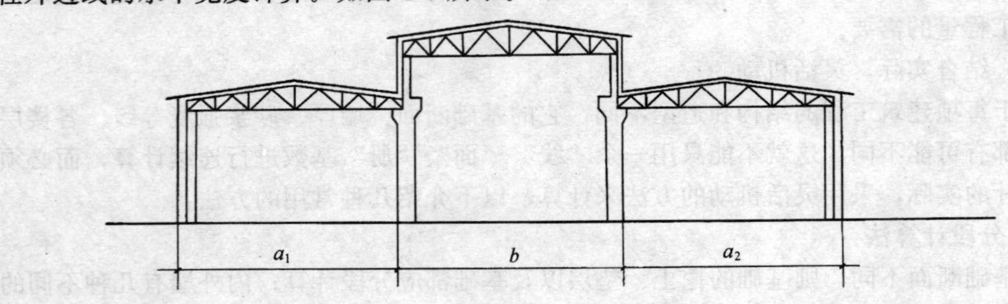

图 4-5

（3）多层建筑物建筑面积，按各层建筑面积之和计算，首层按建筑物外墙勒脚以上结构外围水平面积计算，二层及二层以上按外墙结构的外围水平面积计算。

（4）地下室、半地下室、地下车间、仓库、商店、车站、地下指挥部等及相应的出入口建筑面积，按其上口外墙（不包括采光井、防潮层及保护墙）外围水平面积计算。

（5）坡地建筑物利用吊脚做架空层和深基础地下架空层设计加以利用，且层高超过 2.2m 时，按围护结构外围水平面积计算建筑面积。

（6）穿过建筑物的通道，建筑物内的门厅、大厅，不论其高度如何，均按一层建筑面积计算。门厅、大厅内设有回廊时，按其自然层的水平投影面积计算建筑面积。

（7）室内楼梯间、电梯间、提物井、垃圾道、管道井等均按建筑物的自然层计算建筑面积。

（8）书库、立体仓库设有结构层的，按结构层计算建筑面积。没有结构层的，按承重书架层或货架层计算建筑面积。

（9）有围护结构的舞台灯光控制室，按其围护结构外围水平面积乘以层数计算建筑面积。

（10）建筑物内设备管道层、贮藏室、具有楼隔层及墙体围护结构的坡顶屋盖空间层高超过 2.2m 时，应计算建筑面积。

（11）有柱的雨篷、车棚、货棚、站台等，按柱外围水平面积计算建筑面积；独立柱的雨篷、单排柱的车棚、货棚、站台等，按其顶盖水平投影面积的一半计算建筑面积。

（12）屋面上部有围护结构的楼梯面、水箱间、电梯机房等，其围护结构的层高超过 2.2m 时，按其围护结构外围水平面积计算建筑面积。

（13）建筑物外有围护结构的门斗、眺望间、观望电梯间、阳台、橱窗、挑廊、走廊等，按其围护结构外围水平面积计算建筑面积。

无围护结构的凹阳台、挑阳台，按其水平面积一半计算建筑面积。

（14）建筑物外有柱和顶盖走廊、檐廊，按柱外围水平面积计算建筑面积；有盖无柱的走廊、檐廊挑出墙外宽度在1.5m以上时，按其顶盖投影面积一半计算建筑面积。建筑物间有顶盖的架空走廊，按其顶盖水平投影面积计算建筑面积。

（15）室外楼梯，按自然层投影面积之和计算建筑面积。

（16）建筑物内变形缝、沉降缝等，凡缝宽在300mm以内者，均依其缝宽按自然层计算建筑面积，并入建筑物建筑面积之内计算。

4.2.2 不计算建筑面积的范围

（1）突出外墙的构件、配件、附墙柱、垛、勒脚、台阶、悬挑雨篷、墙面抹灰、镶贴块材、装饰面等。

（2）用于检修、消防等室外爬梯。

（3）层高2.2m以内设备管道层、贮藏室、设计不利用的深基础架空层及吊脚架空层。

（4）建筑物内操作平台、上料平台、安装箱或罐体平台；没有围护结构的屋顶水箱、花架、凉棚等。

（5）独立烟囱、烟道、地沟、油（水）罐、气柜、水塔、贮油（水）池、贮仓、栈桥、地下人防通道等构筑物。

（6）单层建筑物内分隔单层房间，舞台及后台悬挂的幕布、布景天桥、挑台。

（7）建筑物内宽度大于300mm的变形缝、沉降缝。

4.3 应用单位估价表计价

本节主要根据全国统一建筑工程预算工程量计算规则，介绍主要分项工程量计算方法及计算时应注意的问题。

4.3.1 土方工程

土方工程主要包括：平整场地、挖土方、原土打夯、填土、运土等项目。

在计算土方工程量之前，应了解地质勘探报告中确定土的类别、地下水位的标高以及挖填土、运土和排水施工方案等技术资料。

预算定额规定，土分为普通土（一、二类土）、坚土（三类土）、砂砾坚土（四类土）等三类。挖沟槽、基坑、土方需放坡时，放坡系数按表4-1规定计算。

放坡系数表 **表4-1**

土的类别	放坡起点	人工挖土	机械挖土	
			在坑内作业	在坑上作业
一、二类土	1.2m	1∶0.5	1∶0.33	1∶0.75
三类土	1.5m	1∶0.33	1∶0.25	1∶0.67
四类土	2.0m	1∶0.25	1∶0.10	1∶0.33

注：1. 沟槽、基坑中土的类别不同时，分别按其放坡起点、放坡系数、依不同土壤厚度加权平均计算。

2. 计算放坡时，在交接处的重复工程量不予扣除，原槽、坑作基础垫层时，放坡自垫层上表面开始计算。

基础施工时所需工作面宽度，按表4-2规定计算。

基础施工所需工作面宽度计算表 **表 4-2**

基础材料	每边各增加工作面宽度（mm）
砖基础	200
浆砌毛石、条石基础	150
混凝土基础垫层支模板	300
混凝土基础支模板	300
基础垂直面做防水层	800（防水层面）

挖土一律以设计室外地坪标高为准。土方体积均以挖掘前的天然密实体积为准计算，如遇有必须以天然密实体积折算时，可按预算定额规定数值换算。

1．平整场地

平整场地是指建筑场地挖、填土方厚度在±30cm 以内及找平。工程量按建筑物外墙外边线每边各加 2m，以 $100m^2$ 计算。

2．挖土方

挖土方是指图示沟槽底宽 3m 以外，坑底面积 $20m^2$ 以外以及平整场地挖土厚度超过 30cm 的挖土。工程量计算方法如下：

（1）方格网法：在进行土方工程量计算之前，将绘有等高线的现场地形图，分为若干整量的方格（或根据测绘的方格网图），然后按设计高程和自然高程，求出挖填高程，进行土方工程量的计算。

（2）断面法：在地形起伏变化较大地区，或者挖填深度较大，断面又不规则的地区采用。计算顺序如下：

1）断面的划分：根据地形图，竖向布置图或现场测绘，依据自然高程和设计高程，包括开挖或回填边坡绘制成断面图，各断面间的间距可以不等，一般可用 10m 或 20m。

2）计算横断面面积。

3）计算土方工程量：根据横断面面积计算。

$$V=\frac{A_1+A_2}{2}\times L$$

式中 V——相邻两横断面间的土方量（m^3）；

A_1、A_2——相邻两横断面的挖（填）方断面面积（m^2）；

L——相邻两横断面的间距（m）。

4）计算土方总量：将计算出的各段土方量汇总。

3．挖基槽

挖基槽是指图示槽底 3m 以内，且槽长大于槽宽 3 倍以上的基槽挖土。

挖基槽土方工程量，应根据增加工作面、是否带挡土板、放坡和不放坡等情况，采用不同的计算公式，如图 4-6 所示。

带挡土板：$V=L\cdot(b+0.2+2c)\cdot h$

放　　坡：$V=L\cdot(b+2c+kh)\cdot h$

不 放 坡：$V=L\cdot(b+2c)\cdot h$

式中 V——基槽土方体积；

L——基槽长度：外墙按图示中心线长，内墙按图示基础底面之间净长；

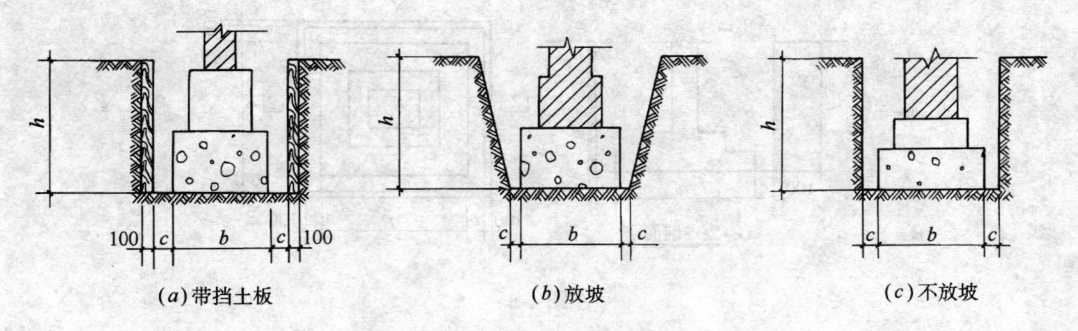

图 4-6　基础挖槽剖面图

b——基础宽度；

c——增加工作面：按表 4-2 计算；

k——放坡系数；

h——挖土深度：图示基槽底面至室外地坪。

4. 挖地坑

图示基坑底面积在 $20m^2$ 以内的挖土为挖地坑。地坑挖土工程量计算方法如下：

(1) 不放坡和不带挡土板

方形和长方形：$V=h\cdot a\cdot b$

圆　　　形：$V=h\cdot\pi\cdot r^2$

式中　V——地坑土方体积；

a——坑基础长度；

b——坑基础宽度；

r——坑底半径。

(2) 放坡地坑

正方形或长方形地坑（图 4-7）：

$$V=h\cdot(a+2c)(b+2c)+k\cdot h^2\left[(a+2c)+(b+2c)+\frac{4}{3}\cdot k\cdot h\right]$$

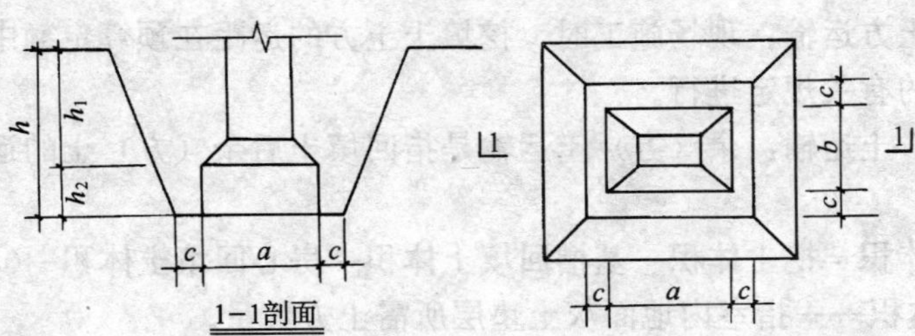

图 4-7

(3) 带挡土板地坑

1) 正方形或长方形地坑（图 4-8）：

$$V=h\cdot(a+2c+0.2)(b+2c+0.2)$$

2) 圆形地坑（图 4-9）：

$$V=\pi\cdot h\cdot(r_1+0.1)^2$$

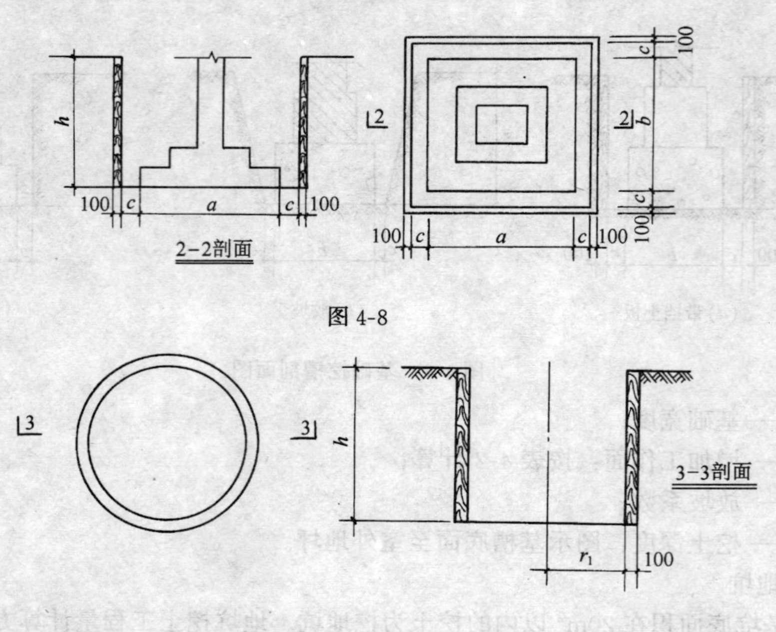

图 4-8

图 4-9

5. 回填土

回填土区分夯填、松填按图示体积计算。

沟槽、基坑回填土，沟槽、基坑回填体积以挖方体积减去设计室外地坪以下埋设砌筑物（包括：基础垫层、基础等）体积计算。

管道沟槽回填土，以挖方体积减去管径所占体积计算。管径在500mm以下的不扣除管道所占体积；管径超过500mm以上时按预算定额规定扣除管道所占体积计算。

房心回填土工程量，按主墙之间的面积乘以回填土厚度计算。

6. 土方运输

土方运输分为挖填土土方运输和余（方）土土方运输，按不同的运输方法和距离，分别以体积计算。

(1) 挖填土土方运输：现场施工时，挖填土土方的运距在预算定额中都有规定，可按本地区预算定额的有关规定进行。

(2) 余（方）土运输：余（方）土运输是指回填土后余（方）土的运输。其工程量计算可按下式表示：

余（方）土体积＝挖土体积－基槽回填土体积－房心回填土体积－0.9灰土体积

式中　0.9灰土体积——指室内地面灰土垫层所需土方数量。

4.3.2　打桩工程

计算打桩工程量前应确定土质级别、施工方法、工艺流程、采用机型，桩、土壤泥浆运距等情况。

1. 工程量计算

(1) 预制钢筋混凝土桩的体积，按设计桩长（包括桩尖，不扣除桩尖虚体积）乘以桩截面面积计算。管桩的空心体积应扣除。打桩后的填充材料及人工应另计。

(2) 接桩：电焊接桩按设计接头数以个计算。硫磺胶泥接桩按桩断面以面积计算。

（3）送桩：按桩截面面积乘以送桩长度以体积计算。送桩长度按打桩架底至桩顶面高度或桩顶面至自然地坪加0.5m计算。

（4）打孔灌注桩：

1）混凝土桩、砂桩、碎石桩的体积，按设计规定的桩长（包括桩尖，不扣除桩尖虚体积）乘以钢管管箍外径截面面积计算。

2）扩大桩的体积按单桩体积乘以根数计算。

3）打孔后先埋入预制混凝土桩尖，再灌注混凝土者，预制桩尖按桩尖长度乘以桩尖截面积计算（不扣除桩尖虚体积）；灌注桩按设计长度（自桩尖顶面至桩顶面高度）乘以钢管管箍外径截面面积计算。

（5）钻孔灌注桩，按设计桩长（包括桩尖，不扣除桩尖虚体积）增加0.25m乘以设计断面面积计算。

（6）泥浆运输工程量按钻孔体积计算。

2. 注意要点

（1）以上仅适用于一般工业与民用建筑工程的桩基础，不适用于水工、路桥、支架等工程。

（2）灌注混凝土桩的钢筋笼制作依设计规定，另行计算。

（3）定额以打直桩为准，要打斜桩、坡地打桩等，人工、机械均应按有关规定调整。

（4）定额已考虑灌注桩的充盈量及损耗量和灌注砂石桩的级配密实系数。

3. 计算实侧

【例4-1】 某单位工程，设计预制钢筋混凝土桩断面如图4-10所示，共120根，计算桩工程量（不计算钢筋笼）。

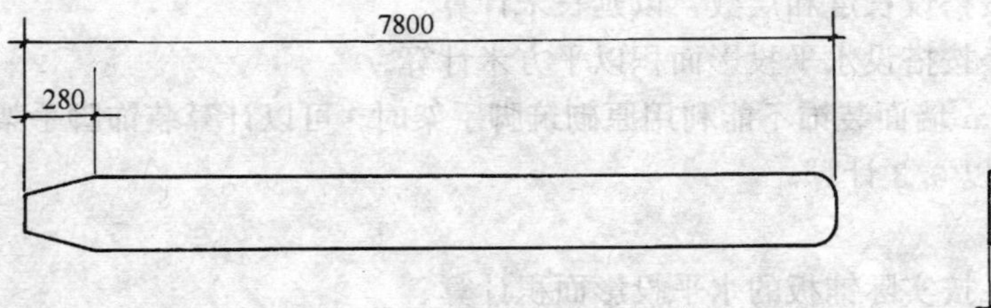

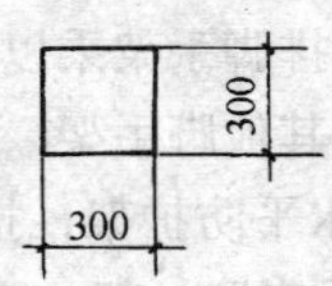

图4-10　钢筋混凝土预制桩

解：桩长为7.8m，桩断面积为0.3×0.3＝0.09m²

$$V = 7.8 \times 0.09 \times 120 = 84.24\text{m}^3$$

【例4-2】 某工程设计钻孔灌注混凝土桩，需用ϕ426桩管打入，桩设计长度20.0m，计算单根桩工程量。

解：

$$V_{单} = 3.14 \times \frac{0.426^2}{4} \times (20 + 0.25) = 2.88\text{m}^3$$

4.3.3 脚手架工程

工业与民用建筑工程在施工中需搭设的脚手架，应计算工程量。脚手架材料是周转材料，在预算定额中规定的材料消耗量是使用一次应摊销的材料数量。脚手架材料有钢管架、木架、竹架，套用定额时应根据各地区预算定额规定，按不同材料套用。

脚手架工程量计算，也应按各地区预算定额规则计算，下面介绍1995年全国统一建筑工程基础定额工程量计算规则。

1．工程量计算

（1）砌筑脚手架

1）外脚手架按外墙外边线长度，乘以外墙砌筑高度以平方米计，突出墙外宽度在24cm以内的墙垛、附墙烟囱等不计算脚手架；宽度超过24cm以外时按图示尺寸展开计算，并入外脚手架工程量内。

2）内脚手架按墙面垂直投影面积计算。

3）独立柱脚手架按图示柱结构外围周长另加3.6m，乘以砌筑高度，以平方米计算，套用相应外脚手架定额。

（2）现浇钢筋混凝土框架脚手架

1）现浇钢筋混凝土柱，按柱图示周长尺寸另加3.6m，乘以柱高以平方米计算，套用相应外脚手架定额。

2）现浇钢筋混凝土梁、墙，按设计室外地坪或楼板上表面至楼板底之间的高度，乘以梁、墙净长以平方米计算，套用相应双排外脚手架定额。

（3）装饰工程脚手架

1）满堂脚手架，按室内净面积计算，其高度在3.6～5.2m之间时，计算基本层，超过5.2m时，每增加1.2m按增加一层计算，不足0.6m的不计。以计算式表示：

$$满堂脚手架增加层=\frac{室内净高度-5.2m}{1.2m}$$

2）挑脚手架，按搭设长度和层数，以延长米计算。

3）悬空脚手架，按搭设水平投影面积以平方米计算。

4）高度超过3.6m墙面装饰不能利用原砌筑脚手架时，可以计算装饰脚手架。装饰脚手架按双排脚手架乘以0.3计算。

（4）其他脚手架

1）水平防护架，按实际铺板的水平投影面积计算。

2）垂直防护架，按自然地坪至最上一层横杆之间的搭设高度，乘以实际搭设长度，以平方米计算。

3）砌筑贮仓脚手架，不分单筒或贮仓组均按单筒外边线周长，乘以设计室外地坪至贮仓上口之间高度，以平方米计算。

4）贮水（油）池脚手架，按外壁周长乘以室外地坪至池壁顶面之间高度，以平方米计算。

5）大型设备基础脚手架，按其外形周长乘地坪至外形顶面边线之间高度，以平方米计算。

6）架空运输脚手架，按搭设长度以延长米计算。

7）烟囱、水塔脚手架，区别不同高度以座计算；电梯井脚手架，按单孔以座计算；斜道区别不同高度以座计算。

（5）安全网

1）立挂式安全网按架网部分的实挂长度乘以实挂高度，以平方米计算。

2）挑出式安全网按挑出的水平投影面积计算。

2. 注意要点

（1）计算内、外墙脚手架工程量时，均不扣除门、窗洞口、空圈洞口等所占的面积。

（2）建筑物内墙脚手架，凡设计室内地坪至顶板下表面（或山墙高度的1/2处）的砌筑高度在3.6m以下的，按内脚手架计算；砌筑高度超过3.6m以上时，按单排脚手架计算。

（3）同一建筑物高度不同时，应按不同高度分别计算。

（4）室内顶棚装饰面距设计室内地坪在3.6m以上时，应计算满堂脚手架，计算满堂脚手架后，墙面装饰工程则不再计算脚手架。

（5）砌筑贮仓，按双排外脚手架计算。滑升模板施工的钢筋混凝土烟囱、筒仓，不另计算脚手架。

（6）贮水（油）池、大型设备基础，凡距地坪高度超过1.2m以上的，均按双排脚手架计算。

（7）整体满堂钢筋混凝土基础，凡其宽度超过3m以上的，均按双排脚手架计算，按满堂脚手架基本层的50%套用。

（8）架空运输，定额以宽2m为准，如架宽超过2m，应调整费用、材料等。

（9）烟囱脚手架综合了垂直运输架、斜道、缆风绳、地锚等。

3. 计算实例

【例4-3】 某独立砖柱断面为490mm×490mm，柱顶面高度为2.8m，计算柱砌筑脚手架。

解：根据工程量计算规则，该柱的砌筑脚手架为：

$$(0.49\times4+3.6)\times2.8=15.57\text{m}^2$$

【例4-4】 某单层建筑物，一砖外墙，外包尺寸：纵墙长20.24m，横墙宽8.24m，室内顶棚净高9.2m，求顶棚抹灰脚手架工程量。

解：顶棚抹灰脚手架工程量为：

基本层 $F=(20.24-0.48)(8.24-0.48)=153.34\text{m}^2$

增加层（定额取定基本层操作高度为5.2m）：

$$\frac{9.2-5.2}{1.2}=3\text{个增加层（余0.4m舍去不计）}$$

4.3.4 砌筑工程

砌体工程主要包括：砖、石基础，砖石墙体、砌块墙、石柱、砖烟道、砖水塔、石砌挡土墙、护坡等。

1. 基础与墙身（柱身）的划分

（1）基础与墙（柱）身使用同一种材料时，以设计室内地面为界（有地下室者，以地下室室内设计地面为界），以下为基础，以上为墙（柱）身。

（2）基础与墙身使用不同材料时，位于设计室内地面±300mm以内时，以不同材料为分界线，超过±300mm时，以设计室内地坪为分界线。

（3）砖石围墙，以设计室外地坪为界，以下为基础，以上为墙身。

2. 砌体厚度计算规定

（1）标准砖以 240mm×115mm×53mm 为准，其砌体计算厚度按表 4-3 计算。

（2）使用非标准砖时，其砌体厚度应按砖实际规格和设计厚度计算。

标准砖砌体厚度计算表 **表 4-3**

砖数（厚度）	1/4	1/2	3/4	1	1.5	2	2.5	3
计算厚度（mm）	53	115	180	240	365	490	615	740

3. 工程量计算

（1）砌筑基础

砌筑基础按基础长度乘以基础断面面积以体积计算。应扣除嵌入基础的钢筋混凝土柱、梁（包括圈梁）以及单个面积在 0.3m² 以上的孔洞所占体积。不扣除基础大放脚 T 型接头处的重叠部分以及嵌入基础的钢筋、铁件、管道、基础防潮层及单个面积在 0.3m² 以内孔洞所占体积。靠墙暖气沟的挑檐亦不增加。附墙垛基础宽出部分体积应并入基础工程量内。

1）基础长度：外墙墙基按外墙中心线长度计算，内墙墙基按内墙基净长计算。

2）砖砌挖孔桩护壁工程量按实砌体积计算。

（2）砌筑墙体

砌筑墙体按长度乘高度再乘以厚度以体积计算。应扣除门窗洞口、过人洞、空圈、嵌入墙身的钢筋混凝土柱、梁（包括过梁、圈梁、挑梁）、砖平碳、平砌砖过梁和暖气包、壁龛及内墙板头的体积，不扣除梁头、外墙板头、檩头、垫木、木楞头、檐椽木、木砖、门窗走头、砖墙内的加固钢筋、木筋、铁件、钢管及单个面积在 0.3m² 以内的孔洞等所占的体积，突出墙面的窗台虎头砖、压顶线、山墙泛水、烟囱根、门窗套及三皮砖以内的腰线和挑檐等体积亦不增加。

1）墙的长度：外墙长度按外墙中心线长度计算，内墙长度按内墙净长度计算。

2）墙身高度：

a. 外墙墙身高度：斜（坡）屋面无檐口顶棚者算屋面板底；有屋架，且室内外均有顶棚者，算至屋架下弦底面另加 200mm；无顶棚者算至屋架下弦底加 300mm，出檐宽度超过 600mm 时，应按实砌高度计算；平屋面算至钢筋混凝土板底。

b. 内墙高度：位于屋架下弦者，其高度算至屋架底；无屋架者算至顶棚底另加 100mm；有钢筋混凝土楼板隔层算至板底；有框架梁时算至梁底面。

c. 内、外山墙墙身高度：按其平均高度计算。

d. 女儿墙高度：自外墙顶面至图示女儿墙顶面高度，分不同墙厚并入外墙计算。

（3）多孔砖、空心砖按图示厚度以立方米计算，不扣除孔、空心部分体积。

（4）加气混凝土墙、硅酸盐砌块墙、小型空心砌块墙，按图示尺寸以立方米计算，按设计规定需要镶嵌砖砌体部分已包括在定额内，不另计算。

（5）其他砖砌体

1）砖砌锅台、炉灶，不分大小，均按图示外形尺寸以立方米计算，不扣除各种孔洞的体积。

2）砖砌台阶（不包括梯带）按水平投影面积以平方米计算。

3）厕所蹲台、水槽腿、灯箱、垃圾道、台阶挡墙或梯带、花台、花池、地垄墙及支撑地楞的砖墩、房上烟囱、屋面架空隔热层砖墩及毛石墙的门窗立边、窗台虎头砖等实砌体积，以立方米计算，套用零星砌体定额项目。

4）检查井及化粪池不分壁厚均以立方米计算，洞口上的砖平碳等并入砌体体积计算。

5）砖砌地沟不分墙基、墙身合并以立方米计算。石砌地沟按中心线长度以延长米计算。

（6）构筑物砌筑

1）砖烟囱：砖烟囱应分筒身、烟道及烟囱内衬分别计算和分别套用定额。

筒身：圆形、方形均按图示筒壁平均中心线周长乘以厚度并扣除各种孔洞、钢筋混凝土圈梁、过梁等体积以立方米计算，其筒壁周长不同时可按下式分段计算：

$$V = \Sigma H \times C \times \pi D$$

式中 V——筒身体积（m^3）；

H——每段筒身垂直高度（m）；

C——每段筒壁厚度（m）；

D——每段筒壁中心线平均直径（m）；

烟道、烟囱内衬：按不同内衬材料并扣除孔洞后，以图示实砌体积计算。

烟囱内壁表面隔热层：按筒身内壁并扣除各种孔洞后的面积以平方米计算；填料按烟囱内衬与筒身之间的中心线平均周长乘以图示宽度和筒高，并扣除各种孔洞所占体积（但不扣除连接横砖及防沉带的体积）后以立方米计算。

烟道砌砖：烟道与炉体的划分以第一道闸门为界，炉体内的烟道部分列入炉体工程量计算。

2）砖砌水塔：应分基础、塔身与水箱分别计算及套各自相应的定额。

水塔基础与塔身的划分：以砖砌体的扩大部分顶面为界，以上为塔身，以下为基础，分别套相应基础砌体定额。

塔身以图示实砌体积计算，并扣除门窗洞口和混凝土构件所占的体积，砖平拱碳及砖出檐等并入塔身体积内计算，套水塔砌筑定额。

砖水箱内、外壁，不分壁厚，以图示实砌体积计算，套相应的内外砖墙定额。

4. 注意要点

（1）定额中砖的规格是按标准砖取定的，砌块、多孔砖规格按常用规格编制，规格不同时，可以换算。

（2）砖垛、三皮砖以上的腰线和挑檐等体积，并入墙身体积内计算。

（3）空花墙与实体墙应分别计算，空花墙不扣除空花部分以外形体积计算。

（4）砌体内的钢筋加固应根据设计规定，以吨计算，套钢筋混凝土章节相应项目。

4.3.5 混凝土、钢筋混凝土工程

混凝土、钢筋混凝土按模板、钢筋、混凝土分别计算工程量及套各自相应的定额。

1. 模板工程量计算

（1）现浇混凝土及钢筋混凝土模板

1）现浇混凝土及钢筋混凝土模板工程量，除另有规定者外，均应区别模板的不同材质，按混凝土与模板接触面的面积，以平方米计算。

2）现浇钢筋混凝土柱、梁、板、墙的支模高度（即室外地坪至板底或板面至板底之间的高度）以 3.6m 以内为准，超过 3.6m 以上部分，另按超过部分计算增加支撑工程量。

3）现浇钢筋混凝土墙、板上单孔面积在0.3m² 以内的孔洞，不予扣除，洞侧壁模板亦不增加；单孔面积超过0.3m² 时，应予扣除，洞侧壁模板面积并入墙、板模板工程量之内计算。

4）现浇钢筋混凝土框架分别按梁、板、柱、墙有关规定计算，附墙柱并入墙内工程量计算。

5）柱与梁、柱与墙、梁与梁等连接的重叠部分以及伸入墙内的梁头、板头部分，均不计算模板面积。

6）构造柱外露面均应按图示外露部分计算模板面积。构造柱与墙接触面不计算模板面积。

7）现浇钢筋混凝土悬挑板（雨篷、阳台）按图示外挑部分尺寸的水平投影面积计算。挑出墙外的牛腿梁及板边模板不另计算。

8）现浇钢筋混凝土楼梯，以图示露明面尺寸的水平投影面积计算，不扣除小于200mm楼梯井所占面积。楼梯的踏步、踏步板、平台梁等侧面模板，不另计算。

9）混凝土台阶不包括梯带，按图示台阶尺寸的水平投影面积计算，台阶端头两侧不另计算模板面积。

10）现浇混凝土小型池槽按构件外围体积计算，池槽内、外侧及底部的模板不另计算。

（2）预制钢筋混凝土模板

1）预制钢筋混凝土模板工程量，除另有规定者外均按混凝土实体体积以立方米计算。

2）小型池槽按外形体积以立方米计算。

3）预制桩按虚体积（不扣除桩尖虚体积部分）计算。

（3）构筑物钢筋混凝土模板

构筑物钢筋混凝土模板工程量应区别现浇、预制和构件类别分别计算。

1）烟囱：钢筋混凝土烟囱应按基础和筒身分别计算。基础模板工程量按模板与混凝土接触面积计算；筒身按混凝土体积计算。

2）水塔模板工程量按基础、塔身、水箱分别均以与混凝土接触面积计算。

3）大型池槽等分别按基础、墙、板、梁、柱等有关规定计算并套相应定额项目。

4）液压滑升钢模板施工的烟囱、水塔塔身、贮仓等，均按混凝土体积，以立方米计算。

5）预制倒圆锥形水塔罐壳模板按混凝土体积，以立方米计算；预制倒圆锥形水塔罐壳组装、提升、就位，按不同容积以座计算。

2．钢筋工程量计算

（1）钢筋工程，应区别现浇、预制构件、不同钢种和规格，分别按设计长度乘以单位重量，以吨计算。

（2）计算钢筋工程量时，设计已规定钢筋搭接长度的，按规定搭接长度计算；设计未规定搭接长度的，已包括在钢筋的损耗率之内，不另计算搭接长度。钢筋电渣压力焊接、套筒挤压等接头，以个计算。

（3）先张法预应力钢筋，按构件外形尺寸计算长度，后张法预应力钢筋按设计图规定的预应力钢筋预留孔道长度，并区别不同的锚具类型，分别按下列规定计算：

1）低合金钢筋两端采用螺杆锚具时，预应力钢筋按预留孔道长度减0.35m，螺杆另行计算。

2）低合金钢筋一端采用镦头插片，另一端螺杆锚具时，预应力钢筋长度按预留孔道长度计算，螺杆另行计算。

3）低合金钢筋一端采用镦头插片，另一端采用绑条锚具时，预应力钢筋增加0.15m，两端均采用绑条锚具时预应力钢筋共增加0.3m计算。

4）低合金钢筋采用后张混凝土自锚时，预应力钢筋长度增加0.35m计算。

5）低合金钢筋或钢绞线采用JM、XM、QM型锚具，孔道长度在20m以内时，预应力钢筋长度增加1m；孔道长在20m以上时预应力钢筋长度增加1.8m计算。

6）碳素钢丝采用锥形锚具，孔道长在20m以内时，预应力钢筋长度增加1m；孔道长在20m以上时，预应力钢筋长度增加1.8m。

7）碳素钢丝两端采用镦粗头时，预应力钢丝长度增加0.35m计算。

8）钢筋混凝土构件预埋铁件工程量，按设计图示尺寸以吨计算。

3. 现浇混凝土工程量计算

（1）混凝土工程量除另有规定者外，均按图示尺寸实体体积以立方米计算。不扣除构件内钢筋、预埋铁件及墙、板中0.3m² 内的孔洞所占体积。

（2）基础

1）有梁带形混凝土基础，其梁高与梁宽之比在4∶1以内的，按有梁式带形基础计算；超过4∶1时，其基础底板按板式基础计算，上部按墙计算。

2）箱式满堂基础应分别按无梁式满堂基础、柱、墙、梁、板有关规定计算，套相应的定额项目。

3）设备基础除块体以外，其他类型设备基础分别按基础、梁、柱、板、墙等有关规定计算，套相应的定额项目。

4）独立柱基、桩承台：按图示尺寸实体体积以立方米算至基础扩大顶面。

（3）柱

按图示断面尺寸乘以柱高以立方米计算。柱高按下列规定计算：

1）有梁板的柱高，应自柱基上表面（或楼板上表面）至上一层楼板上表面之间的高度计算。

2）无梁板的柱高，应自柱基上表面（或楼板上表面）至柱帽下表面之间的高度计算。

3）框架柱的柱高应自柱基上表面至柱顶高度计算。

4）构造柱按全高计算，与砖墙嵌接部分的体积并入柱身体积内计算。

5）依附柱身上的牛腿，并入柱身体积内计算。

（4）梁

按图示断面尺寸乘以梁长以立方米计算。梁长按下列规定确定：

1）梁与柱连接时，梁长算至柱侧面；

2）主梁与次梁连接时，次梁长算至主梁侧面。伸入墙内梁头、梁垫体积并入梁体积内计算；

3）圈梁、过梁应分别计算，按图示长度乘以断面面积以体积计。

（5）板

按图示面积乘以板厚以立方米计算（梁板交接处不得重复计算）。其中：

1）有梁板包括主、次梁与板，按梁、板体积之和计算。

2）无梁板按板和柱帽体积之和计算。

3）平板按板实体体积计算。

4）现浇挑檐天沟与板（包括屋面板、楼板）连接时，以外墙为分界线，与圈梁（包括其他梁）连接时，以梁外边线为分界线。外墙边线以外或梁外边线以外为挑檐天沟。

5）各类板伸入墙内的板头并入板体积内计算。

6）预制板补现浇板缝时，按平板计算。

(6) 墙：按图示中心线长度乘以墙高及厚度以立方米计算，应扣除门窗洞口及 $0.3m^2$ 以外孔洞的体积，墙垛及突出部分并入墙体积内计算。

(7) 楼梯：整体楼梯包括休息平台、平台梁、斜梁及楼梯的连接梁，按水平投影面积计算，不扣除宽度小于 200mm 的楼梯井，伸入墙内部分不另增加。

(8) 阳台、雨篷（悬挑板）：按伸出外墙的水平投影面积计算，伸出外墙的牛腿不另计算。带反挑檐的雨篷按展开面积并入雨篷内计算。

(9) 栏杆、栏板：栏杆按净长度以延长米计算，伸入墙内的长度已综合在定额内。栏板以立方米计算，伸入墙内的栏板，合并计算。

(10) 预制钢筋混凝土框架柱梁现浇接头，按设计规定断面和长度以立方米计算。

4. 预制混凝土工程量计算

(1) 混凝土工程量均按图示尺寸实体体积以立方米计算，不扣除构件内钢筋、铁件及小于 $0.3m^2$ 以内孔洞面积。

(2) 预制桩按全长（包括桩尖）乘以桩断面以立方米计算（空心桩应扣除孔洞体积）。

(3) 混凝土与钢杆件组合的构件，混凝土部分按构件实体积以立方米计算，钢构件部分按吨计算，分别套相应的定额。

5. 构筑物钢筋混凝土工程量计算

构筑物混凝土除另有规定者外，均按图示尺寸扣除门窗洞口及 $0.3m^2$ 以外孔洞所占体积，以实体体积计算。

(1) 水塔（按槽底、筒身及塔顶分别计算）：

1）筒身与槽底以槽底连接的圈梁底为界，以上为槽底，以下为筒身。

2）筒式塔身及依附于筒身的过梁、雨篷挑檐等并入筒身体积内计算；柱式塔身、柱、梁合并计算。

3）塔顶及槽底：塔顶包括顶板和圈梁，槽底包括底板挑出的斜壁和圈梁等合并计算。

(2) 贮水池：不分平底、锥底、坡底，均按池底计算；壁基梁、池壁不分圆形和矩形壁，均按池壁计算；其他项目均按现浇混凝土部分相应项目计算。

6. 钢筋混凝土构件接头灌缝工程量计算

钢筋混凝土构件接头灌缝包括：构件坐浆、灌缝、堵板孔、塞板梁缝等。均按预制钢筋混凝土构件实体积以立方米计算。

(1) 柱与柱基的灌缝，按首层柱体积计算。

(2) 柱与柱的灌缝，按各层柱体积计算。

(3) 空心板堵孔的人工材料，已包括在定额内。

7. 铁件、支架的计算

固定预埋螺栓、铁件的支架，固定双层钢筋的铁马登、垫铁件，按审定的施工组织设计规定计算，套相应定额项目。

8. 注意要点

（1）各地应按本地区规定执行，以免计算错误。

（2）杯口高度大于杯口外长边的杯形基础，套高杯基础定额项目。

（3）现浇构件钢筋以手工绑扎，预制构件钢筋以手工绑扎、点焊分别列项，实际施工与定额不同时，不换算。

（4）混凝土设计等级与定额取定不同时，应调查单价及材料用量。

4.3.6 构件运输及安装工程

构件运输及安装工程应按构件的类别分别套用相应定额项目。

预制混凝土构件及钢构件分类如表 4-4、表 4-5 所示。

预制混凝土构件分类 **表 4-4**

类别	项目
1	4m 以内空心板、实心板
2	6m 以内的柱、屋面板、工业楼板、进深梁、基础梁、吊车梁、楼梯休息板、楼梯段、阳台板
3	6m 以上至 14m 梁、板、柱、桩，各类屋架、桁架、托架（14m 以上另行处理）
4	天窗架、挡风架、侧板、端壁板、天窗上下档、门框及单件体积在 0.1m³ 以内小构件
5	装配式内、外墙板、大楼板、厕所板
6	隔墙板（高层用）

金属结构构件分类 **表 4-5**

类别	项目
1	钢柱、屋架、托架梁、防风桁架
2	吊车梁、制动梁、型钢檩条、钢支撑、上下挡、钢拉杆栏杆、盖板、垃圾出灰门、倒灰门、算子、爬梯、零星构件平台、操作台、走道休息台、扶梯、钢吊车梯台、烟囱紧固箍
3	墙架、挡风架、天窗架、组合檩条、轻型屋架、滚动支架、悬挂支架、管道支架

1. 预制混凝土构件运输、安装工程量计算

预制混凝土构件运输及安装均按构件图示尺寸，以实体积计算。预制混凝土构件制作、运输及安装损耗率，按表 4-6 规定计算后并入构件工程量内。其中预制混凝土屋架、桁架、托架及长度在 9m 以上的梁、板、柱不计算损耗率。

预制钢筋混凝土构件制作、运输、安装损耗率表 **表 4-6**

名称	制作废品率	运输堆放损耗	安装（打桩）损耗
各类预制构件	0.2%	0.8%	0.5%
预制钢筋混凝土桩	0.1%	0.4%	1.5%

（1）预制混凝土构件运输

1）预制混凝土构件运输的最大运输距离取 50km 以内，超过时另行补充。

2）加气混凝土板（块）、硅酸盐块运输每立方米折合钢筋混凝土构件体积 $0.4m^3$ 按一类构件计算。

（2）预制混凝土构件安装

1）焊接形成的预制钢筋混凝土框架结构，其柱安装按框架柱计算，梁安装按框架梁计算；节点浇注成形的框架，按连体框架梁、柱计算。

2）预制钢筋混凝土工字形柱、矩形柱、空腹柱、双肢柱、空心柱、管道支架等安装，均按柱安装计算。

3）组合屋架安装，以混凝土部分实体体积计算，钢杆件部分不另计算。

4）预制钢筋混凝土多层柱安装，首层柱按柱安装计算，二层及二层以上按柱接柱计算。

2. 钢构件运输、安装工程量计算

钢构件运输、安装按构件设计图示尺寸以吨计算，所需螺栓、电焊条等重量不计算。

（1）钢构件运输的最大运输距离取 20km 以内，超过时另行补充。

（2）钢构件安装

1）依附于钢柱上的牛腿及悬臂梁等，并入柱身主材重量计算。

2）金属结构中所用钢板，设计为多边形者，按矩形计算，矩形的边长以设计尺寸中互相垂直的最大尺寸为准。

3. 注意要点

（1）定额综合考虑了城镇、现场运输道路等级、重车上下坡等各种因素，不得因道路条件不同而修改定额。

（2）构件运输过程中，如遇路桥限载、限高，而发生的加固、拓宽等费用及有电车线路的公安交通管理部门的保安护送费用，应另行处理。

(3)预制混凝土构件和金属构件安装定额均不包括为安装工程搭设的临时性脚手架，若发生应另计。

4. 计算实例

【例 4-5】 某工程设计基础梁断面为 250mm×350mm，每根长 6m，共 70 根，施工为加工厂预制，计算运输及安装工程量。

解：图示体积为：$0.25\times0.35\times6\times70=36.75m^3$

查表 4-6：制作废品率为 0.2%，运输堆放损耗 0.8%，安装损耗 0.5%。

∴ 基础梁制作：$36.75\times(1+0.2\%+0.8\%+0.5\%)=37.30m^3$

基础梁运输：$36.75\times(1+0.8\%+0.5\%)=37.23m^3$

基础梁安装：$36.75\times(1+0.5\%)=36.95m^3$

4.3.7 门窗及木结构工程

门窗及木结构工程含木门窗、铝合金门窗、木屋架、钢木屋架、檩木、屋面木基层、木楼梯及木装修等项目。

1. 工程量计算

（1）木门窗、铝合金门窗、不锈钢门窗、彩板组角钢门窗、塑料门窗、钢门窗制作、安装均以门窗洞口面积计算。

（2）门、窗盖口条、贴脸、披水条按图示尺寸以延长米计算，执行木装修定额。

（3）木屋架工程量，按以下规定计算：

1）木屋架制作安装均按设计断面竣工木料以立方米计算，其后配长度及配制损耗均不另行计算。

2）方木屋架一面刨光时增加 3mm，两面刨光时增加 5mm，圆木屋架按屋架刨光时木材体积每立方米增加 0.05m^3 计算。附属于屋架的夹板、垫木等并入相应的屋架制作项目中，不另计算；与屋架连接的挑檐木、支撑等，其工程量并入屋架竣工木材体积内计算。

3）屋架制作安装应区别不同跨度，其跨度应以屋架上下弦杆的中心线交点之间的长度为准。带气楼的屋架并入所依附屋架的体积内计算。

4）屋架的马尾、折角和正交部分半屋架，应并入相连接屋架的体积内计算。

5）钢木屋架区分圆、方木，按竣工木料以立方米计算。

6）圆木屋架连接的挑檐木、支撑等如为方木时，其方木部分应乘以 1.7 折合成圆木并入屋架竣工木料内。

（4）檩木工程量按竣工木料以立方米计算：

1）简支檩长度按设计规定计算，如设计无规定者，按屋架与山墙中距增加 200mm 计算，两端出山，檩条长度算至博风板。

2）连续檩条的长度按设计长度计算，其接头长度按全部连续檩木总体积的 5％计算。

3）檩条托木已计入相应的檩木制作安装项目中，不另计算。

（5）屋面木基层工程量按屋面的斜面积计算。天窗挑檐重叠部分按设计规定计算，屋面烟囱及斜沟部分所占面积不扣除。

（6）其他

1）门窗扇包镀锌薄钢板，按门、窗洞口面积计算；门窗框包镀锌薄钢板、钉橡皮条、钉毛毡按图示窗洞口尺寸以延长米计算。

2）不锈钢片包门框外表面面积以平方米计算；彩板组角钢门窗附框安装按延长米计算。

3）卷闸门安装按洞口高度增加 600mm 乘以门实际宽度以平方米计算。电动装置安装以套计算，小门安装以个计算。

4）封檐板按图示檐口外围长度计算，博风板按斜长度计算，每个大刀头增加长度 500mm。

5）木楼梯按水平投影面积计算，不扣除宽度小于 300mm 的楼梯井，其踢脚板、平台和伸入墙内部分，不另计算。

2. 注意要点

（1）普通窗上部带有圆窗的工程量应分别按半圆窗和普通窗计算。其分界线以普通窗和半圆窗之间的横框上裁口线为分界线。

（2）单独的方木挑檐，按矩形檩木计算。

（3）定额中所注明的木材断面或厚度均以毛料为准。如设计图纸注明的断面或厚度为净料时，应增加刨光损耗：板、方材一面刨光增加 3mm；两面刨光增加 5mm；圆木每立方米材积增加 0.05m^3。

（4）木门窗设计断面与定额取定断面不同时，应按比例换算。框断面以边框断面为准；扇料以主断面为准。换算公式为：

$$换算断面=\frac{设计断面（加刨光损耗）}{定额断面}\times 定额材积$$

4.3.8　楼地面工程

楼地面工程包括垫层、找平层、整体面层、块料面层、栏杆、扶手等项目。

1．地面垫层工程量计算

垫层按室内主墙间净空面积乘以设计厚度以立方米计算。应扣除凸出地面的构筑物、设备基础、室内管道、地沟等所占体积，不扣除柱、垛、间壁墙、附墙烟囱及面积在 0.3m^2 以内孔洞所占面积。

2．找平层、整体面层工程量计算

均按主墙面净空面积以平方米计算。应扣除凸出地面构筑物、设备基础、室内管道、地沟等所占面积，不扣除柱、垛、间壁墙、附墙烟囱及面积在 0.3m^2 以内的孔洞所占面积，但门洞、空圈、暖气包槽、壁龛的开口部分亦不增加。

3．块料面层工程量

按图示尺寸实铺面积以平方米计算，门洞、空圈、暖气包槽和壁龛的开口部分的工程量并入相应的面层内计算。

4．楼梯、台阶面层工程量

均按水平投影面积计算。楼梯包括踏步、平台以及小于 200mm 的楼梯井。台阶包括踏步及最上层踏步沿 300mm 宽。

5．其他工程量计算

（1）踢脚板按延长米计算，洞口、空圈长度不予扣除，洞口、空圈、垛、附墙烟囱等侧壁长度亦不增加。

（2）散水、防滑坡道按图示尺寸以平方米计算。

（3）栏杆、扶手包括弯头长度按延长米计算。

（4）防滑条按楼梯踏步两端距离减 300mm 以延长米计算。

（5）明沟按图示尺寸以延长米计算。

6．注意要点

（1）钢筋混凝土垫层中的钢筋应按钢筋混凝土部分另列项目。

（2）水泥砂浆、水泥石子浆、混凝土等的配合比，设计与定额取定不同时，需调整。

4.3.9　屋面及防水工程

1．屋面工程量计算

（1）瓦材屋面

按图示尺寸的水平投影面积乘以屋面坡度系数（见表 4-7）以平方米计算。不扣除房上烟囱、风帽底座、风道、屋面小气窗、斜沟等所占面积，屋面小气窗的出檐部分亦不增加。

（2）卷材屋面

1）卷材屋面按图示尺寸的展开面积以平方米计算。但不扣除房上烟囱、风帽底座、风道、屋面小气窗和斜沟所占的面积，屋面的女儿墙、伸缩缝和天窗等弯起部分，按图示尺寸并入屋面工程量计算。如图纸无规定时，伸缩缝、女儿墙的弯起部分可按 250mm 计算，天窗弯起部分可按 500mm 计算，并入屋面工程量内。

2）找平层工程量计算同卷材屋面，套楼地面定额。

屋面坡度系数表 **表 4-7**

坡度 B (A=1)	坡度 (B/2A)	坡度 角度 (α)	延尺系数 C (A=1)	偶延尺系数 D (A=1)
1	1/2	45°	1.4142	1.7321
0.75		36°52′	1.2500	1.6008
0.70		35°	1.2207	1.5779
0.666	1/3	33°40′	1.2015	1.5620
0.65		33°01′	1.1926	1.5564
0.60		30°58′	1.1662	1.5362
0.577		30°	1.1547	1.5270
0.55		28°49′	1.1413	1.5170
0.50	1/4	26°34′	1.1180	1.5000
0.45		24°14′	1.0966	1.4839
0.40	1/5	21°48′	1.0770	1.4697
0.35		19°17′	1.0594	1.4569
0.30		16°42′	1.0440	1.4457
0.25		14°02′	1.0308	1.4362
0.20	1/10	11°19′	1.0198	1.4283
0.15		8°32′	1.0112	1.4221
0.125		7°8′	1.0078	1.4191
0.100	1/20	5°42′	1.0050	1.4177
0.083		4°45′	1.0035	1.4166
0.066	1/30	3°49′	1.0022	1.4157

注："延尺系数 C" 指两坡屋面坡度系数；"偶延尺系数 D" 指四坡屋面斜脊长度系数。

(3) 涂膜屋面的工程量计算同卷材屋面。涂膜屋面的油膏嵌缝、玻璃布盖缝、屋面分格缝，以延长米计算。

2. 屋面排水工程量计算

(1) 铁皮排水按图示尺寸以展开面积计算，如图纸没有注明尺寸时，可按定额计算。咬口和搭接等已计入定额项目中，不另计算。

(2) 铸铁、玻璃钢水管区别不同直径按图示尺寸以延长米计算，雨水口、水斗、弯头、短管以个计算。

3. 防水工程量计算

(1) 建筑物地面防水、防潮层，按主墙间净空面积计算，扣除凸出地面的构筑物、设备基础等所占面积，不扣除柱、垛、间壁墙、烟囱及 0.3m² 以内孔洞所占面积。当墙面连接处高度在 500mm 以内时按展开面积计算，并入平面工程量内，超过 500mm 时，按立面防水层计算。

(2) 建筑物墙基防水、防潮层，外墙长度按中心线、内墙长度按净长乘以宽度以立方米计算。

(3) 构筑物及建筑物地下室防水层，按实铺面积计算，但不扣除 0.3m² 以内的孔洞面积。平面与立面交接处的防水层，其上卷高度超过 500mm 时，按立面防水层计算。

(4) 变形缝按延长米计算。

4. 注意要点

(1) 防水工程定额适用于楼地面、墙基、墙身、构筑物、水池、水塔、室内厕所、浴室、±0.000以下的防水和防潮工程。

(2) 卷材屋面的附加层、接缝、收头、找平层的嵌缝、冷底子油、基底处理剂已计入定额内，不另计算。

(3) 防水卷材的附加层、接缝、收头、冷底子油等人工材料均已计入定额内，不另计算。

5. 计算实侧

【例4-6】 某建筑物瓦屋面尺寸如图4-11所示，屋面坡度为1/3，求屋面面积及斜脊长度。

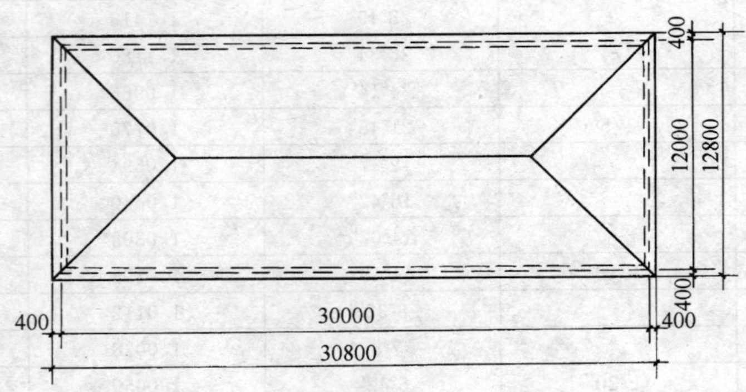

图4-11

解：屋面坡度为1/3，查表4-7，$C=1.2015$，$D=1.5620$

屋面面积：$F_1=30.80\times12.8\times1.2015=473.68\text{m}^2$

斜脊长度：$L_{斜}=4\times1/2\times12.8\times1.5620=40.20\text{m}$

4.3.10 防腐、保温、隔热工程

1. 防腐工程工程量计算

(1) 防腐工程项目应区分不同防腐材料种类及其厚度，按设计实铺面积以平方米计算。应扣除凸出地面的构筑物、设备基础等所占的面积，砖垛等突出墙面部分按展开面积计算并入墙面防腐工程量之内。

(2) 踢脚板按实铺长度乘以高度以平方米计算，应扣除门洞所占面积并相应增加侧壁展开面积。

(3) 平面砌筑双层耐酸块料时，按单层面积乘以系数2计算。

2. 保温隔热工程量计算

保温隔热层应区别不同保温隔热材料，除另有规定者外，均按设计实铺厚度以立方米计算，保温隔热层的厚度按隔热材料（不包括胶结材料）净厚度计算。

(1) 地面隔热层：按围护结构墙体间净面积乘以设计厚度以立方米计算，不扣除柱、垛所占的体积。

(2) 墙体隔热层：外墙按隔热层中心线、内墙按隔热层净长乘以图示尺寸的高度及厚度以立方米计算。应扣除冷藏门洞口和管道穿墙洞口所占的体积。

(3) 柱包隔热层：按图示柱的隔热层中心线的展开长度乘以图示尺寸高度及厚度以立方米计算。

(4) 其他保温隔热层

1) 池槽隔热层按图示池槽保温隔热层的长、宽及其厚度以立方米计算。其中池壁按墙面计算，池底按地面计算。

2) 门洞口侧壁周围的隔热部分，按图示隔热层尺寸以立方米计算，并入墙面的保温隔热工程量内。

3) 柱帽保温隔热层按图示保温隔热层体积并入顶棚保温隔热层工程量内。

3. 注意要点

(1) 防腐卷材接缝、附加层、收头等人工材料，已计入定额中，不再另行计算。

(2) 各种砂浆、胶泥、混凝土材料的种类、配合比及各种整体面层的厚度，如设计与定额不同时，可以换算，但各种面层的结合层厚度不变。

(3) 墙体铺贴块体材料，包括基层涂沥青一遍。

4. 计算实例

【例 4-7】 某工程坡屋顶如图 4-11 所示，下做带木龙骨混凝土板顶棚，下铺贴聚苯乙烯塑料板隔热层 5mm 厚，上散铺 250mm 厚谷壳保温层，计算保温层定额直接费。

解：(1) 工程量计算

聚苯乙烯塑料工程量：$V=(30.8-0.4\times2)(12.8-0.4\times2)\times0.05$

$=360.00\times0.05=18.00\text{m}^3$

谷壳工程量：$V=360.00\times0.25=90.00\text{m}^3$

(2) 定额直接费（按江苏省预算定额）

10－232 谷壳保温 286.91 元/$10\text{m}^3\times90\text{m}^3=2582.19$ 元

10－237 聚苯乙烯塑料 9113.66 元/$10\text{m}^3\times18\text{m}^3=16404.59$ 元

4.3.11 装饰工程

装饰工程主要包括：各种结构、构件表面抹灰和刷涂料两大类。其中抹灰又可分为一般抹灰和装饰抹灰两类。一般抹灰指石灰砂浆、水泥砂浆、混合砂浆抹灰；装饰抹灰指水磨石、水刷石、干粘石、剁假石、喷涂、拉毛及镶贴块料面层等。

涂料分油质涂料和水质涂料两类。油质涂料即油漆，包括木质面油漆、金属面油漆和抹灰面油漆；水质涂料有刷石灰水、106 涂料及 803 涂料等。

1. 外墙抹灰工程量计算

(1) 外墙抹灰面积，按外墙面的垂直投影面积以平方米计算。应扣除门窗洞口、外墙裙和大于 0.3m^2 孔洞所占面积，洞口侧壁面积不另增加。附墙垛、梁、柱侧面抹灰面积并入外墙面抹灰工程量内计算。

(2) 栏板、栏杆（包括立柱、扶手或压顶等）抹灰按立面垂直投影面积乘以系数 2.2 以平方米计算。

(3) 窗台线、门窗套、挑檐、腰线、遮阳板等展开宽度在 300mm 以内时，按装饰线以延长米计算；如展开宽度超过 300mm 时，按图示尺寸以展开面积计算，套零星抹灰定额项目。

(4) 外墙裙抹灰面积按其长度乘高度以平方米计算，扣除门窗洞口和大于 0.3m^2 孔洞所占的面积，门窗洞口及孔洞的侧壁不增加。

(5) 墙面勾缝按垂直投影面积计算，应扣除墙裙和墙面抹灰的面积，不扣除门窗洞口、门窗套、腰线等零星抹灰所占的面积，附墙柱和门窗洞口侧面的勾缝面积亦不增加。独立柱、房上烟囱勾缝，按图示尺寸以平方米计算。

（6） 雨篷底面或顶面抹灰分别按水平投影面积以平方米计算，并入相应顶棚抹灰面积内。雨篷顶面带反檐或反梁时，其工程量乘以系数 1.20，底面带悬臂梁者，其工程量乘以系数 1.20。雨篷外边线按相应装饰或零星项目执行。

（7） 阳台底面抹灰按水平投影面积以平方米计算，并入相应顶棚抹灰面积内。阳台如带悬臂梁时，其工程量乘系数 1.30。

2. 内墙抹灰工程量计算

内墙抹灰面积，应扣除门窗洞口和空圈所占的面积，不扣除踢脚板、挂镜线、0.3m^2 以内的孔洞和墙与构件交接处的面积，洞口侧壁和顶面亦不增加。垛和附墙烟囱侧壁面积与内墙抹灰工程量合并计算。

（1） 内墙面抹灰的长度，以主墙间的图示净尺寸计算。

（2） 内墙面抹灰的高度

1） 无墙裙：其高度按室内地面或楼面至顶棚底面之间距离计算。

2） 有墙裙：高度按墙裙顶至顶棚底面之间距离计算。

3）钉板条顶棚的内墙面抹灰，其高度按室内地坪或楼面至天棚底面另加 100mm 计算。

（3） 内墙裙抹灰：按内墙净长乘以高度以平方米计算。应扣除门窗洞口和空圈所占的面积，门窗洞口和空圈的侧壁面积不另增加，墙垛、附墙烟囱侧壁面积并入墙裙抹灰面积内计算。

3. 装饰抹灰工程量计算

（1）外墙各种装饰抹灰均按图示尺寸以实抹面积计算。应扣除门窗洞口和空圈的面积，其侧壁面积不另增加。挑檐、天沟、腰线、栏杆、栏板、门窗套、窗台线、压顶等均按图示尺寸展开面积以平方米计算，并入相应的外墙面积内。

（2）墙面贴块料面层均按图示尺寸以实贴面积计算。墙裙以高度 1.5m 以内为准，超过 1.5m 时按墙面计算，高度低于 0.3m 时按踢脚板计算。

（3） 木隔墙、墙裙、护壁板，均按图示尺寸长度乘以高度以实铺面积计算。

（4）玻璃隔墙按上横档顶面至下横档底面之间高度乘以宽度（两边立挺外边线之间）以平方米计算。

（5） 浴厕木隔断，按下横档底面至上横档顶面高度乘以图示长度以平方米计算，门扇面积并入隔断面积内计算。

4. 独立柱抹灰工程量计算

（1） 一般抹灰、装饰抹灰、镶贴块料按结构断面周长乘以柱的高度计算。

（2） 柱面装饰按柱外围饰面尺寸乘以柱的高度以平方米计算。

5. 顶棚抹灰、装饰工程量计算

（1） 顶棚抹灰工程量按主墙间的净面积以平方米计算，不扣除间壁墙、梁、柱、附墙烟囱、检查口、管道所占的面积。带梁顶棚，梁两侧面抹灰面积，并入顶棚抹灰工程量内计算。

（2） 密肋梁和井字梁顶棚抹灰面积，按展开面积计算。

（3） 檐口顶棚的抹灰面积，并入相同的顶棚抹灰工程量内计算。

（4）顶棚中的折线、灯槽线、圆弧形线、拱形线等艺术形式的抹灰，按展开面积计算。

（5）顶棚抹灰如带有装饰线时，区别按三道线以内或五道线以内按延长米计算，线角的道数以一个突出的棱角为一道线。

（6）各种吊顶龙骨按主墙间净面积计算，不扣除间壁墙、检查口、附墙烟囱、柱、垛和管道所占面积。但顶棚中的折线、迭落等圆弧形、高低吊灯槽等面积也不展开计算。

（7）顶棚装饰面积，按主墙间实铺面积以平方米计算，不扣除间壁墙、检查口、附墙烟囱、附墙垛和管道所占面积，应扣除独立柱及顶棚相连的窗帘盒所占的面积。

6．喷涂、油漆、裱糊工程量计算

（1）楼地面、顶棚面、墙、柱、梁面的喷（刷）涂料、抹灰面油漆及裱糊工程量，均按楼地面、顶棚面、墙、柱、梁面装饰工程相应的工程量计算规则规定计算。

（2）木材面、金属面油漆的工程量分别按以下规定计算：

1）单层木门、木窗

工程量＝单面洞口面积×各类别油漆系数

2）木地板、木踢脚线

工程量＝长×宽

3）木楼梯

工程量＝水平投影面积×2.3

4）木扶手、窗帘盒、挂镜线等

工程量＝延长米×各类别系数

5）其余油漆工程量计算及以上的系数均以定额规定计算。

7．注意要点

（1）设计砂浆种类、配合比、饰面材料型号规格与定额取定不同时，可以调整，但人工工日不变。

（2）抹灰、装饰项目均包括了3.6m以下简易脚手架的搭设及拆除。

（3）刷涂、刷油定额采用手工操作，喷塑、喷涂、喷油采用机械操作，操作方法不同时，不调整。

4.3.12　金属结构制作工程

金属结构包括钢柱、钢屋架、钢托架、钢梁、钢平台、钢梯、钢栏杆等，工程量均按图示钢材尺寸以吨计算，不扣除孔眼、切边的重量；焊条、铆钉、螺栓等重量，已包括在定额内不另计算。

1．工程量计算

无论形状是规则还是不规则，均按矩形面积计算，不规则图形按最大对角线乘最大宽度计算。

（1）实腹柱、吊车梁、H型钢按图示尺寸计算，其中腹板及翼板宽度按每边增加25mm计算。

（2）制动梁的制作工程量包括制动梁、制动桁架、制动板重量。

（3）墙架的制作工程量包括墙架柱、墙架梁及连接柱杆重量。

（4）钢柱的制作工程量包括依附于柱上的牛腿及悬臂梁重量。

（5）轨道制作工程量，只计算轨道本身重量，不包括轨道垫板、压板、斜垫、夹板及连接角钢重量。

(6) 钢漏斗制作工程量，矩形按图示分片，圆形按图示展开尺寸，并按钢板宽度分段计算，每段均以其上口长度（圆形以分段展开上口长度）与钢板宽度，按矩形计算。

2. 注意要点

(1) 构件制作未包括加工点至安装点的运输。

(2) 安装时如需搭设脚手架，应另计。

(3) 铁栏杆制作，仅适用于工业厂房平台、操作台的钢栏杆；民用建筑中铁栏杆等按其他章节有关项目计算。

3. 计算实例

【例 4-8】 某金属构件如图 4-12 所示，底边长 1520mm，顶边长 1360mm，另一边长 800mm，底边垂直最大宽度为 840mm，求该钢板工程量。

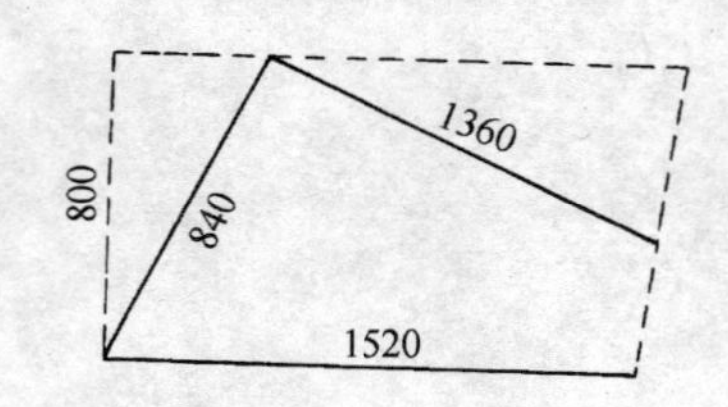

图 4-12

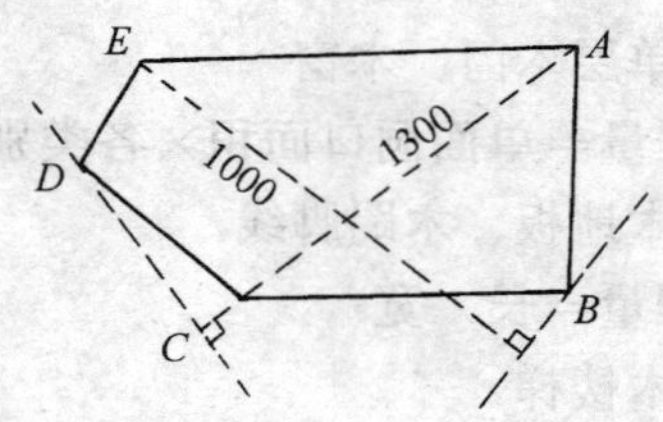

图 4-13

解： 以最大长度与其最大宽度之积求得：

钢板面积＝1.52×0.84＝1.277m²

【例 4-9】 某金属构件为多边形钢板，如图 4-13 所示。*A* 与 *C* 之对角线 1300mm，*E* 垂直宽度为 1000mm，求钢板工程量。

解： 以对角线与其垂直宽度之积得：

钢板面积＝1.3×1.0＝1.3m²

4.3.13 垂直运输及超高费

前面所述的所有项目，定额均未含垂直运输机械费用，故应按不同建筑结构类型及高度以建筑面积另计垂直运输机械费用。

脚手架定额按建筑物高度 20m 以内编制的，凡高度超过 20m 均应另计超高费，工程量以建筑面积计算。

建筑面积按 4.2 节所述计算方法计算。

4.4 应用综合定额计价

为了加快造价计算工作的速度，以适应建筑业的发展，许多地区、省都以建筑工程预算定额为基础，编制了建筑工程综合预算定额（以下简称综合定额），用于建筑工程施工图预算及竣工结算。综合定额的项目划分是以主体项目为主，综合其相关项目。例如混凝土垫层，主体项目为垫层，其相关项目为挖土、运土，故综合定额就把这三项综合，计算时只需计算垫层的工程量，从而大大减少了计算工作量，加快了速度。现以《江苏省建筑工程综合预算定额》为例，简述主要章节的工程量计算方法、定额换算及定额直接费计算等。

4.4.1　基础工程

基础工程分为垫层、基础、打桩三个部分。

1. 综合项目

（1）垫层：综合了挖土、运土、模板及垫层。

（2）基础：综合了挖土、运土、模板、基础、防潮层及回填土。

2. 工程量计算

（1）垫层工程量计算：设计断面面积乘长度以 $10m^3$ 计算。

外墙垫层长度以外墙中心线长，内墙垫层长度以内墙垫层净长计算。

（2）砖、石基础：按图示尺寸以 $10m^3$ 计算。

外墙基础长度按外墙中心线长度计算，内墙基础长度按内墙净长度计算。内外墙基接头的重叠部分及防潮层所占体积不扣。

（3）混凝土带形基础：按图示尺寸以 $10m^3$ 计算。

外墙基础长度按外墙中心线长度计算，内墙基础垂直面部分按其净长，斜面部分按斜面中心线长度计算，不扣 $0.3m^2$ 以内孔洞面积。

3. 注意要点

（1）土的类别、挖土工程量实际与定额取定不同时，不能调整。

（2）干湿土比例实际与定额不同时，不能调整。

（3）整板基础、设备基础、地下室挖土方未予综合，其土方工程应另列项目计算。

（4）设计需原槽、坑底打底夯时，应另列项目。

（5）基础的砌筑砂浆设计等级与定额取定等级不同时，应换算。

（6）设计混凝土强度等级及所用水泥与定额取定不同时，应换算。

4. 计算实例

【例 4-10】　某工程基础布置如图 4-14 所示，设计为：C10 混凝土垫层，C25 混凝土基础。±0.000 以下为 M7.5 水泥砂浆砌标准砖，防水水泥砂浆防潮层。计算基础定额直接费（含土方）。

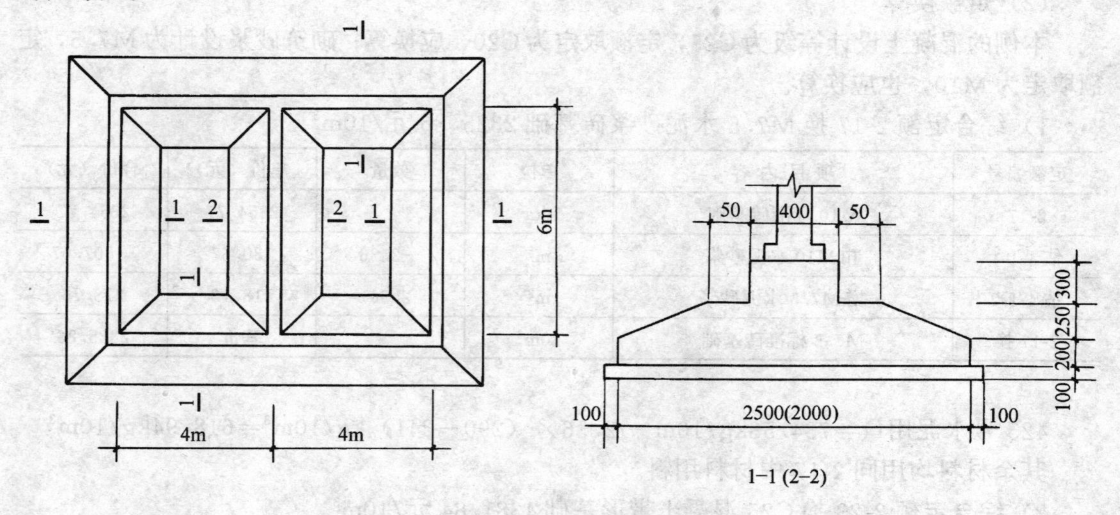

图 4-14

解：（1）工程量计算

1）C10 混凝土垫层

1-1 剖面中心线长＝（4×2＋6）×2＝28m

$$V_1=(2.5+0.1\times2)\times0.1\times28=7.56\text{m}^3$$

2-2 剖面净长＝6－（1.25＋0.1）×2＝3.3m

$$V_2=(2.0+0.1\times2)\times0.1\times3.3=0.726\text{m}^3$$

C10 混凝土垫层＝7.56＋0.726＝8.29m³

2）C25 有梁式混凝土带形基础

1-1 剖面：

$$V_1=\left(2.5\times0.2+\frac{2.5+0.5}{2}\times0.25+0.4\times0.3\right)\times28=27.86\text{m}^3$$

2-2 剖面：

a. 垂直面净长＝6－1.25×2＝3.5m

$$V_a=0.2\times2\times3.5=1.4\text{m}^3$$

b. 斜面中心线长＝$6-1.25\times2+\frac{2.5-0.5}{2}\div2\times2=4.5$m

$$V_b=\frac{2+0.5}{2}\times0.25\times4.5=1.406\text{m}^3$$

c. 梁净长＝6－0.2×2＝5.6m

$$V_c=0.4\times0.3\times5.6=0.672\text{m}^3$$

C25 混凝土基础＝27.86＋1.4＋1.406＋0.672＝31.34m³

3）M7.5 水泥砂浆砖基础

1-1 剖面：$V_1=[0.24\times(1.5-0.75)+0.06\times0.06\times2]\times28=5.242\text{m}^3$

2-2 剖面：$V_2=[0.24\times(1.5-0.75)+0.06\times0.06\times2]\times(6-0.24)=1.078\text{m}^3$

砖基础＝5.242＋1.078＝6.32m³

（2）定额换算

本例的混凝土设计等级为 C25，定额取定为 C20，应换算；砌筑砂浆设计为 M7.5，定额取定为 M10，也应换算。

1）综合定额 2-17 换 M7.5 水泥砂浆砖基础 2325.86 元/10m³。

定额编号	项 目 内 容	单位	数量	单价（元）	合价（元）
2-17	M10 标准砖基础	10m³	1	2354.77	2354.77
估 4-1-1	扣 M10 水泥砂浆	m³	－2.36	130.67	－307.67
估 4-1-2	增 M7.5 水泥砂浆	m³	2.36	118.12	278.76
2-17 换	M7.5 标准砖基础	10m³		基价	2325.86

425 号水泥用量＝734.58kg/10m³－2.36×（290－241）kg/10m³＝618.94kg/10m³

其余材料均用同 2-17 中材料用料。

2）综合定额 2-23 换 C25 混凝土带形基础 4381.84 元/10m³。

定额编号	项目内容	单位	数量	单价（元）	合价（元）
2-23	C20 混凝土带形基础	$10m^3$	1	4294.55	4294.55
估 5-276(3)	扣 C20 混凝土（D_{max}=40mm）	m^3	−10.15	157.91	−1602.79
估 5-276(4)	增 C25 混凝土（D_{max}=40mm）	m^3	10.15	166.51	1690.08
2-23 换	C25 混凝土带形基础	$10m^3$		基价	4381.84

425 号水泥用量＝375×10.15＝3806.25kg/$10m^3$

中砂用量＝0.667×10.15＝6.77t/$10m^3$

5～40mm 石子用量＝1.317×10.15＝13.37t/$10m^3$

其余材料用量均同 2-23 中用量。

（3）定额直接费计算

2-14C10 混凝土垫层 2014.82×0.829＝1670.29 元

2-17 换 M7.5 水泥砂浆砖基础 2325.86×0.632＝1469.94 元

2-23 换 C25 混凝土基础 4381.84×3.134 ＝13732.69 元

计 16872.92 元

答：基础定额直接费（含土方）为 16872.92 元

4.4.2 墙体工程

1. 综合项目

（1）外墙砌筑：墙体砌筑、内墙面粉刷、水泥砂浆粉钢窗内侧、内墙面刷 803 涂料。

（2）内墙砌筑：墙体砌筑、双面粉刷及刷 803 涂料。

（3）钢筋混凝土墙：包括高在 3.6m 内的墙体混凝土、模板、外墙内表面及内墙双面抹灰、刷 803 涂料。地下室墙还包括外墙找平及防水。

（4）女儿墙砌筑：墙体砌筑、内侧面抹水泥砂浆。

（5）间壁墙综合项目包括了间壁龙骨、面层、油漆。

（6）带含量的外墙面抹灰：外墙面抹灰、窗台腰线及门窗侧面的抹灰、勒脚、分格缝等。

2. 工程量计算

墙体工程量均以长度乘高度以平方米计算。

（1）长度：外墙按中心线长度，内墙及框架间墙按净长计算。

（2）外墙高度：坡屋面无檐口顶棚时，算至墙中心线的屋面底或椽子顶面；坡屋面有檐口顶棚时，算至顶棚以上 120mm。现浇平屋面算至板底；预制平屋面算至板顶面。女儿墙高度自板顶面算至压顶底面。

（3）内墙高度：内墙位于屋架下时，其高度算至屋架底；无屋架时算至顶棚底再加 120mm。平坡屋面和有楼层者均算至板底；现浇板墙高度算至板底面，有框架梁时算至梁底面。如同一墙上板厚不同时，按平均高度计算；如木檩条带椽子时算至椽子顶面，木屋面板算至屋面板底面。

（4）附墙砖垛、三皮砖以上的腰线、挑檐、烟囱、通风道、垃圾道（每个孔洞横断面超过 $0.1m^2$ 时应扣除其所占体积）等以其体积按所依附砖墙厚度折算成面积后，并入墙身面积计算。

(5) 钢筋混凝土墙、地下室混凝土墙外墙按中心线长，内墙按净长乘墙高度以平方米计算，单面墙垛其突出部分并入墙身计算，双面垛包括墙厚在内按柱计算。

(6) 计算墙身工程量时，应扣除门窗洞口、过人洞、空圈、嵌入墙身的混凝土柱、梁所占面积，不扣除混凝土构造柱、圈过梁、0.3m^2 以内的孔洞、梁头、垫块、外墙板头、檩头、木砖、木楞头、檐椽木、门窗走头、砖墙内的钢筋加固、木筋、铁件、壁龛所占面积，突出墙面的虎头砖、压顶线、山墙泛水、烟囱根、门窗套、三皮砖以内的腰线、挑檐等面积亦不增加。

3. 注意要点

(1) 砌筑砂浆品种、强度等级及抹灰砂浆品种设计要求与定额取定不同时，应调整。

(2) 设计不刷涂料时，应扣除定额中的涂料费用；设计涂料品种与定额取定不同时，应调整单价，含量不变。

(3) 同一建筑物中的外墙抹灰有几种不同砂浆品种时，应按抹灰面积大的砂浆品种套用带含量的外墙抹灰综合定额，对其他数量少的不同品种砂浆抹灰，按设计面积增减两者单价。

(4) 设计块料贴面，应按实贴面积套用估价表。

(5) 定额中未含垂直运输机械费用。

(6) 各种砌体内未综合加固钢筋，加固钢筋应另列项目。

4. 计算实例

【例 4-11】 某单层建筑，设计檐口标高为 3.3m，室内外高差 0.30m。设计要求：M7.5 混合砂浆砌 240mm 厚外墙，外墙面为混合砂浆，外墙勒脚为贴面砖勾缝 0.45m 高，窗台腰线及侧面贴陶瓷锦砖 3m^2；内墙面 1：1：6 混合砂浆底 1：0.3：3 混合砂浆面，刷乳胶白漆两遍；屋面为预应力空心板；*A* 轴外墙中心线长 8.0m。设钢窗 2 樘，洞口尺寸 1800mm×2100mm，木门一樘 900mm×2400mm。计算 *A* 轴线墙体定额直接费。

解：(1) 工程量计算

本题需计算二个工程量，一为外墙墙体工程量，第二要计算外墙勒脚面砖工程量。

1) *A* 轴外墙工程量计算

毛面积＝8.0m×3.3m＝26.4m^2

扣门、窗＝0.9×2.4＋1.8×2.1×2＝9.72m^2

净面积＝26.4－9.72＝16.68m^2

2) 外墙勒脚工程量计算

毛面积＝(8.0＋0.12×2) ×0.45＝3.708m^2

扣门洞＝0.9×0.45＝0.405m^2

增门洞侧壁（木门应靠内墙面立门，门框一般为 90，故外侧面为 150)：0.15×(0.45－0.3) ×2＝0.045m^2。式中 (0.45－0.3) 为室外地坪扣室内地坪的高度，即需贴面砖的高度。

净面积＝3.708－0.405＋0.045＝3.35m^2

(2) 定额套用及换算

本题的内墙面抹灰为 1：1：6 底 1：0.3：3 面，故可套 3-3。但应把砌筑砂浆换成

M7.5 及把 803 涂料换成乳胶漆。

外墙面抹灰应套 3-123，把窗台腰线等及勒脚进行调整。

1）3-3 换 M7.5 混合砂浆一砖外墙 522.51 元/$10m^2$。

定额编号	项目内容	单位	数　量	单价（元）	合价（元）
3-3	一砖外墙	$10m^2$	1	508.53	508.53
估 4-7(3)	扣 M5 混合砂浆	m^3	$-2.33\times0.24=-0.5592$	105.12	−58.78
估 4-7(2)	增 M7.5 混合砂浆	m^3	0.5592	118.12	66.05
估 11-453	扣 803 涂料	$100m^2$	−0.10	146.54	−14.65
估 11-424	增乳胶漆两遍	$100m^2$	0.10	213.63	21.36
3-3 换	一砖外墙	$10m^2$		基价	522.51

人工工日：$6.71-3.81\times0.1+3.80\times0.1=6.71$ 工日/$10m^2$

机械费不变。

425 号水泥用量＝$163.19-167\times0.5592+227\times0.5592=196.74$kg/$10m^2$

其余材料均用 3-3 中用量。

2）3-123 换混合砂浆粉外墙面 95.96 元/$10m^2$。

定额编号	项 目 内 容	单位	数量	单价（元）	合价（元）
3-123	砖墙面抹混合砂浆	$10m^2$	1	143.86	143.86
估 11-23	扣水泥砂浆窗台腰线等	100m	−0.10	435.94	−43.59
估 11-17	扣勒脚水泥砂浆	$100m^2$	−0.004	732.03	−2.93
估 11-73	扣外墙面抹灰分格缝	$100m^2$	−0.004	126.50	−0.51
估 11-72	扣分格缝内嵌玻璃条	$100m^2$	−0.004	216.85	−0.87
3-123 换	砖墙面抹混合砂浆	$10m^2$		基价	95.96

人工工日＝$4.43-15.71\times0.10-(14.49+5.75+8.01)\times0.004=2.75$ 工日/$10m^2$

机械费＝$2.19-3.60\times0.10-(17.55+0+0)\times0.004=1.76$ 元/$10m^2$

425 号水泥＝$74.60-234.05\times0.1-(1017.92+0+0)\times0.004=47.12$kg/$10m^2$

中砂＝$0.47-0.78\times0.1-3.77\times0.004=0.38$t/$10m^2$

石灰膏、3mm 厚玻璃、木材同 3-123 中用量。

水用量＝$0.24-0.31\times0.1-1.39\times0.004=0.21m^3/10m^2$

3）估 11-123，窗台、腰线等贴陶瓷锦砖 5019.39 元/$100m^2$。

4）估 11-140，墙裙贴面砖 4602.33 元/$100m^2$。

（3）定额直接费计算

3-3 换一砖外墙：522.51 元/$10m^2\times16.68m^2$＝871.54 元

3-123 换外墙抹灰：95.96 元/$10m^2\times16.68m^2$＝160.06 元

11-123 贴陶瓷锦砖：5019.39 元/$100m^2\times3.0m^2$＝150.58 元

11-140 贴面砖：4602.33 元/$100m^2\times3.35m^2$＝154.18 元

定额直接费总计：1336.36 元

4.4.3 柱、梁工程

柱梁工程包括了砖石柱梁、钢筋混凝土柱梁、金属柱梁以及木柱梁。

1. 综合项目

(1) 砖柱：挖土、运土、砌筑柱、回填土、柱面抹灰或勾缝。

(2) 石柱：柱砌筑和勾缝。

(3) 现浇钢筋混凝土柱、梁：模板、混凝土、柱梁室内面抹灰、刷803涂料以及按规范要求铺垫1：2水泥砂浆。

(4) 预制钢筋混凝土柱、梁：模板、混凝土、场内运输安装、柱梁室内面抹灰和刷803涂料。加工厂预制梁还包括场外运输。

(5) 金属柱、梁综合了构件制作、场内运输、安装、油漆。如发生场外运输另行计算。

(6) 木柱、梁综合了制作、安装、油漆。

2. 工程量计算

(1) 砖柱：不分基础与柱身，合并一起以体积计算。

(2) 石柱：分基础与柱身分别计算。

1) 基础与柱身的划分：室外柱以设计室外地坪为界，室内柱以设计室内地坪为界，以上为柱身。

2) 工程量计算：以设计体积计，单面垛并入墙身以平方米计算，双面垛连墙厚按柱以体积计算。

(3) 钢筋混凝土柱：分基础与柱身分别计算。

1) 基础与柱身的划分：基础扩大顶面以下为基础，以上为柱身。

2) 工程量计算：按图示断面尺寸乘以柱高以$10m^3$为单位计算，柱高的确定：

有梁板：柱高扣板厚；

无梁板：柱高扣板及柱帽厚度；

框架柱（扣预制板）：柱高自柱基上表面至柱顶高度计算；

构造柱：按全高计算，与砖墙嵌接部分的体积已综合考虑在定额含量中。

(4) 钢筋混凝土梁：按图示断面尺寸乘以梁长$10m^3$为单位计算。

1) 梁长的确定：

梁与柱连接：梁长算至柱侧面，弧形梁、拱形梁的梁长按梁中心线曲线长度计算。

主梁与次梁连接：次梁长算至主梁侧面。伸入墙内梁头、梁垫体积并入梁体积内计算。

2) 梁高的确定：现浇板的梁高扣板厚，预制板的梁高按梁底面至顶面的高度计算。

(5) 金属柱、梁：按构件重量以吨为单位计算。柱、梁制作、安装按设计图纸的尺寸计算，多边形钢板按矩形计算，不扣除孔眼、切肢、切边、切角的重量，电焊条、铆钉、螺栓等重量也不增加。

(6) 木柱、梁：按竣工工料以$10m^3$为单位计算，其后配长度及配制损耗已包括在定额内，不另计算。

3. 注意要点

(1) 现浇混凝土柱、梁的抹灰含量不调整。

(2) 现浇混凝土柱、梁外侧面抹灰应以单位工程全部柱梁（除异形梁、圈过梁）的工程量按“柱梁外侧面带含量的抹灰”定额执行。

(3) 设计单位工程柱、梁全部在室内，应将定额中柱、梁面的室外抹灰含量与其室内抹灰含量合并计算，执行室内抹灰定额。

(4) 设计混凝土柱、梁支模高度超过 3.6m（肋梁的板底净高超过 4.2m）应增加支撑费用。

(5) 设计混凝土等级、砂浆等级及水泥取定与定额取定不同，应调整单价及材料用量。

(6) 所有钢筋混凝土构件中均未包括钢筋及铁件，钢筋铁件费用应另计。

(7) 柱、梁定额中包括了 3.6m 以内的浇捣脚手费，如超过 3.6m，应另行增加脚手费。

4. 计算实例

【例 4-12】 某工程有框架六榀，有填充墙。设计混凝土等级为：垫层 C 10，基础 C 20，柱、梁板为 C 25。楼面为预应力多孔板，屋面为现浇梁板，板厚 100mm。柱、梁外侧面为水泥砂浆抹灰，内侧面局部贴大理石面积为 $20m^2$，其余为混合砂浆抹灰、刷 803 涂料。计算六榀框架的定额直接费（不计综合脚手架、钢筋及垂直运输机械），框架如图 4-15 所示（注：室内外高差为 0.3m）。

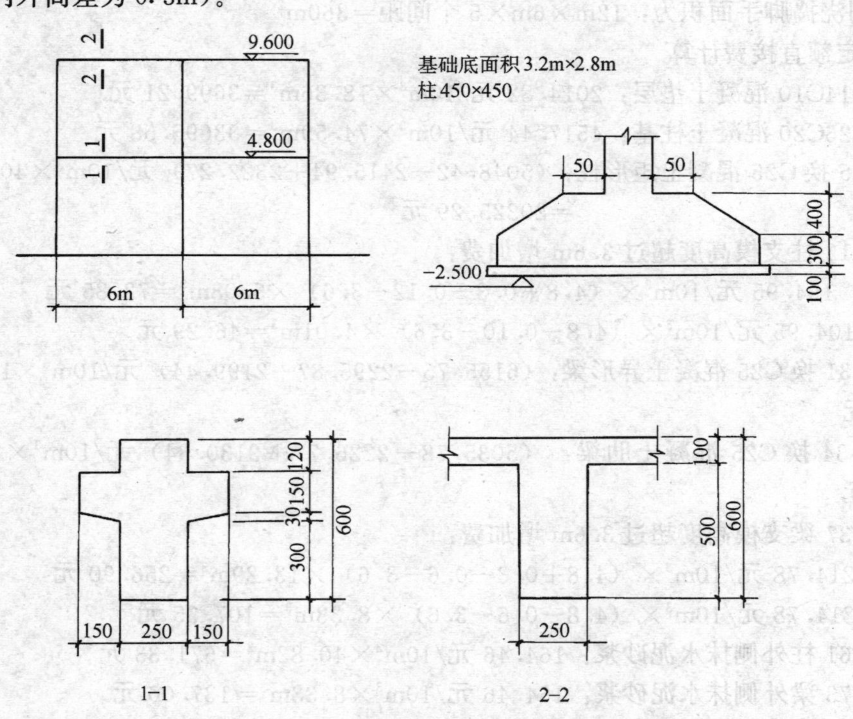

图 4-15

解：本题设计有填充墙，即有室内柱和室外柱。

(1) 工程量计算

1) C 10混凝土垫层：(3.2+0.2)(2.8+0.2)×0.1×3×6=$18.36m^3$

2) C 20混凝土独立基础：$\frac{0.4}{6}$×[3.2×2.8+(3.2+0.55)×(2.8+0.55)+0.55×0.55]+3.2×2.8×0.3=0.0667×21.825+2.688=$4.1437m^3$

$$V=4.1437\times3\times6=74.59m^3$$

3）C 25混凝土矩形柱：0.45×0.45×（9.6＋2.5－0.8－0.1）×3×6＝40.82m^3

4）C 25混凝土异形梁：$\left[0.25\times0.6+\frac{0.18+0.15}{2}\times0.15\times2\right]$×（6－0.45）×2×6

＝（0.15＋0.0495）×66.6＝13.29m^3

5）C25 混凝土肋梁：0.25×（0.6－0.1）×（6－0.45）×2×6＝8.33m^3

6）支模高度超过 3.6m 工程量：

底层柱 0.45×0.45×（4.8＋0.3－0.12－3.6）×3×6＝5.03m^3

二层柱 0.45×0.45×（4.8－0.1－3.6）×3×6＝4.01m^3

底层梁（4.8m－0.6m－3.6m＋0.3m）×13.29m^3＝11.96m^3

二层梁因为板底净高为（4.8－0.1）＝4.7m 超过了 4.2m，所以也应增加支撑费 8.33m^3。

7）浇捣脚手工程量：

本题室内净高超过了 3.6m，故底层还需计浇捣脚手费用，假设框架纵向柱距中至中也为 6m，则浇捣脚手面积为：12m×6m×5 个间距＝360m^2

（2）定额直接费计算

1）2-14C10 混凝土垫层：2014.82 元/10m^3×18.36m^3＝3699.21 元

2）2-26C20 混凝土柱基：4517.44 元/10m^3×74.59m^3＝33695.58 元

3）4-5 换 C25 混凝土矩形柱：（5048.42－2415.94＋2322.27）元/10m^3×40.82m^3

＝20225.29 元

4）4-12 柱支模高度超过 3.6m 增加费：

底层：104.95 元/10m^3×（4.8＋0.3－0.12－3.6）×5.03m^3＝72.85 元

二层 104.95 元/10m^3×（4.8－0.10－3.6）×4.01m^3＝46.29 元

5）4-31 换 C25 混凝土异形梁：（6155.75－2295.87＋2199.44）元/10m^3×13.29m^3＝8052.84 元

6）4-34 换 C25 混凝土肋梁：（5035.78－2226.77＋2130.34）元/10m^3×8.33m^3＝4114.48 元

7）4-37 梁支模高度超过 3.6m 增加费：

底层 214.78 元/10m^3×（4.8＋0.3－0.6－3.6）×13.29m^3＝256.90 元

二层 214.78 元/10m^3×（4.8－0.6－3.6）×8.33m^3＝107.35 元

8）4-61 柱外侧抹水泥砂浆：164.46 元/10m^3×40.82m^3＝671.33 元

9）4-73 梁外侧抹水泥砂浆：164.46 元/10m^3×8.33m^3＝137.00 元

10）估 11-79，柱面贴大理石：35937.58 元/100m^2×20m^2＝7187.52 元

11）综 4-5、估 11-38 换，11-453，扣柱内侧面抹灰、803 涂料：－（819.68＋146.54）元/100m^2×20m^2＝－193.24 元

12）估 P5-1、综 11-11 及注 1，框架浇捣脚手：56.50 元/10m^2×0.8×0.3×360m^2＝488.16 元

定额直接费总计＝3699.21＋33695.58＋20225.29＋72.85＋46.29＋8052.84＋4114.48＋256.90＋107.35＋671.33＋137.00＋7187.52－193.24＋488.16＝78561.56 元

4.4.4 楼地面工程

1. 综合项目

（1）地面：平整场地、人工挖、运土方、地面夯填土、垫层、混凝土基层、面层、踢脚线。

（2）现浇混凝土楼板：模板、混凝土、板底抹灰及刷803涂料。

（3）楼面预制板：圆孔板、平板模板、混凝土、场地外运输、细石混凝土找平、板底抹灰及刷涂料。

（4）带含量的楼面整体面层：面层、踢脚线。

（5）楼梯：阳台、栏杆、雨篷、明沟、散水等均综合了所有做法。

（6）顶棚：顶棚龙骨、面层、油漆。

2．工程量计算

（1）按墙中心线面积计算：水泥砂浆地面；细石混凝土和混凝土防潮地面；水磨石、陶瓷锦砖、地砖、缸砖地面；木板地面；现浇有梁板、平板；预应力混凝土圆孔板、平板、槽形板；钢板网顶棚、胶合板顶棚、水泥压木丝板顶棚、隔声板顶棚。

（2）按净面积计算：花岗石、大理石地面和面层；活动地板面层；高级材料面层。

（3）按板外围面积计算：无梁板。

3．注意要点

（1）计算工程量时应扣除突出地面的构筑物、设备基础、浴缸、大小便槽等所占面积。

（2）地面项目设计做法与定额取定不同时，含量及单价应调整。

（3）块料地面踢脚线定额取定为水泥砂浆，设计与定额不同时，应调整。

（4）设计单间面积超过400m^2时，其土方（包括运输）、基层混凝土（包括现浇板或预制板）、模板、面层、找平层、顶棚（包括龙骨及面层）、板底抹灰及涂料等含量均乘1.03系数。

（5）雨篷挑出超过1.5m或柱式雨篷的模板、混凝土不套雨篷定额，按相应的有梁板和柱计算。

（6）现浇混凝土的支模高度超过3.6m时，应增加支撑费用。

（7）所有混凝土中均不含钢筋，钢筋应另列项目。

4．计算实例

【例4-13】 某单位工程有地面工程量300m^2。设计为素土夯实，碎石垫层120mm厚，C15混凝土垫层120mm厚，分格，1：2水泥砂浆面层20mm厚，计算地面定额直接费。

解：本题设计垫层总厚度为120＋120＝240mm，混凝土垫层为分格。定额5-4垫层总厚度为150＋100＝250mm，混凝土层不分格，现选5-4进行换算。

5-4换水泥砂浆地面406.36元/10m^2。

定额编号	项目内容	单位	数量	单价（元）	合价（元）
5－4	水泥砂浆地面	10m^2	1	382.35	382.35
估8－8	扣30厚碎石垫层	10m^3	$-10m^2 \times 0.03m \times 0.093 = 0.028$	836.13	－23.41
估8－13	扣C15混凝土垫层不分格	10m^3	－0.093	1839.13	－171.04
估8－14	增C15混凝土垫层分格	10m^3	$10m^2 \times 0.12m \times 0.093 = 0.112$	1950.54	218.46
5－4换	水泥砂浆地面	10m^3		基价	406.36

人工工日＝4.06－5.94×0.028－12.25×0.093＋13.72×0.112＝4.29 工日/$10m^2$

机械费＝8.49－11.52×0.028－53.82×0.093＋53.82×0.112＝9.19 元/$10m^2$

425 号水泥＝412.70－3010.0×0.093＋3010.0×0.112＝469.89kg/$10m^2$

中砂＝1.12－8.6×0.093＋8.6×0.112＝1.28t/$10m^2$

5～20mm 碎石＝1.13－11.93×0.093＋11.93×0.112＝1.36t/$10m^2$

5～40mm 碎石＝2.63－18.77×0.028＝2.10t/$10m^2$

5-4 换水泥砂浆地面：406.36 元/$10m^2$×$300m^2$＝12190.80 元

答：地面定额直接费为 12190.80 元。

【例 4-14】 某单位工程单间面积为 $500m^2$。设计为 C25 混凝土有梁板楼面 100mm 厚，板底抹灰为水泥砂浆刷乳胶漆两遍，板面为 1∶2 水泥砂浆面层 20mm 厚，计算该楼面定额直接费（不计钢筋、脚手、垂直运输机械）。

解：(1) 定额套用及换算

本题单间面积为 $500m^2$，定额含量应乘 1.03 系数，涂料应调整为乳胶漆，另外面层应增 5mm。

1) 5-23 换 C25 混凝土有梁板 100 厚 482.37 元/$10m^2$。

定额编号	项目内容	单位	数 量	单价（元）	合价（元）
5－23＋(5－29)×2 估 5-298	C25 混凝土有梁板 100mm 厚	$10m^3$	(0.083＋0.01×2)×1.03＝0.1061	2130.34	226.03
估 5-43	复合木模板	$100m^2$	0.089×1.03	1933.22	177.22
估 11-188	顶棚抹水泥砂浆	$100m^2$	0.087×1.03	647.24	58.00
估 11-424	顶棚乳胶漆两遍	$100m^2$	0.096×1.03	213.63	21.12
5－23 换	C25 混凝土有梁板 100mm 厚	$10m^2$		基价	482.37

人工工日＝[13.07×（0.083＋0.01×2）＋19.63×0.089＋15.82×0.087＋3.8×0.096]×1.03＝4.98 工日/$10m^2$

机械费＝[78.12×(0.083＋0.01×2)＋131.78×0.089＋9.90×0.08]×1.03＝21.18 元/$10m^2$

425 号水泥＝[406×（0.083＋0.01×2）×10.15＋490×0.67×0.087＋408×0.67×0.087＋1517×0.1×0.087]×1.03＝504.69kg/$10m^2$

中砂＝[0.691×（0.083＋0.01×2）×10.15＋1.63×0.67×0.087＋1.63×0.67×0.087]×1.03＝0.9404t

5～20mm 碎石＝1.247×（0.083＋0.01×2）×10.15×1.03＝1.343t/$10m^2$

水＝（1.25＋0.14×2）×1.03＝1.58m^3/$10m^2$

其余材料（除石灰膏取消）用 5-23 中材料乘 1.03 系数。

2) 5-38 换水泥砂浆面层 20mm 厚 79.46 元/$10m^2$。

定额编号	项目内容	单位	数　量	单价（元）	合价（元）
5-38、估 8-23	水泥砂浆面层 20mm 厚	$100m^2$	0.093×1.03	691.54	66.24
估 8-28	水泥砂浆踢脚线	100m	0.08	165.29	13.22
5-38 换	水泥砂浆面层	$10m^2$		基价	79.46

人工工日＝10.12×0.093×1.03＋5×0.08＝1.37 工日/$10m^2$

机械费＝15.3×0.093×1.03＋2.7×0.08＝1.69 元/$10m^2$

425 号水泥＝2.02×557×0.093×1.03＋0.12×557×0.08＋0.18×408×0.08＝119.0kg/$10m^2$

中砂＝2.02×1.48×0.093×1.03＋0.12×1.48×0.08＋0.18×1.63×0.08＝0.324t/$10m^2$

水＝0.45＋0.51×0.3×0.093×1.03＋（2.02－0.51）×0.3×0.093×0.03＝0.47m^3/$10m^2$

（2）定额直接费计算

5-23 换 C25 混凝土有梁板 100 厚：482.37 元/$10m^2$×$500m^2$＝24118.50 元

5-38 换水泥砂浆面层：79.46 元/$10m^2$×$500m^2$＝3973.00 元

定额直接费＝24118.50＋3973.00＝28091.50 元

【例 4-15】 某单位工程为 120mm 厚预应力圆孔板楼面，墙中心线面积为 $3000m^2$。设计面层为 C20 细石混凝土找平 30mm 厚，水泥砂浆面层按苏 J9501-3-2 做法，板底为石灰砂浆底纸筋灰石、刷 803 涂料。施工采用履带式起重机起吊。计算楼面定额直接费。

解：（1）工程量计算

1）多孔板：$3000m^2$

2）综 P8-7、5-31，ϕ^b5 以内钢筋：3000×0.07×$10m^3$/$10m^2$×0.049t/m^2＝10.29t

（2）定额套用及换算

本题采用履带式起重机起吊，定额取定塔式起重机，故安装单价应换算；细石混凝土找平设计为 30mm，定额为 40mm，应扣 10mm，另根据综合定额 P5-14 注，在多孔板上做面层应扣除 50% 水泥砂浆找平层。

1）5-31 换 120mm 厚圆孔板楼面 503.67 元/$10m^2$。

定额编号	项目内容	单位	数　量	单价（元）	合　价（元）
5-31	120mm 厚圆孔板	$10m^2$	1	506.09	506.09
估 6-195	扣塔式起重机安装	$10m^3$	－0.069	76.69	－5.29
估 6-194	增履带式起重机安装	$10m^3$	0.069	357.36	24.66
估 8－20×2	扣 10mm 厚细石混凝土	$100m^2$	－0.093	234.34	－21.79
5-31 换	120mm 厚圆孔板	$10m^2$		基价	503.67

人工工日＝5.45－3.36×0.069＋3.95×0.069－1.41×2×0.093＝5.23 工日/$10m^2$

机械费＝117.50－2.56×0.069＋269.56×0.069－4.41×2×0.093＝135.15 元/$10m^2$

425 号水泥＝557.64－202.98×2×0.093＝519.89kg/10m^2

中砂＝1.11－0.39×2×0.093＝1.04t/10m^2

5-15 碎石＝1.39－0.59×2×0.093＝1.28t/10m^2

其余材料用量同 5-31 中用量。

2）5-39 换，92.36-27.22＝65.14 元/10m^2

（3）定额直接费计算

5-31 换 120mm 厚圆孔板：503.67 元/10m^2×3000m^2＝151101.00 元

5-39 换水泥砂浆面层：65.14 元/10m^2×3000m^2＝19542.00 元

8-15ϕ^b5 以内钢筋：3983.26×10.29＝40987.75 元

定额直接费＝151101.00＋19542.00＋40987.75＝211630.75 元

4.4.5 屋盖工程

1. 综合项目

（1）屋架：制作、模板、安装、油漆（钢屋架）、刷 803 涂料、场外运输（钢屋架）。

（2）钢筋混凝土屋面基层

1）现浇混凝土面板：混凝土、模板、上表面水泥砂浆找平层、板底面抹灰及刷涂料。

2）预制混凝土屋面板：构件制作、模板、场内外运输、安装、接头灌缝、上表面细石混凝土找平、板底抹灰及刷涂料。

（3）钢筋混凝土檐沟、挑檐：混凝土、模板、板底抹灰、侧面抹灰、沟底细石混凝土找平及板底刷涂料等。

（4）卷材防水：刷基底处理剂、卷材铺贴、撒绿豆砂。

2. 工程量计算

（1）木结构：按竣工木料以 10m^3 计。

（2）钢结构：按重量以 t 计。

（3）钢筋混凝土平屋面：分基层、防水层、保温隔热层，均按墙中心线面积分别计算。

（4）大型屋面板

1）结构层以外围水平投影面积以 10m^2 计算。

2）防水层以外围水平投影面积乘 1.06 系数以 10m^2 计算。

（5）现浇混凝土挑檐、檐沟：按檐沟内口长度以延长米计算。

（6）落水管：按檐口滴水处设计室外地坪的高度以延长米计算。

3. 注意要点

（1）计算工程量时应扣除超过 0.3m^2 的孔洞、突出屋面楼梯间、屋面水箱等面积，但不扣除出气孔、风帽底座所占的面积。

（2）檐沟混凝土、防水层含量已包括四角挑出长度工程量。

（3）柱构件安装（圆孔板除外），按履带式起重机综合，如用塔式起重机应扣除履带式起重机费用。

（4）安装点高度以 20m 为准，超过 20m 应增加人工费、机械台班费。

4. 计算实例

【例 4-16】 如图 4-16 所示屋面平面图，设计檐沟为 C20 混凝土，抹灰、找坡取定与定额相同，防水为三毡四油，计算檐沟定额直接费（不计钢筋）。

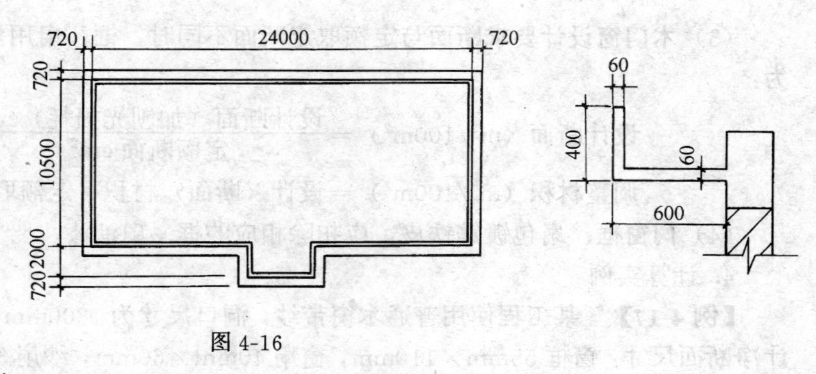

图 4-16

解：(1) 工程量计算

(24.00＋0.24) ×2＋ (10.50＋0.24) ×2＋2×2＝73.92m

(2) 定额直接费计算

1) 6-60C20 混凝土檐沟：397.88 元/10m×73.92m＝2941.13 元

2) 6-61 增底宽 100mm：78.2 元/10m×73.92m＝578.05 元

3) 6-64C20 混凝土挑板：176.64 元/10m×73.92m＝1305.73 元

4) 6-65 增挑板 (340-180)：97.48 元/10m×1.6×73.92m＝1152.92 元

5) 6-71 扣底板厚度 10mm：－2.36 元/10m×73.92m＝－17.45 元

6) 6-96 檐沟三毡四油防水：193.90 元/10m×73.92m＝1433.31 元

7) 6-103 檐沟防水增 100mm：21.30 元/10m×73.92m＝157.45 元

8) 6-103 挑板防水增 160mm：21.30 元/10m×1.6×73.92m＝251.92 元

定额直接费＝2941.13＋578.05＋1305.73＋1152.92－17.45＋1433.31

＋157.45＋251.92＝7803.06 元

4.4.6 门窗及木装修工程

1. 综合项目

(1) 普通木门窗：框扇制作、框扇安装、油漆、五金（不包括门锁）、场内运输。

(2) 钢、塑、铝合金门窗：购入成品、安装。

(3) 木装修：制作、安装、油漆。

2. 工程量计算

(1) 按洞口面积计算：木门窗、钢门窗、塑料门窗、铝合金门窗、门窗扇包铁皮（薄钢板)、混凝土漏空花格窗及花格。

(2) 按门扇面积计算：无框门、厂库房大门。

(3) 按实际面积计算：窗台板、筒子板、木格板。

(4) 按延长米计算：门窗框包镀锌铁皮（薄钢板)、钉橡皮条、钉毛毡、窗帘盒、门窗贴脸、木压条、压脚线等。

3. 注意要点

(1) 定额中木门窗均以毛料为准，如设计断面为净料时，应增加刨光损耗，单面刨光损耗 3mm，双面刨光损耗 5mm。

(2) 油漆设计品种与定额取定不同时，应调整单价，含量不变。油漆颜色，不论分色与否均执行定额，不调整。

(3) 木门窗设计要求断面与定额取定断面不同时，框、扇用量按比例换算，换算公式为：

$$设计断面（m^3/100m^2）=\frac{设计断面（加刨光损耗）cm^2}{定额断面\ cm^2}\times 定额材积\ m^3$$

$$调整材积（m^3/100m^2）=设计（断面）材积-定额取定材积$$

(4) 门窗框、扇包镀锌铁皮，应扣除相应的框、扇油漆。

4. 计算实例

【例 4-17】 某工程使用普通木窗带纱，洞口尺寸为1800mm×2700mm，共50樘。设计净断面尺寸：窗框55mm×110mm，窗扇40mm×60mm，纱扇35mm×55mm。油漆为聚氨酯三遍。由加工厂制作运至施工现场。计算窗的定额直接费。

解：(1) 工程量计算

$$1.8\times 2.7\times 50=243.00m^2$$

(2) 定额套用及换算

普通木窗带纱应套用综合定额7-34，定额取定框断面积为$66cm^2$，框断面为60mm×110mm，窗扇45mm×60mm，纱扇35mm×60mm，与设计取定不同，故木材材积应调整。油漆定额取定为调和漆，设计为聚氨酯漆，应调整油漆单位。

1) 窗框材积换算

定额取定断面积$=6\times 11=66cm^2$

设计断面积$=(5.5+0.3)\times(11+0.5)=66.70cm^2$

估7-178窗框制作定额材积为：$3.107m^3/100m^2$。

设计材积$=\frac{66.7cm^2}{66cm}\times 3.107m^3/100m^2=3.140m^3/100m^2$

调整材积$=3.140m^3/100m^2-3.107m^3/100m^2=0.033m^3/100m^2$

估7-178换窗框制作：$3621.87元/100m^2+0.033m^3\times 1000元/m^3$

$=3654.87元/100m^2$

2) 窗扇材积换算

a. 窗扇材积：

定额取定断面积$=4.5\times 6=27cm^2$

设计断面积$=(4+0.5)(6+0.5)=29.25cm^2$

估7-164窗扇制作定额材积为：$1.703m^3/100m^2$

b. 纱扇面积：

设计材积$=\frac{29.25cm^2}{27cm^2}\times 1.703m^3/100m^2=1.845m^3/100m^2$

定额取定断面积$=3.5\times 6=21cm^2$

设计断面积$=(3.5+0.5)(5.5+0.5)=24cm^2$

(估7-180)－(估7-164) 定额纱扇材积$=3.078m^3/100m^2-1.703m^3/100m^2=1.375m^3/100m^2$

设计纱扇材积$=\frac{24cm^2}{21cm^2}\times 1.375m^3/100m^2=1.571m^3/100m^2$

窗扇、纱扇调整材积$=(1.845+1.571)-3.078=0.338m^3/100m^2$

估 7-180 换窗扇、纱扇制作：4023.06＋0.338m^3×1000 元/m^3＝4361.06 元/m^3

7-34 换一般玻璃窗带纱 1458.23 元/m^3。

定额编号	项 目 内 容	单 位	数 量	单价（元）	合价（元）
综 7-34 估 7-178 换	单层一玻一纱窗框制作	100m^2	0.10	3654.87	365.49
估 5-179	单层一玻一纱窗框安装	100m^2	0.10	183.99	18.40
估 7-180 换	单层一玻一纱窗扇制作	100m^2	0.10	4361.06	436.12
估 7-181	单层一玻一纱窗扇安装	100m^2	0.10	2861.06	286.12
估 7-370	窗五金	樘	5.56	15.18	84.40
估 11-316	聚氨酯漆三遍	100m^2	0.14	1646.07	230.45
估 6-149	窗场外运输	100m^2	0.10	372.69	37.27
7-34 换	一般玻璃窗带纱	100m^2		基价	1458.23

人工、机械费同 7-34，木材增 0.033＋0.338＝0.371m^3/100m^2＝0.0371m^3/10m^2

（3）定额直接费＝1458.23 元/10m^2×243m^2＝35434.99 元

4.4.7 综合脚手架及超高费定额

综合脚手架适用于住宅、商店、商场、教学楼、办公室、综合楼、招待所、宾馆、图书馆、医院、托儿所、单独厨房及主要为民用服务的锅炉房、仓库等工程。

超高费定额适用于建筑物檐高 20m 以上的工程。

1. 工程量计算

（1）综合脚手架：按建筑面积以 10m^2 计算。

（2）超高费：按超过 20m 以上的建筑面积以 100m^2 计算。

2. 注意要点

（1）套用综合脚手架时，不扣除定额子目中的脚手架摊销木材（厚松板）费用。

（2）套用综合脚手架时，不再另计斜道、安全防护设施费及施工电器防护设施费。

（3）檐高在 20m 以上的建筑物，除按脚手架定额计算基本费用外，其超高部分还应计算超高费。

（4）施工现场入口通道的防护棚未综合在综合脚手架费用内，施工组织设计要求搭设的，按实际搭设面积套单项金属过道棚定额，另行计算。

（5）沿街或居民密集区的多层建筑物，脚手架外侧采用竹笆或其他材料全封闭时，按实际全封闭面积另增加费用 1.34 元/m^2。

（6）定额按金属脚手架、竹脚手架综合考虑的，实际施工中不论使用何种材料搭设脚手架不调整。

（7）计算了综合脚手架以后，以下情况还应增加单项脚手费用：

1）现浇混凝土基础深度自设计室外地坪下超过 1.5m，带形基础底宽度超过 3.0m，独立柱基底面积及满堂基础、大型设备基础底面积超过 16m^2，应计算混凝土浇捣脚手架，按满堂脚手架基价乘 0.5 计算。

2）现浇钢筋混凝土单独的梁、柱、墙高度超过 3.6m，应计算浇捣脚手架和抹灰脚手架。

3）室内净高超过3.6m的钢筋混凝土框架（不包括肋形梁、板），每$10m^2$框架部分轴线面积，所增加的脚手架费用，按脚手架工程中满堂脚手架 定额乘下列系数：8m以内按基本层乘系数0.3，超过8m按增加层乘系数0.3。

（8）层高超过3.6m，按每增加1m计算增加费用，增加不足1m，按1m计算。单层建筑高度超过20m，其超过部分按每增1m费用计算超高费。

（9）建筑物"檐高"系指室外设计地坪到檐口的高度，包括女儿墙、屋顶水箱、突出主体建筑的楼梯间等高度。

（10）同一建筑高度不同时，分别按不同高度的竖向剖面的建筑面积套用定额。

（11）采用履带式、轮胎式、汽车式起重机（除塔式起重机外）作预制构件安装的工程，除计算超高费外，安装点高度在20～30m内，其超过部分构件安装人工、机械乘系数1.20；安装点高度30～40m内，其超过部分的构件安装人工、机械乘系数1.4。

（12）计取条件以"檐高"、"层数"两个指数而定，只需满足其中一个即可，套高不套低。

3. 计算实例

【例4-18】 某民用建筑如图4-17所示，计算脚手架及超高费。

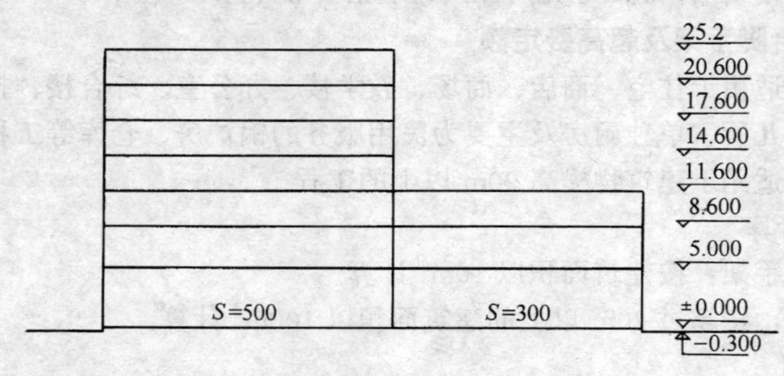

图4-17

解：本题的建筑物高度有两个，应分别套用相应定额。

（1）工程量计算

檐高12m以内：$300m^2$×3层＝$900m^2$

檐高12m以上：$500m^2$×7层＝$3500m^2$

（2）综合脚手费

1）11-1 檐高12m以内，层高3.6m以内：83.30元/$10m^2$×$900m^2$＝7497.00元

2）11-2 层高超过3.6m，每增1m，底层5－3.6m＝1.4m，算2m：19.00元/$10m^2$×$300m^2$×2＝1140.00元

3）11-3 檐高超过12m以上，层高3.6m以内：114.20元/$10m^2$×$3500m^2$＝39970.00元

4）11-4 层高超过3.6m，每增1m，底层5－3.6m＝1.4m，算2m；顶层4.6－3.6＝1m：

29.60元/$10m^2$×$500m^2$×2＝2960.00元

29.60元/$10m^2$×$500m^2$×1＝1480.00元

综合脚手架费用＝7497.00＋1140.00＋39970.00＋2960.00＋1480.00＝53047.00元

（3）超高费

本题主楼顶层楼面高度为：20.6＋0.3＝20.9m超过了20m，顶层楼面建筑面积应计超

高费。另外主楼六层的顶面高度为20.9m，六层超过20m部分应计每增1m费用。

1）11-104超过20m部分面积超高费：1297.12元/100m²×500m²＝6485.60元

2）11-104，顶层层高超过3.6m，每增1m：129.71元/100m²×500m²＝648.55元

3）11-104，六层超过20m部分，每增1m：129.71元/100m²×500m²＝648.55元

超高费合计：6485.60＋648.55＋648.55＝7782.70元

【例4-19】 某商住楼工程，框架结构，共12层，每层建筑面积为500m²，每层框架轴线面积为420m²。室外地坪为－0.45m，一层层高5.0m，第二层层高4.0m，其余各层层高均为3.6m，计算脚手架及超高费。

解：此工程为商住楼，即为民用建筑，应套综合脚手架定额。

（1）综合脚手架费

1）11-3檐高12m以上，层高3.6m以内：114.20元/10m²×500m²×12层
＝68520.00元

2）11-4层高超过3.6m，每增1m：

a. 底层5－3.6＝1.4m，按2m：29.60元/10m²×500m²×2＝2960.00元

b. 二层4－3.6＝0.4m，按1m：29.60元/10m²×500m²×1＝1480.00元

3）11-11净高超过3.6m，框架浇捣脚手架费（底层及二层）：56.60元/10m²×420m²×0.8×0.3×2层＝1141.06元

综合脚手架费＝68520.00＋2960.00＋1480.00＋1141.06＝74101.06元

（2）超高费

本工程六楼楼面高度为：5＋4＋3.6×3＋0.45＝20.25m，故超高面积从六楼楼面开始计算。五楼顶高度为20.25m，超过0.25m，按1m计算，每增1m费用。建筑物的檐高为：5＋9＋3.6×10＋0.45＝45.45m，故应套用20～50m以内定额。

1）11-106，高度20～50m以内的建筑面积：2275.42元/100m²×500m²×（12－5）＝79639.70元

2）11-106五层超过20m部分，每增1m：227.54元/100m²×500m²×1＝1137.70元

超高费总计＝79639.70＋1137.70＝80777.40元。

【例4-20】 计算图4-18所示独立柱的脚手架费用。设计柱断面为500mm×500mm，基础底面积为4.50m×4m。

解：该柱从室外地坪至柱顶高度为5.0＋0.3＝5.3m，超过了3.6m，故应计算柱的浇捣脚手架和抹灰脚手架。该柱基础埋置深度为2.0－0.3＝1.7m，基础底面积为4.5×4＝18m²，故应计浇捣脚手架费。

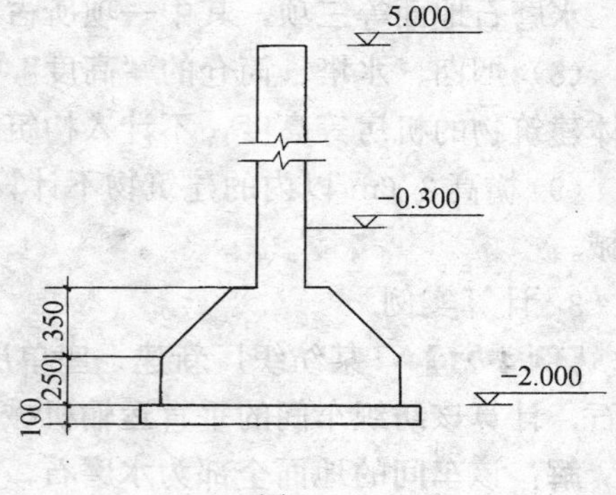

图4-18

（1）工程量计算

1）基础混凝土浇捣脚手架：4.5×4＝18m²

2）柱混凝土浇捣脚手架：[（0.5＋0.5）×2＋3.6]×（5.0＋2－0.6）＝35.84m²

3）柱抹灰脚手架（必须拆模板后再抹灰，故

不能利用浇捣脚手架)：[(0.5+0.5) ×2+3.6] × (5.0+0.3) =29.68m²

(2) 脚手架费计算

1) 11-11×0.5 基础浇捣脚手架：56.50 元/10m²×0.5×18m²=50.85 元

2) 11-13 柱浇捣脚手架：13.16 元/10m²×35.84m²=47.17 元

3) 11-13 柱抹灰脚手架：13.16 元/10m²×29.68m²=39.06 元

脚手架费总计：50.85+47.17+39.06=137.08 元

4.4.8 垂直运输机械

垂直运输机械指的是在合理工期内完成单位工程项目所需的垂直运输机械台班。

1. 工程量计算

按建筑面积以 100m² 计算。

2. 注意要点

(1) 垂直运输机械费用不包括机械的场外运输、一次安装、拆卸及路基铺垫和轨道等铺、拆费用。

(2) “檐高”是指设计室外地坪至檐口的高度，突出主体建筑物顶的电梯间、水箱等不计入檐高以内；“层数”是指地面以上建筑的自然层。

(3) 同一建筑物多种用途（或多种结构）按建筑面积量大的（或主体结构）工程套用定额。

(4) 按《建筑面积计算规则》规定计算的地下室面积，应并入主体建筑物面积内，计算垂直运输机械费。

(5) 现浇框架系指柱、梁、板全部为现浇的钢筋混凝土框架结构，如部分现浇、部分预制，按现浇框架乘 0.96 系数。

(6) 单身宿舍，按住宅定额乘 0.90 系数。

(7) 定额按Ⅰ类厂房为准编制的，Ⅱ类厂房定额乘 1.14 系数。厂房标准如下：

1) Ⅰ类厂房：机加工、机修、五金、缝纫、一般纺织（粗纺、制条、洗毛等）及无特殊要求的车间。

2) Ⅱ类厂房：设备基础及工艺要求较复杂、建筑设备或建筑标准较高的车间、如铸造、锻压、电镀、酸碱、电子、仪表、手表、电视、医药、食品等车间。

其中建筑要求标准较高的车间：有吊顶或油漆顶棚、内墙贴墙纸（布）或油漆墙板面层、水磨石地面等三项，其中一项所占面积占全车间建筑面积 50%以上者。

(8) 烟囱、水塔、筒仓的“高度”指设计室外地坪至构筑物的顶面高度，突出构筑物主体建筑物的机房等高度，不计入构筑物高度内。

(9) 檐高 3.6m 以内的建筑物不计算垂直运输机械，不计算建筑面积的也不计垂直运输机械。

3. 计算实例

【例 4-21】 某纺织厂新建一座单层装配式纺织车间，面积为 3000m²，地面全部为水磨石，计算该纺织车间的垂直运输机械费。

解：该车间的地面全部为水磨石，应为建筑要求标准较高的车间，故应乘系数 1.14。

11-27 单式排架厂房：769.23 元/100m²×3000m²×1.14=26307.67 元

【例 4-22】 某宾馆为现浇框架结构，平面布置为长方形，纵向柱距（柱中心线至中心线）为6.0m，共10个柱距；横向柱距为7.5m，共3个柱距；柱断面为800mm×800mm，外墙与柱外侧面平齐。该宾馆共17层（其中地下室一层，地上16层），设计室外地坪为0.30m，地下室层高4.0m，第一层层高5.2m，第二、三层层高为4.8m，其余各层层高均为3.0m。地下室底板厚600mm，底板尺寸为突出柱中心线每边3.5m。施工中从二层开始采取全封闭围护。计算脚手架费、超高费及垂直运输机械费。

解：该工程为宾馆，应套综合脚手架定额。除了计算综合脚手架外，还应计算全封闭围护费用及基础和框架浇捣脚手架。

（1）工程量计算

1）每层建筑面积：（6.0×10+0.8）×（7.5×3+0.8）=1416.64m²

2）每层框架轴线面积：6.0×10×7.5×3=1350.00m²

3）全封闭围护（设脚手架宽度为1m）：[（0.6×10+0.8+1×2）+（7.5×3+0.8+1×2）]×2×（4.8×2+3×13）=（62.8+25.3）×2×48.6=8563.32m²

4）基础底面积：（6.0×10+3.5×2）（7.5×3+3.5×2）=1976.50m²

（2）脚手架费

1）11-3 檐高12m以上，层高3.6m以内：114.20元/10m²×1416.64m²×17层=275026.49元

2）11-4 层高超过3.6m，每增1m：

地下室（4−3.6=0.4m）：29.60元/10m²×1416.64m²×1=4193.25元

底层（5.2−3.6=1.6m），二、三层（4.8−3.6=1.2m）按增2m计算：29.60元/10m²×1416.64m²×2×3=25159.53元

3）综合定额P11-1说明7，全封闭围护：1.34元/m²×8563.32m²=11474.85元

4）估P5-1说明9、综合11-1、11-7说明及附注，框架混凝土浇捣脚手架（地下室及一、二、三层）；（11-11）×0.8，5m以内满堂脚手架：56.50元/10m²×135.00m²×0.3×0.8×4层=7322.40元

5）11-11×0.5 基础混凝土浇捣脚手架：56.50元/10m²×0.5×1976.50m²=5583.61元

脚手架费合计=275026.49+4193.25+25159.53+11474.85+7322.40+5583.61=328760.13元

(3) 11-59 垂直运输机械费：5094.40元/100m²×1416.64m²×17=1226878.24元

(4) 超高费

本题建筑物高度为：5.2+4.8×2+3×13+0.3=54.1m

第六层楼面高度为：5.2+4.8×2+3×2+0.3=21.1m，故应从第六层开始计算建筑面积超高费，第五层的顶面高度为21.1m，超过部分应计算每增1m费用。

1）11-107，20～60m以内面积超高费：2910.92元/100m²×1416.64m²×（16−5）=453609.83元

2）11-107，第五层超过20m部分每增1m，21.1−20=1.1m按2m：291.09元/100m²×1416.64m²×2=8247.39元

超高费总计=453609.83+8247.39=461857.22元

答：脚手架费328760.13元，垂直运输机械费1226878.24元，超高费为461857.22元。

【例4-23】 某框架结构办公楼，分别由图4-19所示A、B、C单元楼组合为一幢整体

楼。A 楼共 18 层，檐口高度为 60.15m，每层建筑面积为 $500m^2$。B 楼与 C 楼同为 12 层，檐口高度均为 40.95m，每层建筑面积为 $300m^2$。计算该工程的脚手架费、垂直运输及超高费(不计浇捣脚手架等)。

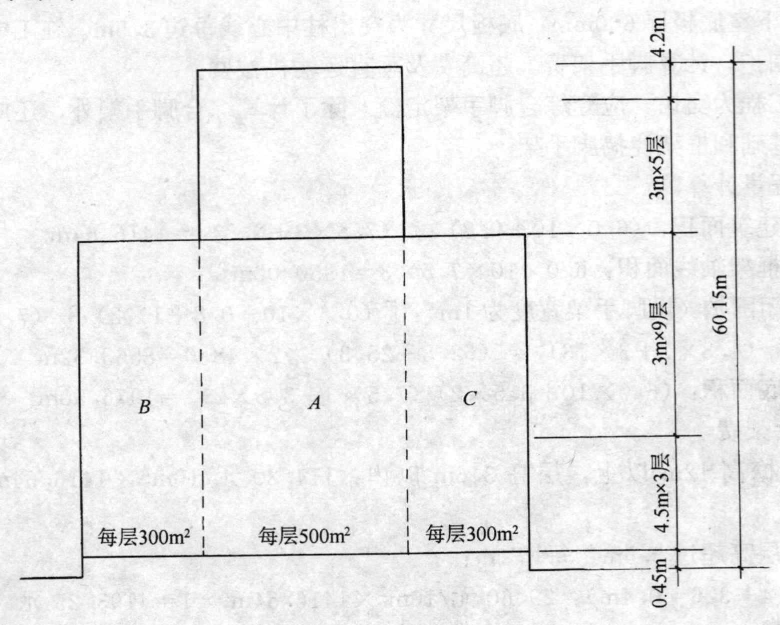

图 4-19

解：本工程为办公楼，故应套综合脚手架定额。

(1) 脚手架费

1) 11-3 檐高 12m 以上，层高 3.6m 以内：114.2 元/$10m^2$× (500×18＋300×12×2) m^2＝185004.00 元

2) 11-4 层高超过 3.6m，每增 1m：

一、二、三层 (4.5－3.6＝0.9)：29.60 元/$10m^2$× (500＋300×2) m^2×3＝9768.00 元

顶层 (4.2－3.6＝0.6)：29.6 元/$10m^2$×$500m^2$＝1480.00 元

脚手架费总计＝185004.00＋9768.00＋1480.00＝196252.00 元

(2) 垂直运输机械费

本工程 A 楼建筑面积为 $500m^2$×18＝$9000m^2$，B、C 楼建筑面积为 $300m^2$×12×2＝$7200m^2$，应以 A 楼的檐高指标套用定额。

11-52 垂直运输机械：4366.89 元/$100m^2$× (9000＋7200) m^2＝707436.18 元

(3) 超高费

A 楼与 B 楼的檐高不一样，应分别套用各自相应的定额。

1) A 楼七层楼面高度为：4.5×3＋3×3＋0.45＝22.95m，应从七层楼面面积计算超高费，六层顶面高度为 22.95m，超过部分应计每增 1m 费用。

a. 11-108，20～70m 以内建筑面积：3570.72 元/$100m^2$×$500m^2$×(18－6)＝214243.20 元

b. 11-108，超过 20m 部分每增 1m：357.07 元/$100m^2$×$500m^2$×3＝5356.05 元

c. 11-108，层高超过3.6m，每增1m（顶层 $4.2-3.6=0.6m$）：357.07元/$100m^2 \times 500m^2$ $=1785.35$元

A楼超高费＝214243.20＋5356.05＋1785.35＝221384.60元

2）B楼、C楼从七楼楼面起计算超高费。

a. 11-106，20～50m以内建筑面积：2275.42元/$100m^2 \times 300m^2 \times 2 \times (12-6)$ = 81915.12元

b. 11-106，超过20m部分，每增1m：227.54元/$100m^2 \times 300m^2 \times 2 \times 3 = 4095.72$元

B、C楼超高费计＝81915.12＋4095.72＝86010.84元

超高费总计＝221384.60＋86010.84＝307395.44元

答：脚手架费为196252.00元，垂直运输费为707436.18元，超高费为307395.44元。

复习思考题

1. 工程量计算依据是什么？
2. 全国统一建筑工程基础定额工程量计算规则在各地方的计算规则是否完全一致？
3. 建筑工程挖土方起点至终点的标高是指什么部位？
4. 有一混凝土带形基础，基础底宽为2m，长度为12m，埋置深度为1.80m，室内外高差为0.3m，土为二类土。问此基础挖土为何种挖土？
5. 脚手架、垂直运输机械费及超高费各自的含义是什么？
6. 基础与墙身如何划分？墙高如何确定？
7. 何谓高杯基础？
8. 钢筋的搭接长度是否应计在工程量中？如何计算？
9. 何谓钢筋混凝土有梁板、无梁板、平板？工程量如何计算？
10. 外墙抹灰工程量应如何计算？

第5章 建筑安装工程预算造价

5.1 建筑安装工程预算造价的特点

建筑安装工程预算造价在编制原理和编制方法上与土建工程预算造价的要求是一致的，但在计算规则、计算内容、计费规定等方面不尽相同。

5.1.1 安装工程量的计算特点

1. 工程量计量单位

安装工程量是指以物理计量单位或自然计量单位表示的安装工程各项目的实物量，是预算造价编制中分项计价的具体内容。

物理计量单位是指法定的计量单位，它包括长度、面积、体积和重量四种计量单位。自然计量单位是指建筑成品表现在自然状态下的简单点数计量。汉语中的自然计量单位，因物而异，称呼不同。台、套、组、个、只、系统、块等，都属自然计量单位。

土建工程多数是以米、平方米、立方米、重量或者是它们的倍数为工程量计量单位，而安装工程除管线按不同规格、敷设方式，以长度（m）计量外，设备装置多以自然单位计量。如配电柜（盘）、灯具、插座、阀门、卫生洁具、散热器等。只有较少数项目才涉及到其他物理计量单位。如通风管路按展开面积（m^2）、管道的保温绝热按体积（m^3）、金属构配件按重量（t）等。

2. 工程量计算数据来源

土建工程的工程量严格按规定计量单位和图示大小分部逐项计算。而安装工程施工图中，一般不标注具体尺寸，只表示管线系统联络和设备位置。各种设备、装置等的安装，工程量为在施工图上直接点数的自然计量，计数比较简便。以长度计量的管、线敷设，工程量为水平长度与垂直高度之和。管线水平长度可用平面图上的尺寸进行推算，也可用比例尺直接量取；垂直高度一般采用图上标高的高差求得。

安装工程量的计算还可利用材料表或设备清单，表内列出的主体设备、材料的规格、数量，在工程量计算中可以利用和参考，从而进一步简化了计算工作。

5.1.2 安装工程预算造价的编制

安装工程预算造价的编制依据和编制程序，与土建工程预算造价的要求基本相同，只是技术专业和具体资料内容上的差异，以及取费基数的不同。

1. 不同专业分别编制

专业不同标志为不同的单位工程，单位工程为预算造价编制的基本单元。不同安装专业，设计图纸不同，使用定额不同，调价系数不同，需分别编制预算造价。

2. 工程直接费按组成内容分别计算

安装工程直接费以定额安装费（工程量×定额安装费基价）表示，其组成内容为定额人工费、安装辅材费和定额机械费三项。由于调整价差与计算间接费的需要，安装工程预算表（表5-1）的形式与土建工程不同，必须计算出“人工费”与“机械费”。

×××设备安装公司　　　　表5-1

工程预（决）算单　　　　图纸依据________

建设单位________　　　　工程编号________

单位工程________　　编制日期：199　年　月　日　　第____页　共____页

定额编号	项目	数量	单位	单价	其中			合计	其中		
				设备主材	安装费	工　资	机械费	设备主材	安装费	工　资	机械费

主管______　审核______　估算______　制表______

3. 材料费划分为主材费与辅材（安装材料）费

安装工程的预算造价中，主材费用所占比重较大。主材费是指工程中其项目的主体设备和材料的费用。主材预算单价为当地按规定编制的现行统一预算价格（或市场现价）。

主材费在具体计算中，由于定额规定不同而有四种表现形式，应分别计算。

（1）列入耗量在定额内带括号。称为未计价材料，可按“主材耗量×预算单价”作为主材费基价。

（2）列入耗量在定额内不带括号。该项费用已计入定额基价的材料费（安装材料）内，不再重复计算。

（3）定额内未列主材耗量，但已在定额附注中指明。该项主材应按定额规定补充确定耗量（实用量＋损耗量），另列单项计算主材费。

（4）有些主体设备、装置或材料，在定额内既无耗量指标，也无任何说明。可按工程实际情况分析，由建设单位自购提供，可不列入预算；要求施工企业代购，应按规定计算主材费，设备和装置类不计损耗量，材料应按规定（损耗率）计入损耗量。

4. 预算费用执行地方文件规定

安装工程在统一执行“全国定额”的前提下，有关预算费用的构成、计算式等，均应执行所在地区的现行文件规定。

5. 设备与材料的区分

工程建设项目的费用由建筑安装工程费、设备购置费和其他工程费三部分组成。因此，设备与材料在安装工程中是两个不同的概念。

设备是指由厂家制造的可以单独移动、能独立完成某单元生产过程、价值较高的专用装置。材料是指不能起单元生产作用、具有通用性的一切物料。而安装工程中的主材是指定额基价内未包括的主体材料及价值低廉的专用器具和配件等。

由于设备属建设单位供应，而材料（除三大材）为施工单位备料。为分清职责和加强管理，安装工程预算中规定：设备以购置费编入概算，由建设单位采购供货，不列入安装工程预算；主材原则上由施工单位供应，按当地预算价格编入预算；属于钢材、木材、水泥等计划物资，则由建设单位根据预算数量供应（甲方供料），施工单位按预算价格付款，三大材料的实际差价由建设单位纳入成本。主材费应在安装工程预算的直接费内单独列出；安装材料（辅材）由施工单位自备，纳入预算的安装费内包干使用，属于定额基价的一部分。

因此，编制安装工程预算，必须正确区分设备与材料的分界线，按规定分别计算。

5.2 工程量计算的一般原则与方法

5.2.1 工程量计算的一般原则

1. 工程量计算必须按《工程量计算规则》进行

工程量计算规则是定额中对各计价项目工程量的计算范围和计量单位，所作的统一执行规定。它是工程量计算的标准和依据。

2. 工程量计算规则必须与所采用定额相吻合

不同的专业定额，其“计算规则”内容不同。执行哪一册定额，则相应执行同一册的工程量计算规则，不得相互串用。另有规定者除外。

3. 工程量计算口径必须与所采用定额相一致

工程量计算应以施工图设计规定的分界为准，其计算内容要与预算定额的项目划分、工作内容和适用范围相一致。

有些工作内容已包括在计算的分项工程项目及其工程量中，就不应再另列项计算工程量。例如：管道安装项目工作内容不包括留（打）眼和堵洞眼。在计算其工程量时，还要列项计算打眼和堵洞眼的工程量；而电气安装工程的电线管和厚钢管明配项目，工作内容则包括打埋过墙管洞，并且打眼是以手工和电动操作综合考虑的，因此在计算其工程量时，就不得另列项计算打眼和堵眼的工程量。

4. 工程量计算单位应与所采用定额相同

定额中各个计价项目都有规定的计量单位，不同的定额有不同的计量单位。工程量的计量单位与定额项目的计量单位不一致，是绝对不能套价的。

工程量计算单位以下小数点的取舍规定如下：

管道安装，黑色金属管道“米”以下取一位数，小数点后二位四舍五入；有色金属、不锈钢管道“米”以下取两位数，小数点后三位四舍五入；余者按整数计，小数点后一位四舍五入。工艺金属构件工程，以“吨”为计量单位，“吨”以下取三位数，小数点后四位四舍五入。

5. 工程量计算凡涉及材料的容量、比重、比热指标，均应以国家标准为准；如未作规定时，应以出厂合格证明或产品说明书为准。

5.2.2 工程量计算顺序

工程量计算既要做到迅速，又要做到不漏算和重复计算；为了便于计算和复核，一般安装工程，通常采用下面四种不同顺序：

(1) 顺序计算法：从管（线）路某一位置开始，沿介质（水、气流）流动方向到某设备（用器），按顺序计算。

（2）树干式计算法：干支管（线）分别计算，先计算总干管（线），再算支管进户（室）管（线）。

（3）分部位计算法：按平面图计算各水平部分的管（线），再按系统计算垂直部分管（线）。

（4）编号计算法：按图纸上的编号顺序分类计算。

室内给排水、采暖通风和电照工程等工程量计算顺序如下：

1）室内给水工程。按照引入管→水表节点→干管→立管→支管→用水设备等顺序进行计算。

2）室内排水工程。按照卫生器具→排水支管→排水立管→通气管→排出管等顺序进行计算。

3）室内采暖工程。按照热入口→供热干管→立管→支管→散热管→回水（或凝水）支管→回水立管→回水干管等顺序进行计算。

4）通风工程。按照通风管→风口→阀类→风帽→罩类→通风和空调设备等顺序进行计算。

5）室内电照工程。按照进户装置→配电箱→干线和回路（支线）→用电设备等顺序进行计算。

5.2.3　工程量计算注意要点

（1）熟悉定额分项及其内容，是防止重项与漏项的关键。要把套价与工程量计算结合进行。首先根据施工图内容，对照相应的安装定额确定主要预算项目，找出相应定额编号，然后再逐项计算工程量。

（2）管线部分，一定要看懂系统图和原理图，根据由进至出、从干到支、从低到高、先外后内的顺序，按不同敷设方式，分规格逐段计算其长度。管线计算应按定额规定加入“余量”。

（3）设备及仪器、仪表等，要区分成套或单件，按不同规格型号在施工图上点清数目，与材料表（或设备清单）对照后，最后确定预算工程量。多层建筑要逐层有序地清点，并对照其在系统中的位置。

（4）凡以物理计量单位（m、m^2、m^3、t）确定安装工程量的设备、管道及零部件等，其工程量的计算，有的可查表（重量），有的先定长度再计算（风管要用展开面积m^2），有的用几何尺寸和公式计算，这些方法都应以有关定额说明为依据。

安装工程量的计算应列表进行，并有计算式。主要尺寸的来源应标注清楚，管线应标注代号及方向（→、←、↑、↓），以利检查复核。

5.3　水、暖、气工程预算造价

常见的管道有输送净水的给水管、泄放污水的排水管、提供热源的供热管、供应燃料的煤气管、改善空气的通风管，以及输油管道、化工管道、压缩空气管道等等。

以管道为中心的安装工程，因专业分工的不同，划分为给排水工程、采暖工程、煤气工程、通风空调工程、工艺管道工程、长距离输送管道工程等。

本节主要介绍一般工业与民用建筑工程中常遇到的水、暖、气工程概况和工程量的计算。

5.3.1　给排水工程概述

供给符合标准的生产、生活和消防用水的管路系列工程，称为给水（上水）工程，给水工程分室外给水和室内给水两部分。排放生产废水、生活污水和雨（雪）水的管路系列工程，称为排水（下水）工程。排水工程分室外排水和室内排水两部分。

1. 室外给水工程

室外给水工程是向民用和工业生产部门提供用水，并保证所需水质、水压和水量的工程设施，一般由取水、净水、输配水工程和泵站等组成。

2. 室内给水工程

（1）室内给水系统组成

室内给水工程的一整套工程设施，称为室内给水系统。

室内给水的任务是把具有一定压力及足够量的水输送到各用水点及设备，并能保证生产设备、消防设备的水压及水量要求。

室内给水系统基本是由以下几个部分组成：

1）引入管，是室外给水管道与室内给水管网之间的连络管段。引入管宜从建筑物用水量最大处或建筑物中央部分引入。一般建筑引入管设置一条，对于不允许间断供水的建筑物，引入管应设两条或两条以上。

2）水表结点，设于引入管上，装有水表、闸门、泄水装置等。水表结点可设于室外水表井内，寒冷地区通常设于建筑内。设于室外水表井内的水表结点通常作为室外给水系统和室内给水系统的分界点。

3）管道系统，包括室内给水水平干管、垂直干管、立管、横支管等。

4）给水附件，是指管路上设置的闸阀、止回阀、分户水表和各种配水龙头等。室内给水常用的阀门有：截止阀、闸阀、止回阀和浮球阀等。高层建筑给水管路上，常需设置减压阀。

5）升压和贮水设备，指为确保建筑安全供水和稳定水压的需要，室内给水管网需设置各种附属设备、如水泵、水箱、水池或气压给水装置等。

6）建筑消防设备，指根据建筑物的防火要求和规定设置的消防设备。一般设置消火栓消防设备，对有特殊要求的场所，可另设置自动喷水灭火系统或水幕消防设备。

（2）室内给水系统分类

室内给水系统按用途不同分为以下三类：供生活、洗涤用水的生活给水系统；供生产用水的生产给水系统；供扑灭火灾用水的消防给水系统。

例如消防给水系统包括消火栓给水系统、自动喷洒消防系统、水幕消防系统及其他类型消防系统。

1）消火栓给水系统：由水枪、水带、消火栓、消防管道和水源组成。

2）自动喷洒消防系统：是火灾发生时布置在房间顶棚下面或吊顶上的喷洒头自动喷水，同时发出报警信号的消防系统。主要由火灾报警阀、阀门、止回阀、喷洒头及管道组成。自动喷洒消防系统一般设置于火灾危险大、蔓延快的场所或易燃而无人管理的仓库和对消防要求较高的建筑物。

3）水幕系统：是将水通过喷头喷洒成幕布状以隔绝火源的一种消防系统。主要由喷头、管网、控制设备、水源等组成。水幕系统一般设置于耐火性能差的门、窗、孔洞处。

4）其他类型消防系统：是指不适于用水来灭火的建筑，采用特殊的消防系统，常用泡沫消防和二氧化碳及卤代烷灭火。

（3）室内给水系统给水方式

通常取决于建筑物的性质、高度、配水点布置情况，并根据所需用水的压力、流量、水质要求及室外管网流量及水压情况而决定采用何种给水方式。最基本的给水方式有：

1）简单的给水方式，适用于低层建筑物及对室外的水压、水量变化要求不太严格的建筑。

2）设置高位水箱的给水方式，可昼夜调节，连续供水，用于多层建筑。

3）设置水泵加压的给水方式，用提高水压来保证供水，适用于地势高、室外水压不足的建筑物。

4）分区、分压给水方式，较广泛用于高层建筑中。当室外管网的水压只能满足低层供水要求，而其他楼层用水则靠蓄水池（箱）、加压水泵及高位水箱来完成时，考虑到整个建筑用水若全靠高位水箱供水则会使底层的管道及用水设备要承受很大的静水压力，因此常采用分区、分压的供水方式。低层用水由外管网直供，而高层靠高位水箱供水，将系统分成了低压区及高压区，在高、低压系统管道之间用设有控制阀门的立管连通，在低压区供水有困难时，可由高压区供水。

3. 室外排水工程

室外排水工程是指把室内排出的生活污水、生产废水和雨水按一定系统组织起来，经过污水处理，达到排放标准后，再排入天然水体。一般由排水管网、窨井、污水泵站及污水处理和污水排水口等组成。

4. 室内排水工程

（1）室内排水系统组成

室内排水系统的作用就是将生活污水、生产废水或采用内排的雨水通过排水设备、管道排至室外排水系统管道内。

室内排水系统由以下几部分组成：

1）卫生器具，具有不同功能的容纳污水的器具。

2）排水管道系统，由器具排水管（含连接短管、存水弯等）、横支管、立管、干管和排出管等组成。

3）通气管道系统，对层数不高、卫生器具不多的建筑物，仅将排水立管上端延伸出屋面；对层数较多或卫生器具设置数量也较多的建筑物，需设置通气管道系统。其通气管类型分为：器具通气管、环形通气管、安全通气管、专用通气管和结合通气管等。

4）清通设备，一般为检查口、清扫口、检查井及带有清通门的90°弯头或三通接头等设备。

5）抽升设备，建筑物地下室内污、废水不能自流排至建筑外时，需设置污水抽升设备。

6）建筑外排水管道，连接建筑排出管接出的检查井与城市市政排水管道间的排水管段。它主要是将建筑内污、废水排送到市政排水管道中去。

7）污水局部处理构筑物，普遍采用的是化粪池等。

(2) 室内排水系统分类

室内排水系统根据水质污染程度不同分为：

1) 生活污水排放系统：主要排放人们日常用于洗涤、冲洗的污水及粪便污水。

2) 生产废水排放系统：主要排放生产过程中产生的成分复杂的污水。

3) 雨水排放系统：主要排除屋面的雨水及雪水。

雨水的排放，一般是从屋面至室外下水道，构成独立系统，属土建工程内容。室内生活、生产污水，视具体情况，采用分流或合流制排水系统，属于安装工程内容。各种排水管路的布置及其系统规划，有具体的原则和设计规范，并受到环保条例的制约。

5. 室内给排水施工图中常用图例见表5-2。

给排水施工图常用图例 表5-2

图例	名称	图例	名称
	给水管道		清扫口
	排水管道		圆形地漏
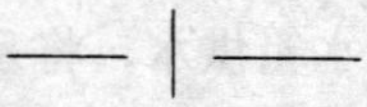	交叉管	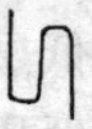	存水弯
	四通连接		通气帽
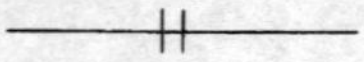	法兰连接		雨水斗
	承插连接	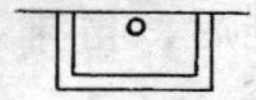	洗脸盆
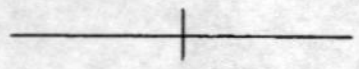	螺纹连接	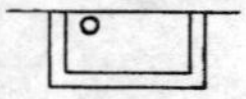	家具盆
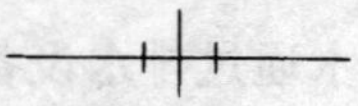	活接头		拖布池
	闸阀		浴盆
	截止阀	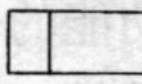	蹲式大便器
	止回阀		坐便器
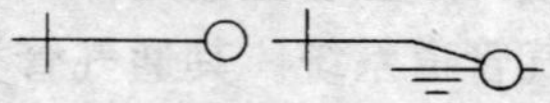	浮球阀		挂式小便斗
	消防报警阀		水嘴
	消防喷头	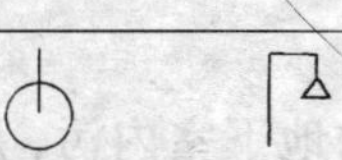	淋浴喷头
	室内消火栓	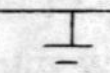	泄水

5.3.2 采暖工程概述

为了保证室内所需的温度，必须向室内供应相应的热量，这种向室内供热的整个工程设施称为采暖工程。

1. 采暖工程组成

主要由三个基本部分组成：

（1）热源，生产热量的装置，常用的热源装置是锅炉。

（2）输热管网，输送热量的管道系统，如室内外供热管。

（3）散热设备，散发热量的设备，如散热器和暖风机等。

采暖工程中，使散热设备产生热量的媒介物质叫作热煤，常用的热媒有热水、蒸汽和热风。

2. 采暖工程分类

（1）以热媒的性质不同可分为热水和采暖系统及蒸汽采暖系统。

（2）以热媒的温度和压力可分为低温低压热水采暖、高温高压热水采暖、低压蒸汽采暖和高压蒸汽采暖。

（3）以热媒的循环动力可分为自然循环热水采暖及机械循环热水采暖系统。

（4）从系统的布置形式，热水采暖可分同程及异程系统。

（5）从管路的布置可分为单管及双管系统。

（6）供回水干管的供回水方式上可分为上供下回式、上供上回式、下供下回式、中分式等。单管系统有顺序式及水平串联式的布置形式。

3. 热水采暖系统

热水采暖系统一般用于办公、居住、公共建筑的采暖。在热水采暖系统中，采用机械循环方式的较多，主要由锅炉、膨胀水箱、散热器、输热管道（包括热水干管、立管、支管、回水支管、回水立管、回水干管）、水泵、除污器、阀门（截止阀、闸阀、止回阀）、集气罐、伸缩补偿器和管道支架组成。

供热管道通常采用钢管，室内部分采用水煤气钢管，室外部分采用无缝钢管。钢管连接采用焊接、法兰盘连接和丝扣连接。室内管道常借助三通、四通和管接头等配件进行丝扣连接。供热管道中常用的附件包括阀门（截止阀、闸阀、止回阀和调节阀等）、伸缩补偿器、管道支座、膨胀水箱、集气罐、除污器、放气阀等。

4. 采暖工程常用图例（见表5-3）

采暖工程常用图例 表5-3

图例	名称	图例	名称
	热水管（蒸汽管）	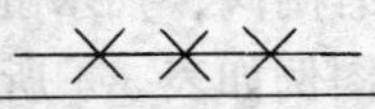	固定支架
	回水管（凝水管）	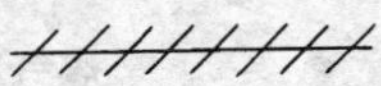	保温管道
	变径大小头		方形补偿器
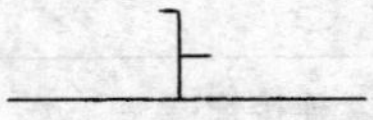	放气阀	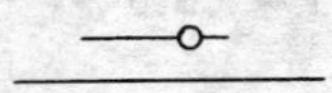	管道坡度

续表

图　例	名　称	图　例	名　称
	管形散热器		压力表
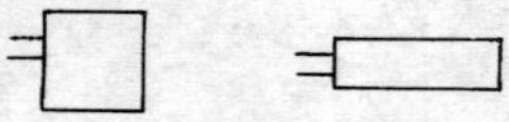	柱形散热器		温度计
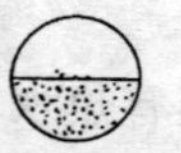	疏水器		散热器上跑风门
	减压阀		热水（蒸汽）立管
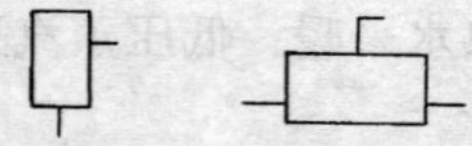	集气罐		回水（凝水）立管

5.3.3 煤气工程概述

煤气作为一种能充分燃烧、不污染环境的气体热源，已成为现代化生产和日常生活不可缺少的能源之一。

城市煤气供应系统由气源、输配气管网及管网上的储备站、调压室等组成。城市煤气供应系统是通过管网系统输送到用户的。煤气管网分为低压管网、中压管网、次高压管网和高压管网。室内通常采用低压管网。

1. 室内煤气工程

室内煤气供应系统由引入管、分配管、立管、支管、煤气表和煤气灶具等组成。引入管上须设置阀门。管道穿过基础和墙，楼地面和楼板均须设置套管。立管的最低层和最高层须设置活接头。煤气的立管有单侧进气和双侧进气两种方式。煤气支管从立管上接出的位置应在每层地面以上2.5～3.0m处。每根支管接出点后应设置旋塞或闸阀。

煤气管道的布置近似于给水管道，都属于有压输管。但是煤气为气体介质，“跑漏”不易发现，且易造成事故，故对管道的密封要求十分严格。煤气管道通常采用低碳钢和铸铁管。室外主要干管多用无缝钢管，接口以焊接为主；采用上水铸铁管时，需在管座结构、接口工艺上采取措施；埋地管道要进行防腐处理。室内管道采用镀锌钢管。

2. 煤气工程常用图例

煤气工程常用的附件有闸阀、抽水缸和调长器。主要器具有煤气表和煤气灶、煤气热水器等。煤气工程的常用图例如表5-4所示。

煤气工程常用图例　　表5-4

图　例	名　称	图　例	名　称
 —— —— ——	地下煤气管道	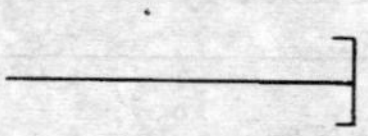	管帽
 ————	地上煤气管道	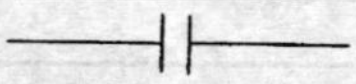	法兰连接管道

续表

图例	名称	图例	名称
	螺纹连接管道		管堵
	焊接连接管道		灶具
	有导管的煤气管道		凝水器
	丝堵		自立式调压器
	活接头		扇形过滤器
	煤气气流方向		罗茨表
	法兰		皮膜表
	法兰堵板		开放式弹簧安全阀

5.3.4 给排水、采暖、煤气分项工程实物工程量计算

《全国统一安装工程预算定额》的第八册（给排水、采暖、煤气工程）是管道工程预算定额的一部分，主要适用于生活用给水、排水、煤气、采暖热源管道及附配件安装、小型容器制作安装。对于工业管道、生产生活共用的管道、锅炉房及泵类配管以及高层建筑物内加压泵间的管道应使用第六册“工艺管道工程”相应的定额或价目表。刷油保温执行第十三册“刷油、保温、防腐蚀”定额相关内容。

1. 管道安装工程

工作内容包括管道及接头零件安装、水压试验或灌水试验；管道公称直径32mm以下的钢管包括管卡及托钩制作及安装；弯管制作及安装管卡、托吊支架、臭气帽、雨水漏斗制作安装，穿墙及过楼铁皮套管安装人工。

（1）室内外管道界线划分

1）给水管道，室内外界线以建筑物外墙皮1.5m处为界。入口处设有阀门者，以阀门处为界。室外管道与市政管道界线以水表井为界，无水表井者，以市政管道碰头点为界。

2）排水管道，室内外系统以出户第一个检查井为界。室外管道与市政管道界线以室外管道和市政管道碰头点为界。

3）采暖热源管道，室内外系统以采暖建筑物入口装置为界，无入口装置者以建筑物外墙皮1.5m处为界。采暖室外热源管道与工艺管道的界线以锅炉房或泵站外墙皮1.5m处为界。工厂车间内的采暖管道与工艺管道的界线以采暖系统与工艺管道碰头点为界。设在高

层建筑内加压泵间的管道与给排水、采暖、煤气等管道的界线，以加压间（泵房）外墙皮为界。

4）煤气管道、室内外管道，从地下引入室内的管道以室内第一个阀门为界，从地上引入室内的管道以墙外三通为界。室外管道（包括生活用燃气管道、民用小区管网）和市政管道以两者的碰头点为界。

（2）工程量计算规则

1）室内外管道安装，根据管材种类、接口方式、管径大小及接口材料，分别以延长米计算。阀门及管件长度均不从管道延长米中扣除。

管材种类常用的有：焊接钢管、钢板卷管、无缝钢管、给水铸铁管、排水铸铁管、硅铁管、有色金属管、混凝土管、陶土管、塑料管等。

管道的接口方式常见的有：丝扣式、焊接式、法兰式、承插式、套接式等。

接口材料常见的有：青铅、膨胀水泥、石棉水泥、水泥等。

2）镀锌铁皮套管制作：镀锌铁皮套管的规格以公称直径表示。镀锌铁皮套管的公称直径比管道的公称直径大两个规格等级号，计量单位为个。

3）法兰安装（与栓类、阀门连接的法兰除外）：根据法兰的材质与管道连接的方法和公称直径的大小分别计算，计量单位为付。

4）补偿器的制作安装：根据补偿器的种类与管道的连接方法和公称直径的大小分别计算，计量单位为个。

5）管道支架制作安装：公称直径 $DN>32$mm 的钢管管道安装，管卡及托钩制作安装，根据支架的形式，分别计算工程量，计量单位为 t。

6）管道冲洗消毒：根据管道公称直径分别计算，计量单位为 100m。

2. 栓类及阀门安装工程量计算

（1）消火栓安装。室外消火栓：根据地上式（甲型、乙型）、地下式（甲型、乙型、丙型）和公称直径分别计算，计量单位为组。水枪、水龙带及附件，按设计规定用量另行计算。室内消火栓：根据公称直径大小分别计算，计量单位为套。水龙带的长度以 20m 为准，超过 20m 时可按设计规定调整，其他不变。

（2）消防水泵接合器安装：根据安装形式和公称直径大小分别计算，计量单位为组。如设计要求用短管时，可另行计算其本身价值，并列入材料费中。

（3）阀门安装：根据阀门种类、与管道的连接方法和公称直径大小分别计算，计量单位为个。法兰阀门安装，如仅为一侧法兰连接，定额所列法兰、带帽螺栓及垫圈数量减半，其余不变。

3. 低压器具及水表组成安装工程量计算

（1）减压器组成安装：根据公称直径（按高压侧直径计算）大小和连接方法不同分别计算，计算单位为组。

（2）疏水器组成安装：根据公称直径大小和连接方式分别计算，计算单位为组。如设计组成与定额不同时，阀门和压力表数量可按设计需要量调整，其余不变。

4. 卫生器具制作安装工程量计算

卫生器具的组成安装定额内已按国家标准图综合了卫生器具与给水管、排水管连接的人工和材料用量，不得另行计算。

(1) 浴盆、妇女卫生盆安装：分冷水、冷热水、冷热水带喷头三种，计量单位为10组。浴盆安装不包括支座和四周侧面的砌砖和镶贴瓷砖。

(2) 洗脸盆、洗手盆安装：根据水嘴的材质、开关方式、冷水、冷热水等分别计算，计量单位为10组。

(3) 洗涤盆、化验盆安装：根据单嘴、双嘴和开关方式分别计算，计量单位为10组。

(4) 淋浴器组成安装：根据淋浴器的组成材质、冷水、冷热水等分别计算，计量单位为10组。

(5) 水龙头、地漏、地面扫除口安装：根据公称直径大小分别计算，计量单位为10个。

(6) 小便器安装：根据挂斗式、立式分别计算，计量单位为10套。小便槽冲洗管制作安装：根据公称直径大小分别计算，计量单位为10m。应另行计算管道主材费。

(7) 大便器安装：根据蹲式、立式和冲洗方式、冲洗管的材质不同分别计算，计量单位为10组。大便器自动冲洗水箱安装：按容器大小（L）计算，计量单位为10套。不另计托架工程量。

(8) 排水栓安装：分带存水弯和不带存水弯两种。按公称直径大小分别计算，计量单位为10组。

(9) 容积式水加热器安装，定额内不包括安全阀、保温、刷油与基础砌筑，应按设计用量和相应定额另行计算。

5. 供暖器具安装工程量计算

(1) 散热器安装不分明装和暗装，按类型分别以片为单位计算。光排管散热器制作安装按管径大小，以米为单位计算，定额中已包括连管长度，不另计算。钢制板式、壁式、挂式、散热器安装，以组为单位计算。

(2) 暖风机、热空气幕安装，以台为单位计算。其支架制作安装另行计算。

(3) 太阳能集热器安装，以个为单位计算，并以单元重量（包括支架的重量）套用相应定额子目。

6. 小型容器制作安装

(1) 钢板水箱制作：按每个水箱的重量不同分别计算，计量单位为100kg。不扣除连接管口、人孔和手孔，包括接口短管和法兰重量，法兰和短管按成品价另计材料费。

(2) 补水箱及膨胀水箱安装：补水箱按个计算；膨胀水箱按容积大小（m^3）不同计算，计量单位为个。

(3) 矩形钢板水箱安装：按水箱容积（m^3）大小不同分别计算，以个计量。

7. 民用燃气管道、附件和器具安装

(1) 室外管道安装：按管道材质、连接方法不同，依据管径大小不同分别计算，计量单位为10m。采用铸铁管时，其接头零件的预算价格应进行计算，并计入计价材料费内。其他要求与室外给排水、采暖管道安装要求相同。

(2) 室内管道安装：分镀锌钢管和焊接钢管两种，依据管径大小排列，按延长米计算，管道安装定额内已包括阀门研磨抹密封油。管件安装和管件本身价值已计入管道安装定额中，不得另行计算。

(3) 附件安装：铸铁抽水缸、碳钢抽水缸、调长器安装、调长器与阀门联装，按公称直径不同分别计算，以个计量。

(4) 燃气表与燃气加热设备安装：燃气表安装，根据其流量大小，单、双头不同分别计算。开水炉、热水器、采暖炉安装：根据各自的型号、容量不同分别计算。均以台计量。

(5) 民用灶具安装：根据燃气种类、灶具型号不同分别计算。煤气燃烧器安装：根据煤气灶型号、种类和燃烧器燃嘴数量分别计算。液化气燃烧器安装：根据液化气燃烧器型号不同分别计算。均以台计量。

(6) 燃气管道钢套制作与安装：钢套管直径一般比所套管道大两个规格号，套管按公称直径大小分别计算，计量单位为“10个”。

(7) 燃气嘴安装：根据燃气嘴型号、螺纹形式、单双嘴不同分别计算，以个计量。

8. 管道除锈、防腐、刷油与绝热（保温）

(1) 根据锈蚀程度（轻锈、中锈、重锈）不同，按一般采用人工、半机械化或机械化及化学除锈等方法，将除锈分为一级、二级、三级共三个等级，如果因工程需要发生二次除锈时，则要另计工程量。不论采用何种除锈方法，计量单位均按 $10m^2$ 计算。根据防腐蚀层的类别，分别计算防腐蚀层表面积，计量单位为 $10m^2$。

(2) 管道支架刷油

根据油漆的种类，管道或设备的刷油遍数不同，分别计算管道的外表面积，计量单位为 $10m^2$。按支架刷油的种类和遍数不同，分别计算支架的重量，计量单位为100kg。

(3) 管道绝热（保温）

根据绝热（保温）材料的种类，分别计算绝热体积（计量单位为 $10m^3$）和保护壳的表面积（计量单位为 $10m^2$）。

管道绝热体积和保护壳的表面积可查表计算。

9. 管沟挖填土石方、阀门井、检查井、化粪池、室外架空管道的支架制作、安装应列入土建工程计算。

5.3.5 水、暖、气工程综合费用（系数）项目计算

预算定额在执行过程中，由于受客观条件限制造成定额用量与定额数据差距较大，定额中规定的数值仅仅只能参考，需由各地区结合实际情况自行确定数据的部分，允许换算或调整。安装定额中规定了两类系数，以增减安装费基价。一类是子目系数，指只涉及定额项目自身的局部调整系数。如项目换算系数、超过规定高度以上项目的超高系数等。另一类是综合系数，指符合条件时，所有项目进行整体调整的系数。如脚手架搭拆系数、安装与生产同时进行的施工增加费系数、在有害身体健康环境中施工的增加费系数等。实质上是补充实物工程量不能覆盖的部分。

子目系数调整值可直接进入预算项目；综合系数调整值应在预算表内单独列项，进入定额直接费。子目系数是综合系数的计算基础，故应先算子目系数，后算综合系数。利用两类系数计取的费用中所含的人工费构成了定额人工费，也是计算各种应取费用的基础。

(1) 脚手架搭拆费。在给排水、采暖、煤气管道安装工程中（单独承担地沟管道者除外），均应收取脚手架搭拆费。给排水工程按安装工程直接费中的全部人工费的8%计取该项费用，其中，人工工资为脚手架费的25%；采暖工程按安装直接费中的全部人工费的10%计取脚手架费，其中，人工工资为脚手架费的25%。但在单独承包绝热、防腐蚀工程时，其脚手架搭拆费及摊销费按《全国统一安装工程预算定额》第十三册有关规定执行。

(2) 采暖工程系统调整费按采暖工程人工费的21.84%收取，测算时已综合管理费内

容，不另计算管理费。热水供应系统不能收取该项费用。

（3）设置于管道间、管廊内的管道、阀门、法兰、支架，其定额人工费乘以系数 1.3。

（4）主体结构为现场浇注采用钢模施工的工程，内外浇注的定额人工乘以 1.05；内浇外砌的定额人工乘以 1.03。

（5）高层建筑增加费是指建筑物高度在六层或 20m 以上的工业和民用建筑，在管道或设备安装施工中所增加的费用按表 5-5 分别计取。

高层建筑增加费表　　**表 5-5**

计算方法		12层以下	15层以下	18层以下	21层以下	24层以下	27层以下	30层以下	33层以下	36层以下	40层以下
暖气	占工程人工费的百分比	22	28	34	39	45	49	54	60	64	71
	其中人工费占高层增加费百分比	8	13	17	19	23	26	28	30	33	36
给排水	占工程人工费的百分比	17	22	27	31	35	40	44	48	53	58
	其中人工费占高层增加费百分比	11	16	21	25	29	32	35	38	40	43
生活用煤气	占工程人工费的百分比	37	46	56	62	70	76	83	90	97	104
	其中人工费占高层增加费百分比	5	8	11	12	14	16	18	21	22	25

（6）超高（指由 4.5m 至操作物最高点）增加费，按其超过部分以定额人工费乘以相应系数求得。超高增加系数见表 5-6。

超　高　系　数　表　　**表 5-6**

4.5～10m	4.5～20m	4.5～20m 以上
1.25	1.40	1.80

5.4　通风、空调工程预算造价

5.4.1　通风工程概述

为保持建筑内空气符合卫生标准和满足生产工艺要求，把建筑内污染的空气直接或净化后排到室外，并将新鲜空气补充到建筑内所设置的一整套设施，称为通风工程。通风的方法按空气流动方式的不同，分为自然通风和机械通风两类。自然通风是利用建筑构造和空气温差的原理，形成空气对流而通风。机械通风按作用范围不同，分为局部通风和全面通风两种。

局部通风指在局部范围内实行排风或送风。局部排风系统一般由排风罩、风管、净化设备、排风机和出风口等组成；局部送风系统则由进气管、净化装置、风机、风管和送风口等组成。全面通风是指在整个房间或车间范围内，实行机械通风，包括吸风、送风两个过程。全面通风系统一般由进气百叶窗、过滤器、空气加热器、风机、风道、送风口和调节阀等组成。

通风安装工程的施工，除了少量定型设备安装外，主要是各种风管、风帽、风口、罩类、调节阀、消声器及其附件等非定型装置的制作与安装。

5.4.2 空调工程概述

为满足生产工艺或人们生活需要，对建筑内空气环境提出特定要求，如保持建筑内恒定的温度、湿度和严格控制建筑内洁净度等所采取的通风措施称为空气调节，空气调节过程是在建筑物封闭状态下来完成的。

根据建筑物的性质、需要的空调参数及空气处理的方式等不同要求，常用的空调系统有集中、半集中和局部空调三种形式。集中式空调是指空气处理设备和装置集中在专用机房内，对较大范围进行空气调节。局部空调是将所有设备集中装置在一部整机内，实现小范围局部空气调节（如窗式、柜式空调器）。半集中式空调是上述二者的结合，以局部调节带动整体，实现空气调节。

空调系统中多采用压缩式制冷原理。压缩式制冷的原理就是使制冷剂在压缩机、冷凝器、膨胀阀及蒸发器等设备中进行压缩、放热、节流、吸热四个主要热力过程，来完成制冷循环的。由此可见，空调安装工程的施工，主要是成套设备的安装，以及相应附件的制作和安装。在集中式空调施工中，应增加风管、风口及一些专用装置的制作和安装。

5.4.3 通风、空调工程常用图例

通风空调工程常用图例　　表 5-7

图　例	名　称	图　例	名　称
	风管		送风口
	砖混凝土道		回风口
	风管检查孔		百叶窗
	风管测定孔		蝶阀
	柔性接头		风管止回阀
	伞形风帽		通风空调设备
	筒形风帽		风机

5.4.4 通风、空调分项工程实物工程量计算

1. 管道制作、安装

(1) 风管按施工图示不同规格以展开面积计算，不扣除检查孔、测定孔、送风口、吸风口等所占面积。

$$圆管\ F=\pi DL$$

式中 F——圆形风管展开面积（m）；

D——圆管直径（m）；

L——管道中心线长度（m）。

矩形管按图示周长乘以管道中心线长度计算。

(2) 计算风管长度时，一律以施工图示中心线长度为准（主管与支管以其中心线交点划分），包括弯头、三通、变径管、天圆地方等管件的长度，但不得包括部件所占长度。直径和周长按图示尺寸为准展开，咬口重叠部分已包括在定额内，不另增加。

(3) 风管导流叶片，按图示叶片的面积计算。

(4) 整个通风系统，设计采用渐缩管均匀送风者，圆形风管按平均直径，矩形风管按平均周长计算。

(5) 塑料风管，定额所列规格直径为内径，周长为内周长。软管（帆布接口），按图示尺寸以平方米计算。风管检查孔，按“国标通风部件标准重量表”计算重量。温度风量测定孔，按其型号以个计量。

(6) 薄钢板通风管道、净化通风管道制作安装，定额内已包括法兰、加固框和吊托支架，不另行计算。不锈钢通风管道、铝板通风管道制作安装，定额内不包括法兰和吊托支架，其工程量以千克计量，另行计算，执行相应定额。塑料通风管道制作安装，定额内不包括吊托支架，其工程量以千克计量。

2. 部件制作安装

(1) 标准部件的制作安装，按其成品重量以千克计量。根据设计型号、规格、按“国标通风部件标准重量表”计算重量，非标准部件按图示成品重量计算。

(2) 钢百叶窗及活动金属百叶风口、风帽泛水按图示尺寸以平方米计量。

(3) 风帽拉绳，按图示规格、长度，以千克计量。

(4) 挡水板，按空气调节器断面面积计算。

(5) 钢板密闭门，以个计量。

(6) 设备支架、电加热外壳按图示尺寸，以千克计量。

(7) 风机减震台座，执行设备支架定额。定额内不包括减震器，应按设计规定另行计算。高、中、低效过滤器、净化工作台、单人风淋室安装，以台计量。

(8) 洁净室安装，按重量计算。

3. 通风空调设备安装

(1) 风机，按设计不同型号以台计量。

(2) 整体式空调机组，空调器按不同制冷量以台计量；分段组装式空调器按重量计算。

(3) 玻璃钢冷却塔、空气加热器、除尘设备安装按不同重量以台计量。

4. 刷油、保温

(1) 通风空调风管及部件刷油保温工程，执行《全国统一安装工程预算定额》“刷油、绝热、防腐蚀工程”相应定额项目及工程量计算规则。

(2) 薄钢板风管刷油，与风管制作工程量相同。薄钢板部件刷油，按部件重量计算。

（3）薄钢板风管部件及支架，其除锈工程量按第一遍刷油工程量计算，执行《全国统一安装工程预算定额》“刷油、绝热、防腐蚀工程”中金属结构刷油定额。

5.4.5 注意要点

（1）各类通风管道定额子目中的板材，如设计要求厚度不同时可换算，但人工和机械不变。其净化风管圆形管，可套用矩形风管有关子目。定额中的板材是按镀锌钢板编制，其他板材可以换算。

（2）各类通风管道、附件、风帽、罩子类及法兰垫料，如设计要求与使用材料品种不同者可换算，但人工不变。

各类通风管道，若整个通风系统设计采用渐缩管均匀送风者，圆形风管按平均直径、矩形风管按平均周长套用相应规格子目，其人工乘系数2.5。

（3）定额中的人工、材料、机械均未按制作和安装分别列出，其制作费与安装费比例，可按定额规定分析。

（4）脚手架搭拆费，按人工费的5%计取，其中人工工资占25%，超高增加费，按人工费15%计取；系统调整费按系统工程人工费13%计取，其中人工工资占25%。

（5）安装与生产同时进行的增加费用，在有害身体健康的环境中施工降效增加费用，均按人工费10%计取。

（6）高层建筑增加费按5-8表执行。

高层建筑增加费 表5-8

计算方法	12层以下	15层以下	18层以下	21层以下	24层以下	27层以下	30层以下	33层以下	36层以下	40层以下
按人工费的百分比	5	7	10	12	15	19	22	25	28	32
其中人工工资占百分比	39	50	57	61	66	69	72	74	76	78

5.5 电气安装工程预算造价

电气安装工程由变配电工程、电缆工程、配管配线、照明工程、防雷接地、弱电工程和动力工程等组成。电气安装工程预算造价，应根据施工图设计划分，按系统分类各自独立编制，最后汇总而成。

本节所涉及的电气安装工程，是指10kV以下的变配电装置、线路工程、控制保护、动力照明等安装项目。

5.5.1 概述

1. 变配电工程

发电厂（站）发出的电，要经过一系列升压、降压的变电过程，才能安全有效地输送、分配到用电设备和器具上。通常将35kV以上电压的线路称为送电线路，10kV以下电压的线路称为配电线路。建筑电气是对配电线路系统的应用。

变配电工程是变电、配电工程的总称，变电是采用变压器把10kV电压降低为380V/220V，配电是采用开关、保护电器、线路安全可靠的把电能源进行分配。一般把超过1kV的电能称为高压电，1kV以下的称为低压电，而36V以下叫安全电压。

变配电工程的内容主要是安装全部电器设备，包括变压器、各种高压电器和低压电器。

2. 电缆工程

将一根或数根绞合而成的芯线，裹以相应的绝缘层，外面包上密封包皮，这种导线称为电缆线。按用途分为电力电缆、控制电缆、电讯电缆、移动软电缆等；按绝缘材料分为油浸纸绝缘、塑料绝缘、橡皮绝缘等；按导电材料分为铜芯和铝芯两种。还可以按股数多少分为多种。

电缆的敷设方式很多，常采用的有直接埋地敷设、电缆沟道托架敷设、沿墙面或支架卡设、电缆桥架敷设、穿管敷设等。

3. 配管配线

配管配线是指从配电控制设备到用电器具的配电线路的控制线路敷设。

配管的目的在于穿设、保护导线，配管的方式有明配、暗配，采用的管材有钢管、电线管、硬塑料管、PVC 阻燃管、半硬难燃塑料管、波纹管等。局部采用金属软管。

常用配线工程有瓷（塑）夹板配线、槽板配线、塑料护套线敷设等。瓷（塑）夹板配线是一种用瓷（塑）夹板将导线固定在墙、梁、柱面以及顶棚面的配线方式。槽板配线是把导线镶入木槽板内的明配线。塑料护套线敷设是指把卡子固定在木、砖和混凝土结构、钢索上，然后把导线裹在卡中并且卡住。

4. 照明工程

电气照明按其装设条件，可分为一般照明和局部照明。一般照明是供整个面积上需要的照明；局部照明是供某一局部工作地点的照明。通常一般照明和局部照明混合使用，故称为混合照明。按用途可分为工作照明和事故照明，工作照明是保证在正常情况下工作的，而事故照明是当工作照明熄灭时，确保工作人员疏散及不能间断工作的工作地点的照明。在通常情况下，工作照明和事故照明可同时投入使用，或者当工作照明发生事故时，事故照明自动投入。工作照明与事故照明应有各自的电源供电。

电气照明基本线路应具有电源、导线、开关及负载四部分。

5. 防雷与接地

由于雷电的放电特性，需在建筑物上设置防雷措施，以有效地防止雷电对建筑物的危害。我国按照建筑物的重要性、使用性质、发生雷击事故的可能性及后果，把防雷等级分为三类。不同防雷等级的建筑物采取不同的防雷措施。

防雷与接地装置包括接地极（板）的制作安装、接地母线敷设、避雷针的制作安装、避雷引下线敷设及避雷网安装等工程项目。

6. 弱电工程与动力工程

所谓弱电，是针对建筑物的动力、照明用强电而言的。一般把像动力、照明这样输送能量的电力称为强电；而把以传播信号、进行信息交流的电能称为弱电。

目前，建筑弱电系统主要包括：火灾报警与自动灭火系统、电话通信系统、广播音响系统、闭路电视系统、共用天线电视系统、其他弱电系统等。如：火灾报警与自动灭火系统由报警器、敏感元件和灭火控制柜组成，各种敏感元件（即探测器）对温度、烟雾浓度、红外线、可燃气体等自动巡回检测，将巡检情况反映在报警控制器的显示屏上，并在报警控制器上不断对巡检情况进行判断，一旦确认发生火灾便发出报警信号，联动或手动操作自动灭火控制柜进行自动灭火。

5.5.2 电气安装分项工程实物工程量计算

1. 变压器及配电设备

(1) 变压器安装及干燥，按不同电压等级、不同容量分别以台计量。变压器油过滤，以吨计量，其计算方法如下：

1) 变压器安装，定额内未包括绝缘油的过滤。需过滤时，可按制造厂提供的油量计算。

2) 油断路器及其他充油设备的绝缘油过滤，可按制造厂规定的充油量计算。计算公式：

油过滤数量（吨）＝设备油量（吨）×（1＋损耗率）

(2) 断路器、负荷开关、电流互感器、耦合电容器、阻波器、电力电容器的安装以台计量。

(3) 隔离开关、熔断器、避雷器、电抗器的安装，以组计量，每组按三相计算。

(4) 结合滤波器的安装，以套计量。每套包括结合滤波器和单极刀闸安装，不包括抱箍、钢支架、紫铜母线的安装，另套用《全国统一安装工程预算定额》“电气设备安装工程”预算定额的相应项目。

(5) 支持电容器、阻波器等高压设备的安装，定额内均不包括绝缘台的安装，应另按施工图设计套用相应项目。

(6) 成套高压配电柜的安装，以台计量。未包括基础槽钢、母线及引下线的配制安装。

(7) 配电设备安装的支架、抱箍及延长轴、轴套、间隔板和配电箱（板），按施工图设计的需要量计算。

2. 母线、绝缘子

(1) 悬式绝缘子串安装，指垂直安装的提挂跳线、引下线或阻波器等设备用的绝缘子串，按单、双串分别以串计量。耐张绝缘子串的安装，已包括在软母线安装定额内。

(2) 软母线安装，指直接由耐张绝缘子串悬挂的部分，以“跨/三相”为计量单位。设计跨距不同时，不得调整。导线、绝缘子、线夹、弛度调节金具、均压环、间隔棒等，均按施工图设计用量计算。

(3) 软母线引下线安装，指由T型线夹或并槽线夹从软母线引向设备的连接线，以组计量，每三相为一组；软母线经终端耐张线夹引下（不经T型线夹或并槽线夹引下）与设备连接的部分均执行引下线定额，不得换算。

(4) 两跨软母线间的跳引线安装，以组计量，每三相为一组。不论两侧的耐张线夹是螺栓式或压接式，均执行软母线跳线定额，不得换算。

(5) 设备连接线安装，指两设备间的连接部分。不论引下线、跳线、设备连接线，均应分别导线截面，按三相为一组计算。

(6) 使用两根导线连接的引下线、设备连接线、跳线，均按 $2\times1400mm^2$ 以下定额执行。

(7) 组合软母线安装，按三相为一组计算。跨度（包括水平悬挂部分和两端引下部分之和）系以45m以内为准，如设计长度超过45m时，可按比例增加定额材料量，但人工和机械不得调整。导线、绝缘子、线夹，按施工图设计需用量加定额规定损耗量计算，计价后列入材料费内。

软母线安装预留长度按表5-9规定计算。

软母线安装预留长度（单位：m/根） **表 5-9**

电压等级	耐　张	跳　线	引下线、设备连接线
35kV	3.0	1.0	0.8
110kV	3.0	1.5	1.0
220kV	2.0	1.1	1.1
330kV	1.5	1.0	1.2
500kV	1.0	0.8	1.3

（8）硬母线包括带型、槽型、管型母线安装，以"米/单相"为计量单位。管型母线引下线的配制，按三相为一组计算。钢带型母线安装，按相同规格的铜母线定额执行，不作换算。封闭母线安装，以"米/单相"为计量单位；重型母线，以吨计量。硬母线配制安装预留长度按表 5-10 规定计算。

硬母线配制安装预留长度（单位：m/根） **表 5-10**

序　号	项　目	预留长度	说　明
1	带型母线终端	1.3	从最后一个支持点算起
2	带型母线与分支线连接	0.5	分支线预留
3	带型母线与设备连接	0.5	从设备端子接口算起
4	多片重型母线与设备连接	1.0	从设备端子接口算起
5	槽型、管型母线与设备连接	0.5	从设备端子接口算起
6	槽型、管型母线终端	1.0	从最后一个支持点算起
7	槽型、管型母线与分支连接	0.8	分支线预留

（9）固定母线用的金具已包括在母线安装定额内。但母线安装执行瓷瓶安装定额，均未包括钢托架制作安装，应按施工图设计的数量以吨计量，执行"铁构件制作安装"定额。

3. 控制、继电保护屏及动力照明控制设备

（1）控制、继电保护屏及动力、照明控制设备安装，均以台（块）计量。以上设备安装均未包括基础槽钢、角钢的制作安装，应按相应定额执行。

（2）铁构件制作安装，均按施工图设计尺寸，以吨计量。网门、保护网制作安装，按网门或保护网设计图示的框外围尺寸，以平方米计量。

（3）箱柜绝缘导线配线均以米计量。

（4）盘、箱、柜的外部连线预留长度按表 5-11 计算。

（5）配电板制作安装及白铁皮，按配电板图示外形尺寸，以平方米计量。

盘、箱、柜的外部连线预留长度（单位：m/根） **表 5-11**

序　号	项　目	预留长度	说　明
1	各种箱、柜、盘、板、盒	高＋宽	盘面尺寸
2	单独安装的铁壳开关、闸门开关、启动器、变阻器	0.5	从安装对象中心起算
3	继电器、控制开关、信号灯、按钮、熔断器	0.3	从安装对象中心起算
4	分支接头	0.2	分支线预留

4. 电机、调相机及起重设备电气装置

（1）发电机、调相机、电动机的检查接线和各种起重机电气安装，均以台计量。

（2）滑触线安装，以"米/单相"为计量单位，其预留长度按表 5-12 规定计算。

滑触线安装预留长度（单位：m/根） **表 5-12**

序 号	项 目	预留长度	说 明
1	圆钢，铜母线与设备连接	0.2	从设备端子接口起算
2	圆钢，铜母线终端	0.5	从最后一个支持点起算
3	角钢母线终端	1.0	从最后一个支持点起算
4	扁钢母线终端	1.3	从最后一个支持点起算
5	扁钢母线分支	0.5	分支线预留
6	扁钢母线与设备连接	0.5	从设备接线端子接口起算
7	轻轨母线终端	0.8	从设备接线端子接口起算

5. 电缆

(1) 直埋电缆挖、填土（石）方量，为简化计算可参考表 5-13 计算。

直埋电缆挖、填土（石）方量简化计算表 **表 5-13**

项 目	电 缆 根 数	
	1～2	每增一根
每米沟长挖方量（m^3/m）	0.45	0.153

注：1. 两根以内的电缆沟，上口宽度系按 600mm，下口宽度 400mm，深度按 900mm 计算。
2. 每增加一根电缆，其宽度增加 170mm。
3. 以上土方量系按埋深从自然地坪起算，如设计埋深超过 900mm 时，多挖的土方量另行计算。

(2) 电缆沟盖板揭盖，按每揭或每盖一次以延长米计算。

(3) 电缆保护管长度，除按设计规定长度计算外，遇有下列情况，应按以下规定增加保护管长度；

1) 横穿道路，按路基宽度两端各加 2m；

2) 垂直敷设管口距地面加 2m；

3) 穿过建筑物外墙者，按基础外缘以外加 1m；

4) 穿过排水沟，按沟壁外缘以外加 0.5m。

电缆保护管埋地敷设时，其土方的计算凡施工图有注明的，按施工图规定计算；未注明的一般按沟深 0.9m，沟宽按导管两侧边缘各加 0.3m 工作面计算。

(4) 电缆敷设按延长米计算。电缆敷设长度应根据敷设路径的水平和垂直距离，另按表 5-14 规定增加附加长度。

电缆敷设附加长度 **表 5-14**

序 号	项 目 名 称	预留长度	说 明
1	电缆敷设弛度、弯度、交叉	2.5%	按全长计算
2	电缆进入建筑物	2.0m	规程规定最小值
3	电缆进入沟内或吊架时引上余值	1.5m	规程规定最小值
4	变电所进线、出线	1.5m	规程规定最小值
5	电力电缆终端头	1.5m	检修余量
6	电缆中间接头盒	两端各留 2.0m	检修余量
7	电缆进控制及保护屏	高＋宽	按盘面尺寸
8	高压开关柜及低压动力配电盘	2.0m	盘下进出线
9	电缆至电动机	0.5m	不包括接线盒至地坪间距离
10	厂用变压器	3.0m	从地坪算起
11	车间动力箱	1.5m	从地坪算起
12	电梯电缆与电缆架固定点	每处 0.5m	规范最小值

（5）电缆终端头及中间头均以个计量。一根电缆有两个终端头，中间电缆头根据设计需要确定。

（6）电缆支架及吊索：

1）电缆支架、吊架、槽架制作安装，以吨计量，执行铁构件制作安装定额。

2）吊电缆的钢索及拉紧装置，分别执行相应的定额。

3）钢索的计算长度，以两端固定点的距离为准，不扣除拉紧装置的长度。

6．配管、配线

（1）各种配管应区别不同敷设方式、位置及管材材质、规格，以延长米计算。不扣除管路中间的接线箱（盒）、灯头盒、开关盒所占的长度。

（2）定额中未包括钢索架设及拉紧装置、接线箱（盒）、支架的制作安装，其工程量另行计算。接线箱分别以明、暗装及其半周长，按个计算。接线盒区别其明、暗装及类型，按个计算。

（3）管内穿线，分照明线路和动力线路，按不同导线的截面，以单线延长米计算。线路的分支接头线的长度已综合考虑在定额内，不再计算接头长度。

导线截面超过 $6mm^2$ 以上的照明线路，按动力穿线计算。

（4）线夹配线，区别瓷夹配线和塑料夹配线、两线式和三线式，按敷设在木、砖、混凝土等不同结构和导线规格，以线路延长米计算。绝缘子配线，包括鼓形绝缘子、针式绝缘子及蝶式绝缘子配线，以单线延长米计算。槽板配线，应区别木槽板、塑料槽板配线和二线、三线式线路，按延长米计算。瓷瓶暗配，按线路支持点至顶棚下缘距离的长度计算。

（5）钢索架设，按图示墙（柱）内缘距离，以延长米计算。不扣除拉紧装置所占长度。塑料护套线配线，区别二芯线或三芯线，按单根线路以延长米计算。

（6）灯具，明、暗开关，插座，按钮等的预留线，已分别综合在相应定额内，不另行计算。

配线进入开关箱、柜、板的预留线，按表 5-15 规定长度，分别计入相应的工程量。

配线进入开关箱、柜、板的预留长度（每一根线）　　　　**表 5-15**

序号	项目	预留长度	说明
1	各种开关箱、柜、板	宽+高	盘面尺寸
2	单独安装（无箱、盘）的铁壳开关、闸门开关、启动器、母线槽进出线盒等	0.3	从安装对象中心算起
3	由地坪管子出口引至动力接线箱	1.0	从管口计算
4	电源与管内导线连接（管内穿线与软、硬母线接头）	1.5	从管口计算
5	出户线	1.5	从管口计算

7．照明器具

照明器具包括灯具、开关、插座、安全变压器、电铃、电风扇等项目。

灯具安装系按灯型、施工方法等分别编制，工程量按设计图纸图例及平面图所示各种灯具的数量，分别按回路以套为单位进行计算。各种灯具的引线除注明者外均包括在定额中，不另计费或换算。

开关、按钮、插座安装，开关及按钮分拉线开关、扳把开关和板式暗开关。板式暗开关又分单联、双联、三联和四联，一般按钮有明装和暗装两种。插座分明、暗和防爆三种，以单相三孔和三相四孔分规格。

开关、按钮、插座，按安装方式、工程量，分别以个为单位进行计算，安全变压器根据容量不同以台计算。电铃及电扇按不同规格分别以套、台为单位计算。

8. 防雷及接地装置

(1) 接地装置包括接地极（又称接地体）和接地母线

接地极，一般采用50×5 镀锌角钢和 ϕ50 镀锌钢管。一般长度为每根 2.5m，接地极之间的间距一般为 5m。接地极离建筑物外墙一般不小于 3m。接地母线，一般室外埋地用 40×4 扁钢（也有用 25×4 扁钢），室内接地母线用 25×4 扁钢。定额中增加了铜板接地极和钢板接地极，均以块为单位计算。接地极及接地母线的价格均未包括在内，应另行计算。

(2) 避雷工程

1) 避雷针安装分装在烟囱上、建筑物上（又分为装在平屋面和墙上）、金属容器上和构筑物上、独立避雷针几种形式，所以避雷针安装均不包括针体制作。装在构筑物上的避雷针包括引下线安装，但不包括其引下线价格，应另行计算。针体制作未单独列出，可套用构件制作定额。

2) 避雷引下线敷设。避雷引下线分利用金属构件引下和装在建筑物、构筑物上两种，都是以 10m 为单位计算，装在建筑物上的以建筑物高度分规格，定额中未计引下线价格，应另行计算。

3) 避雷网安装分沿混凝土块敷设和沿支架敷设。混凝土块本身制作还应另套定额。避雷线一般用镀锌圆钢或扁钢，定额中包括了支架制作安装。

9. 电梯电气装置

电梯电气安装分交流半自动、交流自动、直流自动快速、高速等型和电厂专用电梯，均以站/层分规格，以部为单位计算。

电梯是按每层一站为准，增或减时，另按增减层站相应定额计算，电梯安装的楼层高度是按平均每层 4m 以内考虑的，如平均层高超过 4m 时，其超过部分可另按提升高度定额计算。电梯安装材料、电线管及槽线、金属软管、管子配件、紧固件、电缆、电线接线箱（盒）、荧光灯及其附件、备件等，均按设备带有考虑。定额不包括工作内容，应另套相应定额计算。

5.5.3 电气安装综合费用（系数）项目计算

1. 工程降效系数

因安装施工与生产同时进行产生工程降效时，其增加费用按人工费 10%计算。在有害健康的环境中施工降效增加费，按人工费的 10%计算。有害健康的环境是指高温、多尘、噪声超过规定标准、有害气体、有害放射性射线等。

采用这两个系数应在施工与生产同时进行，而又同时存在有害人身健康的因素时，可将两个系数叠加。

2. 高层建筑增加费和工程超高系数

如高层建筑层高超过 5m 时，可同时计取工程超高系数。一般这两个系数不同时计取，例如：16 层楼房只有底层层高为 6m，其他各层皆为 3m，则仅计底层超高系数。

高层建筑增加费按表 5-16 计算。

高层建筑增加费 表5-16

计　算　方　法	12层以下	15层以下	18层以下	21层以下	24层以下	27层以下	30层以下	33层以下	37层以下	40层以下
按人工费（%）	9	12	15	19	23	26	30	34	37	43
其中人工工资占（%）	21	30	37	41	45	49	52	54	56	60

工程超高系数与水、暖、煤气工程计算相同，参见表5-6。

3. 脚手架的取费计算

脚手架取费标准是按工程项目人工费为计算基础制定，5m以上的脚手架搭拆是从地坪向上起搭，因此，在计算脚手架费用时，不扣除5m以下的工程量。脚手架的取费方法为：工程高度离楼、地面5m以下，一律不计取脚手架费用。高度离楼、地面10m以下，应以包括5m以下工程量的人工费的15%计算。高度离楼、地面20m以下，应以包括5m以下工程量的人工费的20%计算。

复习思考题

1. 何谓安装工程量？安装工程量有哪几种计量单位？
2. 安装工程量的计算原则有哪些？其计算要点是什么？
3. 试述给排水工程的分类及其主要安装工程内容。
4. 在给水、排水工程中，如何划分室内、室外工程的界限？
5. 何谓采暖系统？试述采暖工程的分类及其组成。
6. 简述煤气系统的构成，其室内、外管道如何划分？
7. 在给排水、采暖、煤气工程中，可追加的定额费用有哪些？其收费条件和计算方法如何？
8. 简述通风、空调、制冷三个概念的差别及其相互联系。通风、空调预算中有哪些追加收费的规定？
9. 试述电气安装工程量的计算依据和计算方法。
10. 电气设备安装工程预算定额中，规定增加的收费有哪些？其取费条件和收费标准如何？

第6章 路桥工程概预算造价

6.1 路桥工程概预算概述

路桥工程建设过程各阶段由于工作深度与要求不同，故各阶段的工程造价计算类型也不同。路桥工程现行造价计算类型包括投资估算、初步设计概算、修正概算、施工图预算、竣工结算和竣工决算等，本章仅介绍路桥工程概算造价和施工图预算造价。另外，路桥工程的概算和施工图预算在概念、作用、编制要求等方面与一般土建工程相同，有关这些方面的内容分别见“估算造价和概算造价”及“一般土建工程预算造价”两部分，在此不再赘述。

与一般土建工程概预算编制依据基本相同，路桥工程概算造价主要根据设计文件、概预算定额、编制办法及取费标准编制而成。

路桥工程概预算文件由封面、目录、概预算编制说明及全部概预算计算表格组成。

1. 封面及目录

封面应有建设项目名称、编制单位、编制日期及第几册共几册等内容。目录应按概预算表的表号顺序编排。

概预算文件按不同的需要分为两组。甲组文件为各项费用计算表；乙组文件为建筑安装工程费各项基础数据计算表，只供审批使用。乙组文件表式征得省、自治区、直辖市交通厅（局）同意后，结合实际情况允许变动或增加某些计算过渡表式。不需要分段汇总的可不编总概预算汇总表。

（1）甲组文件

甲组文件包括以下内容：

1）编制说明；

2）总概预算汇总表；

3）全概算人工、主要材料、机械台班数量汇总表；

4）总概预算表；

5）人工、主要材料、机械台班数量汇总表；

6）建筑安装工程费计算表；

7）其他直接费及间接费综合费率计算表；

8）设备、工具、器具购置费计算表；

9）工程建设其他费用及回收金额计算表；

10）人工、材料、机械台班单价汇总表。

（2）乙组文件

乙组文件由以下内容组成：

1）分项工程概预算表；

2）材料预算单价计算表；

3）自采材料市场价格计算表；

4）机械台班单价计算表；

5）辅助生产工、料、机械台班单位数量表。

2. 概预算编制说明

概预算编制完成后，应写出编制说明，文字力求简明扼要。编制说明的内容一般有：

(1) 建设项目设计资料的依据及有关文号，如建设项目可行性研究报告文号、初步设计和概算批准文号（编修正概算及预算时），以及根据何时的测设资料及比选方案进行编制的等等。

(2) 采用的定额、费用标准，人工、材料、机械台班单价的依据或来源，补充定额及编制依据的详细说明。

(3) 与概预算有关的委托书、协议书、会谈纪要的主要内容。

(4) 总概预算金额，人工、钢材、水泥、木料、沥青的总需要量情况，各设计方案的经济比较以及编制中存在的问题。

(5) 其他与概预算有关但不能在表格中反映的事项。

3. 概预算表格

概预算的材料、机械台班单价以及各项费用的计算都需通过表格反映。表6-1为总概预算汇总表格式。限于篇幅，其他表的格式省略。

总概预算汇总表 **表6-1**

建设项目名称： 第__页 共__页

项次	工程或费用名称	单位	总数量	概（预）算金额（元）				技术经济指标	各项费用比例（%）	备注
							总计			

设计负责人： 编制：

6.2 公路工程概预算项目及费用

6.2.1 概预算项目

公路工程概预算项目应按项目表的序列及内容编制，如工程和费用的实际项目与项目表的内容不完全相符时，第一、二、三部分和“项”的序号应保留不变，“目”、“节”可随需要增减，并按项目表的顺序以实际出现的“目”、“节”依次排列，不保留缺少的“目”、

"节"的序号。其目的是使概预算的各部分及所有项的内容固定不变，避免混乱，便于检查及审核。

公路工程概预算应以一个建设项目（如一条路线或一座独立大、中桥）为单位进行编制。其中独立大（中）桥工程概预算项目主要包括下列内容：

第一部分 建筑安装工程

第一项，桥头引道；第二项，基础；第三项，下部构造；第四项，上部构造；第五项，调治及其他工程；第六项，临时工程；第七项，施工技术装备费；第八项，计划利润；第九项，税金。

第二部分 设备及工具、器具购置费

第三部分 工程建设其他费用

项目表的详细内容如表6-2所示。

独立大（中）桥工程概预算项目表 表6-2

项	目	节	工程或费用名称	单 位	备 注
			第一部分 建筑安装工程	桥长米	
一			桥头引道	桥长米	
	1		路基土（石）方	m^3	按土、石方分节
	2		路面	m^2	
	3		桥梁涵洞	m/座（道）	涵洞为道
	4		……		
二			基础	桥长米	技术复杂大桥按主桥和引桥分节
	1		围堰	m	
	2		筑岛	m^3	
	3		天然基础	座	
	4		桩基础	座	
	5		沉井	座	
三			下部构造	桥长米	技术复杂大桥按主桥和引桥分节
	1		桥台	m^3/座	按结构类型分节
	2		桥墩	m^3/座	按结构类型分节
	3		…		
四			上部构造	桥长米	技术复杂大桥按主桥和引桥分节
	1		行车道系	m^3/m	按结构或跨度分节
		1	梁式体系	m^3/m	按结构或跨度分节
		2	拱式体系	m^3/m	
		3	悬挂体系	延米	
	2		桥面铺装	m^3/m	
	3		人行道系	m^3/m	
五			调治及其他工程	桥长米	
	1		河床整治	m^3	
	2		导流坝	m^3/处	
	3		驳岸	m^3/m	
	4		护坡	m^3/m	
	5		看桥房及岗亭	m^2	

续表

项	目	节	工程或费用名称	单　位	备　注
	6		环境保护工程	处	
	7		其他设施	桥长米	参照路线项目分节
	8		清理场地	桥长米	参照路线项目分节
	9		拆迁建筑物、构筑物	桥长米	参照路线项目分节
六			临时工程	桥长米	
	1		临时轨道铺设	km	
	2		便道	km	
	3		便桥	m/座	指汽车便桥
	4		临时电力线路	km	
	5		临时电讯线路	km	不包括广播线路
	6		临时码头	座	
七			施工技术装备费	桥长米	
八			计划利润	桥长米	
九			税金	桥长米	
			第二部分　设备及工具、器具购置费	桥长米	
一			设备购置	桥长米	
	1		需安装的设备	桥长米	
	2		不需安装的设备	桥长米	
二			工具、器具购置	桥长米	
三			办公及生活用家具购置	桥长米	
			第三部分　工程建设其他费用	桥长米	
一			土地、青苗补偿费和安置补助费		
二			建设单位管理费	桥长米	
	1		建设单位管理费	桥长米	
	2		工程监理费	桥长米	
	3		定额编制、管理费	桥长米	
三			勘察设计费	桥长米	
四			研究试验费	桥长米	
五			施工机构迁移费	桥长米	
六			供电贴费	桥长米	
			第一、二、三部分费用合计	桥长米	
			预留费用	元	
			1. 工程造价增涨预留费	元	
			2. 预备费	元	
			大型专用机械设备购置费	桥长米	
			固定资产投资方向调节税	桥长米	
			建设期贷款利息	桥长米	
			概预算总金额	元	
			其中：回收金额	元	
			桥梁基本造价	桥长米	

6.2.2 概预算费用组成

公路工程概预算总金额由五大部分组成，即：建筑安装工程费；设备、工具、器具及家具购置费；工程建设其他费用；预留费用；大型专用机械设备购置费、固定资产投资方向调节税、建设期贷款利息。具体构成与建筑工程基本相同，在此不再叙述。

公路工程概预算费用的组成和工程可行性研究报告估算费用的组成是一样的，只是在直接费中两者的表现形式有所不同。在估算中，由于其他工程费是以主要工程费为基数按规定的百分率计算的，所以在直接费中分主要工程费和其他工程费；而在概预算中，由于其他工程费是按工程预计实际发生的项目按实计列，所以在直接费中就不再分主要工程费和其他工程费了。

6.3 公路工程概预算各类费用的计算

6.3.1 建筑安装工程费用

建筑安装工程费包括直接费、间接费、施工技术装备费、计划利润及税金。

1. 直接费

在编制公路工程概预算时，人工、材料及机械费用是按工程项目的工程数量、定额规定的人工、材料、机械台班数量，以及相应的预算单价三者计算得到。

（1）人工费

公路工程生产工人每工日人工费按下列公式计算：

人工费（元/工日）＝｛［标准工资（元/月）＋Σ地区生活补贴（元/月）＋Σ工资性津贴（元/月）］×（1＋16%）＋劳动保护费（元/月）｝×12÷260

（2）材料费

材料的预算价格由供应价格、运杂费、场外运输损耗、采购及仓库保管费组成。

（3）施工机械使用费

施工机械台班预算价格应按交通部公布的《公路工程机械台班费用定额》计算，台班单价由不变费用和可变费用组成。不变费用包括折旧费、大修理费、经常修理费、安装拆卸及辅助设施费等；可变费用包括机上人员人工费、动力燃料费、养路费、车船使用税。可变费用中的人工工日数及动力燃料消耗量，应以机械台班费用定额中的数值为准。台班人工费工日单价同生产工人人工费单价。动力燃料费用则按材料费的计算规定计算。

（4）其他直接费

其他直接费系指概预算定额规定以外直接用于工程的费用。路桥工程其他直接费包括冬季施工增加费、雨季施工增加费、夜间施工增加费、高原地区施工增加费、行车干扰工程施工增加费、流动施工津贴、施工辅助费等七项。

其他直接费取费标准取决于工程项目类别，公路工程项目类别的划分同间接费定额取费标准。其他直接费按编制办法规定费率计取。

1）冬季施工增加费

冬季施工增加费的计算方法是，将全国划分为若干冬季气温区，并根据各类工程的特点，规定了各气温区的取费标准。为了简化计算，采用全年平均摊销的方法，即不论是否在冬季施工，均按规定的取费标准计取冬季施工增加费。对施工单位而言，如果施工组织及管理得当，有些工程（甚至全部工程）就有可能避开冬季施工，以降低该项成本。反之，就可能超出规定部分的费用。

冬季施工增加费，以各类工程的定额基价之和为基数，按工程所在地的气温区选用表6-3所列费率计算。

冬季施工增加费费率（%） **表6-3**

工程类别 \ 气温区	冬季期平均温度（℃）									
	－1以上		－1～－4		－4～－7	－7～－10	－10～－14	－14以下	准一区	准二区
	冬一区		冬二区		冬三区	冬四区	冬五区	冬六区		
	Ⅰ	Ⅱ	Ⅰ	Ⅱ						
人工土方 机械土方	1.70	2.65	3.61	4.62	8.74	12.43	18.64	27.97	—	—
汽车运土	0.28	0.44	0.60	0.76	1.44	2.04	3.06	4.59	—	—
人工石方 机械石方	0.34	0.55	0.72	0.88	1.72	2.50	3.75	5.62	—	—
高级路面	1.06	1.50	2.04	2.32	4.20	5.69	8.54	12.80	0.19	0.46
其他路面	0.35	0.65	0.92	1.18	1.97	2.54	3.81	5.72	—	—
构造物Ⅰ 构造物Ⅱ 技术复杂大桥	1.06	1.50	2.04	2.32	4.20	5.69	8.54	12.80	0.19	0.46
隧道	0.35	0.65	0.92	1.18	1.97	2.54	3.81	5.72	—	—
钢桥上部	0.07	0.14	0.19	0.25	0.47	0.70	1.05	1.60	—	—

2）雨季施工增加费

雨季施工增加费的计算方法是，将全国划分为若干雨量区和雨季期，并根据各类工程的特点规定各雨量区和雨季期的取费标准，采用全年平均摊销的办法，即不论是否在雨季施工，均按规定的取费标准计取雨季施工增加费。其性质同冬季施工增加费，施工单位要特别注意。

雨季施工增加费，以各类工程的定额基价之和为基数，按工程所在地的雨量区、雨季期选用表6-4所列费率计算。

雨季施工增加费费率（%） **表6-4**

工程类别 \ 雨季期（月数）	1	1.5	2		2.5		3		4		5		6	7
雨量区	Ⅰ	Ⅰ	Ⅰ	Ⅱ	Ⅰ	Ⅱ	Ⅰ	Ⅱ	Ⅰ	Ⅱ	Ⅰ	Ⅱ	Ⅱ	Ⅱ
人工土方	0.21	0.32	0.43	0.64	0.53	0.80	0.64	0.96	0.85	1.28	1.06	1.59	1.91	2.23
机械土方 汽车运土 人工石方 机械石方	0.14	0.22	0.29	0.43	0.36	0.54	0.43	0.65	0.58	0.87	0.72	1.08	1.30	1.51

续表

工程类别 \ 雨季期（月数） \ 雨量区	1	1.5	2		2.5		3		4		5		6	7
	Ⅰ	Ⅰ	Ⅰ	Ⅱ	Ⅰ	Ⅱ	Ⅰ	Ⅱ	Ⅰ	Ⅱ	Ⅰ	Ⅱ	Ⅱ	Ⅱ
高级路面 其他路面	0.09	0.14	0.17	0.26	0.22	0.33	0.26	0.40	0.35	0.52	0.44	0.66	0.78	0.92
构造物Ⅰ 构造物Ⅱ 技术复杂大桥	0.08	0.11	0.15	0.23	0.19	0.28	0.23	0.34	0.30	0.45	0.38	0.57	0.68	0.79
隧　道 钢桥上部	—	—	—	—	—	—	—	—	—	—	—	—	—	—

3）夜间施工增加费

夜间施工增加费按夜间施工工程项目（如桥梁工程项目包括上、下部构造全部工程）的定额基价之和的0.8%计算。

4）高原地区施工增加费

高原地区施工增加费系指在海拔高度2000m以上地区施工，由于受气候、气压的影响，致使人工、机械效率降低而增加的费用。该费用以各类工程定额基价之和为基数，按表6-5所列费率计算。

高原地区施工增加费费率（%） **表6-5**

工程类别	海拔高度（m）			
	2001～3000	3001～4000	4001～5000	5000以上
人工土方	20	60	100	200
机械土方 汽车运土	20	40	80	150
人工石方	18	53	89	178
机械石方	18	55	91	182
高级路面	3	10	17	34
其他路面	4	11	18	36
构造物Ⅰ 构造物Ⅱ	6	18	30	60
技术复杂大桥	7	22	37	74
隧　道	6	18	30	60
钢桥上部	5	8	13	26

5）行车干扰工程施工增加费

行车干扰工程施工增加费系指由于边施工边维持通车，受行车干扰的影响，致使人工、机械效率降低而增加的费用。该费用以受行车影响工程部分的定额基价之和为基数，按表6-6所列费率计算。

行车干扰工程施工增加费费率（%） 表 6-6

工程类别	施工期间均增每昼夜双向行车次数（汽车兽力车合计）			
	51～100	101～500	501～1000	1000 以上
人工土方	10	15	20	25
机械土方 汽车运土	5	10	15	20
人工石方	9	13	18	22
机械石方	5	9	14	18
高级路面 其他路面 构造物Ⅰ 构造物Ⅱ	2	3	4	5

6）流动施工津贴

流动施工津贴以各类工程的定额基价之和为基数，按表 6-7 所列费率计算。

流动施工津贴费率（%） 表 6-7

工程类别	一类地区	二类地区	三类地区
人工土方	5.0	5.5	7.5
机械土方	2.9	3.2	4.4
汽车运土	1.4	1.5	2.1
人工石方	4.5	5.0	6.8
机械石方	5.7	6.3	8.6
高级路面	1.2	1.3	1.8
其他路面	2.1	2.3	3.2
构造物Ⅰ 构造物Ⅱ	3.8	4.2	5.7
技术复杂大桥	2.2	2.4	3.3
隧　道	3.8	4.2	5.7
钢桥上部	1.2	1.3	1.8

注：地区分类同施工管理费。

7）施工辅助费

施工辅助费包括生产工具用具使用费、检验试验费、工程定位复测费、工程点交费和场地清理费等。

施工辅助费以各类工程的定额基价之和为基数，按表 6-8 所列费率计算。

施工辅助费费率（%） 表 6-8

工程类别	费　　率
人工土方	5.0
机械土方	1.7
汽车运土	0.5
人工石方	4.5
机械石方	1.7
高级路面 其他路面	2.0
构造物Ⅰ 构造物Ⅱ 技术复杂大桥 隧　道	3.6
钢桥上部	1.1

2. 间接费

(1) 施工管理费

1) 施工管理费基本费用

施工管理费基本费用以各类工程的定额直接费为基数，按表 6-9a 所列费率计算。

施工管理费费率 **表 6-9a**

<table>
<tr><th rowspan="2">工程类别</th><th colspan="4">费　　率　(%)</th></tr>
<tr><th>一类地区</th><th>二类地区</th><th>三类地区</th><th>其中：
上级管理费</th></tr>
<tr><td>人工土方</td><td>21</td><td>23</td><td>27</td><td rowspan="2">1.5</td></tr>
<tr><td>机械土方</td><td>12</td><td>13</td><td>15</td></tr>
<tr><td>汽车运土</td><td>5</td><td>6</td><td>7</td><td>0.5</td></tr>
<tr><td>人工石方</td><td>21</td><td>23</td><td>27</td><td rowspan="2">1.5</td></tr>
<tr><td>机械石方</td><td>14</td><td>15</td><td>18</td></tr>
<tr><td>高级路面</td><td>5</td><td>6</td><td>7</td><td>0.5</td></tr>
<tr><td>其他路面</td><td>11</td><td>12</td><td>14</td><td rowspan="4">1.5</td></tr>
<tr><td>构造物Ⅰ
构造物Ⅱ</td><td>14</td><td>15</td><td>18</td></tr>
<tr><td>技术复杂大桥</td><td>11</td><td>12</td><td>14</td></tr>
<tr><td>隧　　道</td><td>14</td><td>15</td><td>18</td></tr>
<tr><td>钢桥上部</td><td>5</td><td>6</td><td>7</td><td>0.5</td></tr>
</table>

注：1. 如施工单位的上级机关不是企业性质或虽是企业但是两级以下建制时，应从施工管理费基本费用中扣除“上级管理费”的费率；

2. 地区划分见表 6-9b：

地　区　划　分　表 **表 6-9b**

地 区 类 别	省、自治区、直辖市及特区
一类地区	江苏、安徽、浙江、江西、河南、湖北、湖南、广西、陕西、四川、贵州、云南、山东、河北、山西、辽宁、甘肃、宁夏
二类地区	上海、福建（不包括厦门）、广东（不包括深圳、汕头及珠海）、北京、天津、吉林
三类地区	黑龙江、内蒙古、青海、新疆、西藏、海南、深圳、汕头、珠海、厦门

2) 施工管理费其他单项费用

施工管理费中的其他单项费用是指施工管理费中需要单独计算的费用，包括主副食运费补贴、职工探亲路费、职工取暖补贴和流动资金贷款利息四项。各单项费用以各类工程的定额直接费为基数，分别乘以相应的费率计算得到。表 6-10 为主副食运费补贴费费率(%)。

主副食运费补贴费费率（%） 表 6-10

工程类别	综合里程（km）											
	1	3	5	8	10	15	20	25	30	40	50	每增加 10
人工土方	1.00	1.46	1.79	2.25	2.60	3.23	3.90	4.42	5.16	6.13	7.08	0.94
机械土方 汽车运土	0.53	0.77	0.95	1.20	1.39	1.72	2.08	2.35	2.75	3.25	3.78	0.52
人工石方	0.75	1.09	1.34	1.69	1.95	2.41	2.92	3.32	3.86	4.58	5.29	0.70
机械石方	0.53	0.77	0.95	1.20	1.39	1.72	2.08	2.35	2.75	3.25	3.78	0.52
高级路面 其他路面	0.24	0.33	0.42	0.53	0.61	0.75	0.90	1.02	1.19	1.42	1.65	0.23
构造物Ⅰ 构造物Ⅱ	0.36	0.51	0.63	0.78	0.90	1.11	1.35	1.54	1.79	2.12	2.46	0.33
技术复杂大桥	0.27	0.39	0.48	0.61	0.71	0.88	1.06	1.20	1.40	1.66	1.93	0.27
隧　道	0.36	0.51	0.63	0.78	0.90	1.11	1.35	1.54	1.79	2.12	2.46	0.33
钢桥上部	0.27	0.39	0.48	0.61	0.71	0.88	1.06	1.20	1.40	1.66	1.93	0.27

注：1. 综合里程＝粮食运距×0.06＋燃料运距×0.09＋蔬菜运距×0.15＋水运距×0.70；粮食、燃料、蔬菜、水的运距均为全线平均运距；

2. 综合里程数在表列里程之间时，费率可以内插。

(2) 其他间接费

其他间接费包括临时设施费、劳动保险基金、施工队伍调遣费三项。

1) 临时设施费

公路工程的临时设施费以各类工程的定额直接费为基数，按表 6-11 所列费率计算。

临时设施费费率（%） 表 6-11

工程类别	地　区		
	一类地区	二类地区	三类地区
人工土方	7.6	8.4	9.9
机械土方	4.8	5.3	6.2
汽车运土	2.9	3.2	3.8
人工石方	7.6	8.4	9.9
机械石方	7.6	7.9	8.6
高级路面 其他路面	4.8	5.3	6.2
构造物Ⅰ 构造物Ⅱ	6.7	7.4	8.7
技术复杂大桥	5.7	6.3	7.4
隧道	6.7	7.4	8.7
钢桥上部	4.8	5.3	6.2

注：地区分类同施工管理费。

2）劳动保险基金

劳动保险基金以各类工程的定额直接费为基数，按表 6-12 所列费率计算。

劳动保险基金费率（%） **表 6-12**

工程类别	费率	工程类别	费率
人工土方	3.0	其他路面	2.5
机械土方	4.0	构筑物Ⅰ	4.0
汽车运土	2.1	构筑物Ⅱ	4.0
人工石方	3.0	技术复杂大桥	3.0
机械石方	3.6	隧道	4.0
高级路面	2.0	钢桥上部	2.0

注：部属施工企业按上表费率计算。省、自治区、直辖市属施工企业由省、自治区、直辖市交通厅（局）制定。

3）施工队伍调遣费

施工队伍调遣费以各类工程的定额直接费为基数，按表 6-13 所列费率计算。

施工队伍调遣费费率（%） **表 6-13**

工程类别	调遣距离 (km)					
	50 以内	100 以内	300 以内	500 以内	1000 以内	每增加 100
人工土方	0.9	1.2	1.9	2.5	3.3	0.15
机械土方	1.8	2.4	3.8	5.0	6.6	0.30
汽车运土	1.0	1.3	2.1	2.7	3.6	0.17
人工石方	0.9	1.2	1.9	2.5	3.3	0.15
机械石方	1.4	1.7	2.9	3.8	5.0	0.23
高级路面 其他路面 构造物Ⅰ 构造物Ⅱ 技术复杂大桥 隧道 钢桥上部	1.6	2.2	3.4	4.5	6.0	0.30

注：1. 调遣距离以调遣前后工程主管单位（如工程处、队等）驻地距离或两路线中点的距离为准。

2. 编制概算时，如施工单位不明确，省、自治区、直辖市属施工企业承包的建设项目，可按省城（自治区首府）至工地的里程计算施工队伍调遣费。

(3) 辅助生产间接费

辅助生产间接费按人工费的 25%计，除包括施工管理费内容外，还包括流动施工津贴、临时设施费、主副食运费补贴、职工探亲路费、职工取暖补贴等费用在内。该项间接费并入材料预算单价内构成材料费，不直接出现在概预算中。

高原地区施工单位的辅助生产，可按其他直接费中高原地区施工增加费费率表规定的费率，以定额基价为基数计算高原地区施工增加费（其中：人工采集、加工材料、人工装卸、运输材料按人工土方费率计算；机械采集、加工材料按机械石方费率计算；机械装、运输材料按机械土方费率计算）。辅助生产高原地区施工增加费不作为辅助生产间接费的计算基数。

3. 施工技术装备费、计划利润及税金

(1) 施工技术装备费按定额直接费与间接费之和的 3%计列。

(2) 计划利润按定额直接费与间接费之和的 4%计算。

(3) 税金计算公式为:

综合税金额=(直接费+间接费+计划利润-临时设施费-劳动保险基金)×综合税率

概算综合税率按 3.38%。

预算综合税率分别为:

纳税人在市区的,综合税率为 3.38%;

纳税人在县城、乡镇的,综合税率为 3.32%。

纳税人不在市区、县城、乡镇的,综合税率为 3.19%。

6.3.2 设备、工具器具及家具购置费

1. 设备、工具、器具购置费

设备、工具、器具购置费应列出计划购置清单。

需要安装的设备,应在第一部分建安工程费的有关项目内另计安装工程费用。

设备、工具、器具购置费应根据建设工程规模实事求是地计列。

2. 办公和生活用家具购置费

办公和生活用家具购置费按表 6-14 所列规定计算。

办公和生活用家具购置费标准 表 6-14

工程所在地	路线(元/km)				有看桥房的独立大桥(元/座)	
	高速公路	一级公路	汽车专用二级公路	二、三、四级公路	一般大桥	技术复杂大桥
青海、内蒙古、黑龙江、新疆、西藏	11000	8000	4000	2000	6000	12000
其他省、自治区、直辖市	9000	7500	3000	1500	4900	9800

注:改建工程按表列数 80%计。

6.3.3 工程建设其他费用

1. 土地、青苗等补偿费和安置补助费

(1) 计算方法系根据有权单位批准的建设用地和临时用地面积,按各省、自治区、直辖市人民政府规定的各项补偿费、安置补助费标准和耕地占用税税率计算。

(2) 当建设的公路、桥梁与原有的电力电讯设施、水利工程、铁路及其中设施互相干扰时,应与有关部门联系,商定合理的解决方案和赔偿金额,也可由这些部门按规定编制费用以确定赔偿费金额。

(3) 由承担本项工程的施工单位代建设单位拆迁改移的各种建筑物、构筑物,其费用应属于建筑安装工程费用,路线工程在第一部分第六项内计算,独立大中桥工程在第一部分第五项内计算。

2. 建设单位管理费

建设单位管理费除本身费用外,还包括工程监理费、定额编制、管理费。

(1) 建设单位管理费

建设单位管理费以第一部分定额建筑安装工程费总额为基数,按表 6-15 所列费率,以累进办法计算。

建设单位管理费费率表　　表 6-15

第一部分定额建安工程费总额（万元）	费率（%）		算例（万元）	
	国内招标	国际招标	建安工程费	建设单位管理费（国内招标）
500 以下	2.00	—	500	500×2.0%=10
501～1000	1.60	—	1000	10+500×1.6%=18
1001～5000	1.20	—	5000	18+4000×1.2%=66
5001～10000	1.04	—	10000	66+5000×1.04%=118
10001～30000	0.88	0.76	30000	118+20000×0.88%=294
30001～50000	0.76	0.60	50000	294+20000×0.76%=446
50001～100000	0.60	0.52	100000	446+50000×0.60%=746
100001～150000	0.52	0.44	150000	746+50000×0.52%=1006
150001～200000	0.44	0.31	200000	1006+50000×0.44%=1226
200000 以上	0.31	0.22	210000	1226+10000×0.31%=1257

建设单位管理费包括公路工程质量监督站管理费（0.15%），国际招标工程费率中不含工程招标费内容。国际招标的建设单位管理费计算方法同国内招标，即按累进办法计算。

（2）工程监理费

工程监理费以定额建筑安装工程费总额为基数，按下列费率计算：

国内招标工程费率为 1.5%；国际招标工程费率为 4.0%。

（3）定额编制、管理费

定额编制、管理费以第一部分定额建筑安装工程费总额为基数，按 0.12%计列，其中定额编制费为 0.08%、定额管理费为 0.04%。

凡交通厅（局）已拨给全部经费的不列，交通厅（局）只拨给定额管理费用的，可列定额编制费。

3. 研究试验费

研究试验费的计算方法：按照设计提出的研究试验内容和要求进行编制，不需验证设计基础资料的不计本项费用。

4. 勘察设计费

计算方法：按国家颁发的工程勘察设计费取费标准和有关规定进行编制。

5. 施工机构迁移费

计算方法：施工机构迁移费应经建设项目的主管部门同意按实计算。

6. 供电贴费

供电贴费系指按照国家规定，建设项目应交付的供电工程贴费、施工临时用电贴费。

计算方法：按国家计委批转水利电力部关于供电工程收取贴费的暂行规定执行。

6.3.4 预留费用

预留费用由工程造价增涨预留费及预备费两部分组成。

1. 工程造价增涨预留费

工程造价增涨预留费系指设计文件编制年至工程竣工年期间，第一部分费用的人工费、材料费、机械使用费、其他直接费、间接费以及第二、三部分费用可能发生上浮而预留的费用及外资贷款汇率变动部分的费用。

（1）工程造价增涨预留费以概算或修正概算第一部分建筑安装工程费总额为基数，按设计文件编制年始至建设项目工程竣工年终的年数和年工程造价增涨率计算。计算公式如下：

工程造价增涨预留费＝建筑安装工程费总额× {［1＋年造价增涨率（%）］$^{n-1}$－1}

式中 n＝设计文件编制年至建设项目开工年＋建设项目建设期限。

（2）年造价增涨率应由设计单位会同建设单位根据该工程人工费、材料费、施工机械使用费、间接费以及第二、三部分费用可能发生的上浮等因素，以第一部分建安费为基数进行综合分析预测。一般可按5%估列。

（3）设计文件编制至工程完工在1年以内的工程，不列此项费用。

2. 预备费

预备费系指在初步设计和概算中难以预料的工程和费用，包括按施工图预算加系数包干的预算包干费用，其用途如下：

（1）进行技术设计、施工图设计和施工过程中，在批准的初步设计和概算范围内所增加的工程和费用。

（2）在设备订货时，由于规格、型号改变的价差；材料货源变更、运输距离或方式的改变以及因规格不同而代换使用等原因发生的价差。

（3）由于一般自然灾害所造成的损失和预防自然灾害所采取的措施费用。

（4）在上级主管部门组织竣工验收时，验收委员会（或小组）为鉴定工程质量必须开挖和修复隐蔽工程的费用。

计算方法：以第一、二、三部分费用之和为基数乘以下列费率：

设计概算按7%计列；修正概算按5%计列；施工图预算按3%计列。

采用施工图预算加系数包干承包的工程，包干系数为施工图预算中直接费和间接费之和的3%。施工图预算包干费用由施工单位包干使用。

在公路工程建设期限内，凡需动用预留费用时，必须遵守下列规定：

1）属于公路交通部门投资的项目，须经建设单位提出，按建设项目隶属关系，报交通部或交通厅（局）基建主管部门核定批准。

2）属于其他部门投资的建设项目，按其隶属关系报有关部门核定批准。

6.3.5 概预算中其他费用项目

1. 大型专用机械设备购置费

大型专用机械设备购置费系指技术复杂的特大桥、隧道、高速公路等工程建设中必须购置的大型专用机械设备所发生的费用。

工程建设中必需的大型专用机械设备，一般应向大型机械施工企业（或其他企业）租赁；或经投资主管部门批准，由设计单位在项目概算中列支购买，租给施工企业使用。

2. 固定资产投资方向调节税

固定资产投资方向调节税按国家有关规定计算。

3. 建设期贷款利息

建设期贷款利息系指贷款资金在建设项目建设期内发生的贷款利息。计算公式如下：

$$建设期贷款利息 = \sum_{j=1}^{n} p_j(n-j+k)i$$

式中　p_j——建设期第 j 年贷款计划数；

i——年利率；

n——建设期计息年数；

j——建设期第 j 年（$j=1，2，\cdots n$）；

k——当年计息的 $k=1$，当年不计息的 $k=0$。

6.4　路桥工程的工程量计算

路桥工程的工程量计算原理、方法等方面与一般土建工程相同，有关这些方面的内容见前面有关章节。这里仅重点介绍路桥工程预算的工程量计算规则。

路桥工程划分为路基工程、路面工程、隧道工程、桥涵工程、防护工程、其他工程及沿线设施、临时工程、材料采集及加工、材料运输等九部分，下面分别介绍这九部分的工程量计算规则。

6.4.1　路基工程的工程量计算

（1）土石方体积的计算。除预算定额中另有说明者外，土方挖方按天然密实体积计算，填方按压（夯）实后的体积计算；石方爆破按天然密实体积计算。当以填方压实体积为工程量，采用以天然密实方为计量单位的预算定额时，所采用的预算定额应乘以下列系数（表 6-16）。

路基土方工程量计算系数　　**表 6-16**

公路等级	土类				石方
	松土	普通土	硬土	运输	
二级及以上等级公路	1.23	1.16	1.09	1.19	0.92
三、四级公路	1.11	1.05	1.0	1.08	0.84

（2）下列工程量应根据施工组织设计确定，并入路基填方量内计算：

1）清除表土或零填方地段的基底压实、耕地填前夯（压）实后，回填至原地面标高所需的土、石方工程量。

2）因路基沉陷需增加填筑的土、石方工程量。

3）为保证路基边缘的压实度须加宽填筑时，所需的土、石方工程量。

（3）路基加宽填筑部分如需清除时，按刷坡预算定额中普通土子目计算；清除的土方如需远运，按土方运输定额计算。

（4）零填及挖方地段基底压实面积等于路槽底面的宽度（m）和长度（m）的乘积。

（5）“人工挖运土方”、“人工开炸石方”、“机械打眼开炸石方”、“抛坍爆破石方”等预算定额中，已包括开挖边沟消耗的工、料和机械台班数量，因此，开挖边沟的数量应合并在路基土、石方数量内计算。

（6）各种开炸石方预算定额中，均已包括清理边坡工作。

（7）机械施工土、石方，挖方部分机构达不到需由人工完成的工程量由施工组织设计确定。其中人工操作部分，按相应预算定额乘以1.15系数。

(8) 抛坍爆破的工程量，按抛坍爆破设计计算。

本预算定额按地面横坡坡度划分，地面横坡变化复杂，为简化计算，凡变化长度在20m以内，以及零星变化长度累计不超过设计长度的10%时，可并入附近路段计算。

抛坍爆破的石方清运及增运定额，系按设计数量乘以（1－抛坍率）编制。

(9) 袋装砂井及塑料排水板处理软土地基，工程量为设计深度，预算定额材料消耗中已包括了砂袋或塑料排水板的预留长度。

(10)土工布的铺设面积为锚固沟外边缘所包围的面积，包括锚固沟的底面积和侧面积。预算定额中不包括排水内容，需要时另行计算。

6.4.2 路面工程的工程量计算

(1) 路面工程包括低级、中级、次高级、高级四种类型路面以及路槽、路肩、垫层、基层等，除沥青混合料路面以100m³路面实体为计算单位外，其余均以1000m²为计算单位。

(2) 路面项目中的厚度均为压实厚度，培路肩厚度为净培路肩的夯实厚度。

(3) 各类稳定土基层、级配碎石、级配砾石路面的压实厚度在15cm以内，填隙碎石一层的压实厚度在12cm以内，垫层和其他种类的基层压实厚度在20cm以内，面层的压实厚度在15cm以内，拖拉机、平地机和压路机台班按定额数量计算。如超过以上压实厚度进行分层拌和、碾压时，拖拉机、平地机和压路机台班按定额数量加倍，每1000m²增加3.0工日。

(4) 水泥、石灰稳定类基层定额中的水泥或石灰与其他材料系按一定配合比编制的，当设计配合比与定额标明的配合比不同时，有关材料可分别按下式换算：

$$C_i=[C_d+B_d\times(H_1-H_0)]\times\frac{L_i}{L_d}$$

式中 C_i——按设计配合比换算后的材料数量；

C_d——定额中基本压实厚度的材料数量；

B_d——定额中压实厚度每增减1cm的材料数量；

H_0——定额的基本压实厚度；

H_1——设计的压实厚度；

L_d——定额标明的材料百分率；

L_i——设计配合比的材料百分率。

例如：石灰、粉煤灰稳定碎石基层，定额取定的配合比为5∶15∶80，基本压实厚度为15cm；设计配合比为4∶11∶85，设计厚度为14cm。各种材料调整后数量为：

石　灰：$[14.832+0.989\times(14-15)]\times\frac{4}{5}=11.074\text{t}$

粉煤灰：$[59.33+3.96\times(14-15)]\times\frac{11}{15}=40.60\text{m}^3$

砂　石：$[162.07+10.81\times(14-15)]\times\frac{85}{80}=160.71\text{m}^3$

(5) 稳定土基层定额中水泥碎石土、水泥砂砾土、石灰碎石土、石灰砂砾土中的碎石土、砂砾土系指天然碎石土和天然砂砾土。

(6) 沥青混合料路面定额中已包括拌和、运输、摊铺作业时的损耗因素。路面压实体积按路面设计面积乘以压实厚度计算。

(7) 在冬五区、冬六区沥青路面采用层铺法施工时，其用油量可按定额用油量乘以下列系数：

沥青表面处治1.05；沥青贯入式基层或联结层1.02；面层1.028；沥青上拌下贯式下贯部分1.043；沥青透层1.11；沥青粘层1.20。

(8) 硬路肩工程项目，根据其不同设计层次结构，分别套用不同的路面结构层定额。

(9) 混合料路面系按最佳含水量编制，定额中已包括养生用水并适当扣除材料天然含水量，但山西、青海、甘肃、宁夏、内蒙、新疆、西藏等省、自治区，由于湿度偏低，用水量可根据出现的具体情况，按定额数量酌情增加。

6.4.3 隧道工程的工程量计算

(1) 按现行隧道技术规范将围岩分为土质（Ⅰ、Ⅱ）、软石（Ⅲ）、次坚石（Ⅳ）、坚石（Ⅴ Ⅵ）共四种。

(2) 人工开挖、机械开挖轻轨斗车运输项目是按上导洞、扩大、马口开挖编制的，也综合了下导洞扇形扩大开挖方法，并综合了本支撑的工料消耗；机械开挖自卸汽车运输项目是按“新奥法”原理编制的，使用时不得因施工方法不同而变更本定额。

(3) 本定额的洞内工程项目是按隧道长1000m以内，即施工工作面距洞口500m以内编制的，若工作面距洞口长度超过500m时，每增长500m（不足500m时以500m计），人工工日及机械台班数量按相应定额增加5%。

(4) 开挖工程量按设计断面（成洞断面加衬砌断面）计算，定额中已考虑超挖因素，不得将超挖数量计入工程量。

(5) 锚杆工程量为锚杆、垫板及螺母等材料重量之和。

(6) 喷射混凝土工程量按设计厚度乘以喷护面积计算。

(7) 模筑混凝土工程量按设计厚度乘以模筑面积计算。

(8) 回填工程量为设计容许超挖数量，一般控制在设计开挖工程量4%以内。

(9) 洞门墙工程量为主墙、翼墙、截水沟等圬工体积之和。

6.4.4 桥涵工程的工程量计算

1. 桥涵工程工程量计算一般规则

(1) 现浇混凝土、预制混凝土、构件安装的工程量为构筑物或预制构件的实际体积，不包括其中空心部分的体积，钢筋混凝土项目工程量不扣除钢筋所占体积。

(2) 构件安装定额中在括号内所列的构件体积数量，表示安装时需要备制的构件数量。

(3) 钢筋工程量为钢筋的设计重量，定额中已计入施工操作损耗。施工中钢筋因接长所需的搭接长度的数量本定额中未计入，应在钢筋的设计重量内计算。

2. 开挖基坑的工程量计算

(1) 基坑开挖工程量按基坑容积计算。

(2) 基坑挡土板的支挡面积，按坑内需支挡的实际侧面积计算。

3. 筑岛、围堰及沉井工程的工程量计算

(1) 草土、草、麻袋、竹笼围堰长度按围堰中心长度计算，高度按施工水深加0.5m计算。木笼铁丝围堰实体为木笼所包围的体积。

(2) 套箱围堰的工程量为套箱金属结构的重量、套箱整体下沉时的悬吊平台的重量及套箱内支撑的重量之和。

（3）沉井制作的工程量：重力式沉井为设计图纸井壁及隔墙混凝土数量；钢丝网水泥薄壁沉井为刃脚及骨架钢材的重量，但不包括铁丝网的重量；钢壳沉井的工程量为钢材的总重量。

（4）沉井下沉定额的工程量按沉井刃脚外缘所包围的面积乘沉井刃脚下沉入土深度计算。沉井下沉按土、石所在的不同深度分别采用不同下沉深度的定额。定额中的下沉深度指沉井顶面到作业面的高度。定额中已综合了溢流（翻砂）的数量，不得另加工程量。

（5）沉井浮运、接高、定位落床定额工程量为沉井刃脚外缘所包围的面积，分节施工的沉井接高的工程量应按各节沉井接高工程量之和计算。

（6）锚碇系统定额工程量指锚碇的数量，按施工组织设计的需要量计算。

4. 打桩工程的工程量计算

（1）打预制钢筋混凝土方桩和管桩的工程量，应根据设计尺寸及长度以体积计算（管桩的空心部分应予以扣除）。设计中规定凿去的桩头部分的数量，应计入设计工程量内。

（2）钢筋混凝土方桩的预制的工程量，应为打桩定额中括号内的备制数量。

（3）拔桩工程量按实际需要数量计算。

（4）打钢板桩的工程量按设计需要的钢板桩重量计算。

（5）打桩用的工作平台的工程量，按施工组织设计所需的面积计算。

（6）船上打桩工作平台的工程量，根据施工组织设计，按一座桥梁实际需要打桩机的台数和每台打桩机需要的船上工作平台面积的总和计算。

5. 灌注桩工程的工程量计算

（1）灌注桩成孔工程量按设计入土深度计算。定额中的孔深指护筒顶至桩底的深度。成孔定额中同一孔内的不同土质，不论其所在的深度如何，均执行总孔深定额。

（2）人工挖孔的工程量按护筒外缘包围的面积乘孔深计算。

（3）浇筑水下混凝土工程量按设计桩径断面积乘设计桩长计算，不得将扩孔因素计入工程量。

（4）灌注桩工作平台工程量按施工组织设计需要的面积计算。

（5）钢护筒的工程量按护筒的设计重量计算。设计重量为加工后的成品重量，包括加劲肋及连接用法兰盘等全部钢材重量。当设计提供不出钢护筒的重量时，可参考表6-17的重量进行计算，桩径不同时可内插计算。

钢护筒重量参考表 **表6-17**

桩径（cm）	100	120	150	200	250
每米护筒重量（kg/m）	167.0	231.3	280.1	472.8	580.3

6. 砌体工程的工程量计算

（1）浆砌混凝土预制块定额中，未包括预制块的预制，应按定额中括号内所列预制块数量，另按预制混凝土构件的有关定额计算。

（2）浆砌料石或混凝土预制块作镶面时其内部应按填腹石定额计算。

（3）砌筑工程的工程量为砌体的实际体积，包括构成砌体的砂浆体积。

7. 现浇混凝土及钢筋混凝土的工程量计算

（1）定额中均不包括扒杆、提升模架、拐脚门架、悬浇挂篮等金属设备。需要时，应按有关定额另行计算。

（2）墩台高度为基础顶、承台顶或系梁底到盖梁、墩台帽顶或 0 号块件底的高度。

（3）索塔、横梁、桥梁、腹系杆高度和安装垫板、束道、锚固箱的高度均为桥面顶到索塔顶的高度。当塔墩固结时，工程量应为基础顶面或承台顶面以上至塔顶的全部数量；当塔墩分离时，工程量应为桥面顶部以上至塔顶的数量，桥面顶部以下部分的数量按墩台定额计算。

8. 预制、安装混凝土及钢筋混凝土构件的工程量计算

（1）预制构件的工程量为构件的实际体积（不包括空心部分），但预应力构件的工程量为构件预制体积与构件端头封锚混凝土的数量之和。预制空心板的空心堵头混凝土已综合在预制定额内，计算工程量时不应再计列这部分混凝土的数量。

（2）编制预算时，构件的预制数量应为安装定额中括号内所列的构件备制数量。

（3）安装的工程量为安装构件的体积。

（4）构件安装时的现浇混凝土的工程量为现浇混凝土和砂浆的数量之和。但如在安装定额中已计列砂浆消耗的项目，则在工程量中不应再计列砂浆的数量。

（5）预应力钢绞线、预应力精轧螺纹粗钢筋及配锥形（弗氏）锚的预应力钢丝的工程量为锚固长度与工作长度的重量之和。

（6）配冷铸镦头锚及镦头的预应力钢丝的工程量为锚固长度的重量。

（7）冷铸镦头锚锚具的工程量为锚具的重量，不包括锚具内填料及张拉时的拉杆和连接杆的重量。

（8）缆索吊装的索跨指两塔架间的距离。

9. 构件运输的工程量计算

（1）各种运输距离以 10m、50m、1km 为计算单位，不足第一个 10m、50m、1km 者，均按 10m、50m、1km 计，超过第一个定额运距单位时，其运距尾数不足一个定额单位的半数时不计，超过半数时按一个定额运距单位计算。

（2）凡以手摇卷扬机和电动卷扬机配合运输的构件重载升坡时，第一个定额运距单位不增加人工及机械，每增加定额单位运距按以下规定乘换算系数。

1）手推车运输每增运 10m 定额的人工，按表 6-18 乘换算系数。

手推车运输人工换算系数（每增 10m）　　**表 6-18**

坡　度　（%）	1 以内	5 以内	10 以内
系　　数	1.0	1.5	2.5

2）垫滚子绞运每增运 10m 定额的人工和小型机具使用费，按表 6-19 乘换算系数。

垫滚子绞运人工和小型机具使用费换算系数（每增 10m）　　**表 6-19**

坡　度　（%）	0.4 以内	0.7 以内	1.0 以内	1.5 以内	2.0 以内	2.5 以内
系　　数	1.0	1.1	1.3	1.9	2.5	3.0

3）轻轨平车运输配电动卷扬机每增运 50m 定额的人工及电动卷扬机台班，按表 6-20 乘换算系数。

轻轨平车运输配电动卷扬机人工及电动卷扬机台班换算系数（每增 50m）　　**表 6-20**

坡　度　（%）	0.7 以内	1.0 以内	1.5 以内	2.0 以内	3.0 以内
系　　数	1.00	1.05	1.10	1.15	1.25

10. 拱盔、支架工程的工程量计算

（1）桁构式拱盔安装、拆除用的人字扒杆、地锚移动用工及拱盔缆风设备工料已计入定额，但不包括扒杆制作的工、料，扒杆数量根据施工组织设计另行计算。

（2）桁构式支架定额中已包括了墩台两旁支撑排架及中间拼装、拆除用支撑架，支撑架已加计了拱矢高度并考虑了缆风设备。定额以孔为计量单位。

（3）木支架及轻型门式钢支架的帽染和地梁已计入定额中，地梁以下的基础工程计入定额中，如需要时，应按有关相应定额另行计算。

(4)简单支架定额适用于安装钢筋混凝土双曲拱桥拱肋及其他桥梁需增设的临时支架。稳定支架的缆风设施已计入本定额内。

（5）涵洞拱盔支架、板涵支架定额单位的水平投影面积为涵洞长度乘以净跨径。

（6）桥梁拱盔定额单位的立面积系指起拱线以上的弓形侧面积，其工程量按下式（表 6-21）计算：

$$F=K\times（净跨）^2$$

拱矢度与系数 *K* 对照表　　**表 6-21**

拱矢度	$\frac{1}{2}$	$\frac{1}{2.5}$	$\frac{1}{3}$	$\frac{1}{3.5}$	$\frac{1}{4}$	$\frac{1}{4.5}$	$\frac{1}{5}$	$\frac{1}{5.5}$
K	0.393	0.298	0.241	0.203	0.172	0.154	0.138	0.125

续表

拱矢度	$\frac{1}{6}$	$\frac{1}{6.5}$	$\frac{1}{7}$	$\frac{1}{7.5}$	$\frac{1}{8}$	$\frac{1}{9}$	$\frac{1}{10}$
K	0.113	0.104	0.096	0.090	0.084	0.076	0.067

（7）桥梁支架定额单位的立面积为桥梁净跨径乘以高度，拱桥高度为起拱线以下至地面的高度，梁式桥高度为墩、台帽顶至地面的高度，这里的地面指支架地梁的底面。

11. 钢结构工程的工程量计算

（1）安装金属栏杆的工程量系指钢管的重量。至于栏杆座钢板、插销等均以材料数量综合在定额内。

（2）安装钢斜拉桥的钢箱梁及桥面板的工程量为钢箱梁（包括箱梁内横隔板）、桥面板（包括横肋）、横梁重量之和；钢锚箱的工程量为钢锚箱的重量。

12. 杂项工程的工程量计算

（1）大型预制构件底座定额分为平面底座和曲面底座两项。

平面底座定额适用于 T 形梁、工字形梁、等截面箱梁，每根梁底座面积的工程量按下式计算：

$$底座面积=（梁长+2.00m）\times（梁宽+1.00m）$$

曲面底座定额适用于梁底为曲面的箱形梁（如T形刚构等），每块梁底座的工程量按下式计算：

底座面积＝构件下弧长×底座实际修建宽度

（2）蒸汽养生室面积按有效面积计算，其工程量按每一养生室安置两片梁，其梁间距离为0.8m，并按长度每端增加1.5m，宽度每边各增加1.0m考虑。定额中已将其附属工程及设备，按摊销量计入定额中，编制预算时不得另行计算。

6.4.5 防护工程的工程量计算

（1）定额中未列出的其他结构形式的砌石防护工程，需要时按“桥涵工程”项目的有关定额计算。

（2）定额中除已注明者外，均不包括挖基、基础垫层的工程内容，需要时按“桥涵工程”项目的有关定额计算。

6.4.6 其他工程及沿线设施的工程量计算

（1）钢筋混凝土防撞护栏中铸铁柱与钢管栏杆按柱与栏杆的总重量计算，预埋螺栓、螺母及垫圈等附件已综合在定额内，编制预算时，不得另行计算。

（2）波形钢板护栏中钢管柱、Z形柱按柱的成品重量计算；

波形钢板按波形钢板、端头板（包括端部稳定的锚定板、夹具、挡板）与撑架的总重量计算，柱帽、固定螺栓连接螺栓、钢丝绳、螺母及垫圈等附件已综合在定额内，编制预算时，不得另行计算。

（3）隔离栅中钢管柱按钢管与网框型钢的总重量计算，型钢立柱按柱与斜撑的总重量计算，钢管柱定额中综合了螺栓、螺母、垫圈及柱帽钢板的数量，型钢立柱定额中已综合了各种连接件及地锚钢筋的数量，编制预算时，不得另行计算；钢板网面积按各网框外边缘所包围的净面积之和计算；刺铁丝网按刺铁丝的总重量计算；铁丝编织网面积按网高（幅宽）乘以网长计算。

（4）中间带隔离墩上的钢管栏杆与防眩板分别按钢管与钢板的总重量计算。

（5）金属标志牌按板面、立柱、横梁、法兰盘及加固槽钢、螺栓、垫板、抱箍、滑块等的总重量计算。

（6）路面标线按划线的净面积计算。

（7）公共汽车停靠站防雨篷中钢结构防雨篷的长度按顺路方向防雨篷两端立柱中心间的长度计算；

钢筋混凝土防雨篷的水泥混凝土体积按水泥混凝土垫层、基础、立柱及顶棚的体积之和计算，定额中已综合了浇筑立柱及篷顶混凝土所需的支架等，编制预算时，不得另行计算；

站台地坪按地坪铺砌的净面积计算，路缘石及地坪垫层已综合在定额中，编制预算时，不得另行计算。

6.4.7 临时工程的工程量计算

（1）汽车便道按路基宽度为7.0m和4.5m分别编制，便道路面宽度按6.0m和3.5m分别编制，路基宽度4.5m的定额中已包括错车道的设置。汽车便道项目中未包括便道使用期内养护所需的工、料、机数量，如便道使用期内需要养护，编制预算时，可根据施工期按表6-22增加数量。

便道使用期养护所需工、料、机数量 **表 6-22**

单位：km·月

序号	项目	单位	代号	汽车便道路基宽度（m）	
				7.0	4.5
1	人工	工日	1	3.0	2.0
2	天然砂砾	m^3	288	18.00	10.80
3	6～8t 光轮压路机	台班	458	2.20	1.32

（2）重力式砌石码头定额中不包括码头拆除的工程内容，需要时可按“桥涵工程”项目的“拆除旧建筑物”定额另行计算。

（3）轨道铺设定额中轻轨（11kg/m，15kg/m）部分未考虑道渣，轨距为75cm，枕距为80cm，枕长为1.2m；重轨（32kg/m）部分轨距为1.435m，枕距为80cm，枕长为2.5m，岔枕长为3.35m，并考虑了道渣铺筑。

6.4.8 材料采集及加工的工程量计算

（1）材料计量单位标准，除有特别说明者外，土、粘土、砂、石屑、碎（砾）石、碎（砾）石土、煤渣、矿渣均按堆方计算；片石、块石、大卵石均按码方计算；料石、盖板石均按实方计算。

（2）开炸路基石方的片（块）石如需利用时，应按本章捡清片（块）石项目计算。

（3）材料采集及加工定额中，已包括采、筛、洗、堆及加工等操作损耗在内。

6.4.9 材料运输的工程量计算

（1）汽车运输项目中因路基不平、土路松软、泥泞、急弯、陡坡而增加的时间，定额内已予考虑。

（2）人力装卸船舶可按人力挑抬运输、手推车运输相应项目定额计算。

（3）所有材料的运输及装卸定额中，均未包括堆、码方工日。

（4）本章定额中未列名称的材料，可按下列规定执行，其中不是以重量计量的应按单位重进行换算：

1）水按运输沥青、油料定额乘以0.85系数计。

2）与碎石运输定额相同的材料有：天然级配石渣、风化石。

3）定额中未列的其他材料，一律按水泥运输定额执行。

复习思考题

1. 公路工程概预算定额各自包括哪几个方面的内容？
2. 概预算文件按不同需要分为哪两组？并简述每组的内容。
3. 简述独立大（中）桥工程概预算项目的组成。
4. 路桥工程概预算费用由哪些部分组成？并简述每一部分的内容。
5. 试述冬、雨季施工增加费、高原地区施工增加费、行车干扰工程施工增加费、流动施工津贴等的计算方法。
6. 施工管理费、主副食运费补贴、临时设施费、施工队伍调遣费、劳动保险费如何计算？

7. 什么叫工程造价增涨预留费？如何计算？

8. 什么叫预备费？说明预备费的用途。

9. 如何计算建设期贷款利息？

10. 试述公路工程概预算各项费用的计算程序及计算方法。

11. 如何计算锚杆工程量？砌体工程量如何计算？

12. 土工布的工程量如何计算？抛坍爆破工程量如何计算？

第 7 章　国际工程造价简介

7.1 概　　述

在我国对外承包国际工程的业务中，建筑工程预算是非常重要的，精确计算工程造价，是能否中标、盈利及企业经济核算的首要问题。国外编制预算没有统一的定额手册，都是各企业根据自己积累的经验和当时有关地区的材料、设备、运输等市场价格信息来编制。一般国外建筑企业的预算是由建筑公司、建筑管理咨询公司及建设单位自行或委托编制。

7.1.1　国际工程造价构成与估价体系

国际工程通常采用的估价体系有两种，一种是由英国皇家特许测量师协会（简称 RICS）制定，另一种是由国际工程师联合会（简称 FIDIC）制定。

RICS 可以被说成是世界上最古老和最权威的专业组织，其会员遍布各地。因而，其估价体系在国际工程承包中被广泛的采用。现在英联邦体制下的国家广泛使用由 RICS 制定的 SMM7 工程量计算规则。

FIDIC 是被世界银行认可的国际咨询服务机构，总部设在瑞士洛桑。它的会员在每个国家只有一个。FIDIC 的文件范本大多以英国文件范本为基础，沿用英国的传统做法和法律体系，这种情况在 1983 年后有所改变，文件的概念和语言不再过于英国化了。可以说 FIDIC 代表了世界上很多的咨询工程师，与 RICS 一样，FIDIC 是国际上具有权威性的咨询工程师组织。如果参与的国际工程使用的是 FIDIC 合同条款，那么计算工程量时要采用 FIDIC 中的工程量计算规则。FIDIC 工程量计算规则是在英国工程量计算规则 SMM7 的基础上，根据工程项目、合同管理中的要求，由皇家特许测量师协会指定的委员会编制的。

国际工程造价组成内容与我国相似，但分类方法有些差异，国外各国也不完全一样，下面我们介绍一下国际上大多数国家的分类方法及其组成内容。

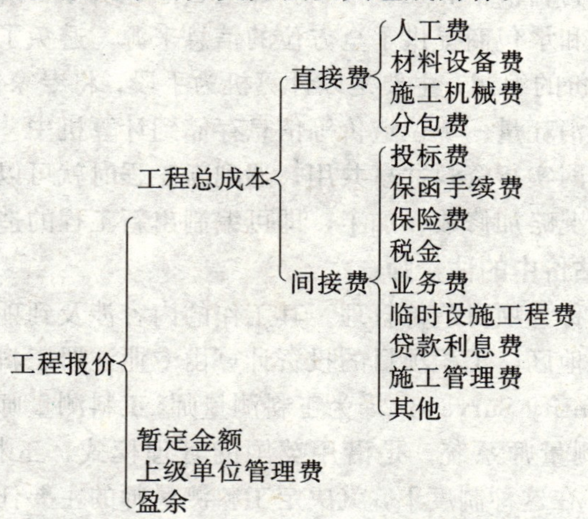

7.1.2 部分国家和地区造价管理做法

造价管理做法没有统一的规程和模式，这里着重介绍一些先进国家和地区，如英国、我国香港特区和美国的方法。

(1) 在英国，工程总费用计算都由业主委托英国皇家测量师协会预算师估算事务所来完成。为了动态地计算工程费用，正确反映工程造价，英政府定期公布造价标准、物价指数和有关资料，对国外工程由驻外使馆提供所在国的经济情报，这些成为预算师估算事务所及各承包公司作动态计算的依据。

英国各承包工程公司，靠自己的造价基础数据情报所积累资料，对收集来的原始资料进行整理分析：

1) 按照不同类型的房屋整理出粗细不同的造价指标。

2) 分析主要材料和工资价格变化情况，提出各类工程造价的涨价系数，并预测近几年的物价上涨趋势。

3) 分析结算造价和投标价格的发展趋势。

4) 分析各地区的差价。

5) 分析现场费用的变化情况。

6) 分析国外工程的造价情况。

通过综合分析，提出数据资料存入数据库内，以备随时使用。

在选择和使用上述各种数据资料时，要求预算师作充分的分析和调查研究工作，结合类似工程造价指标和实际工程项目造价偏差率进行调整，必须做到造价指标的工程特点与本工程相符。对工程所在的现场应作周密的调查研究，包括自然条件和社会条件，做好市场调查等，据此提出本公司在本工程的实物工程量、材料量和单价等，以此编制工程造价。

(2) 在我国香港特区，由一些信誉良好的大型工料测量行发布工程造价指数和价格、成本信息，在“价”的依据方面，各测量行和承包商都有一套自己的估价资料，并积累有大量的工程造价实例。根据这些资料与数据以及现时市场物价水平，实现造价动态管理。

香港特区政府部门和社会咨询服务机构定期发布工程造价指数，且编有建筑市场价格走势分析。香港特区政府统计处和建造商会每月都公布材料和劳工工资平均价格信息，除可调价部分外，还包括市场价格变动大的或常用的材料、人工单价。这些价格资料来源于承包商每月报送政府的材料价格和工资报表。加上香港建筑业各阶层人士对建筑市场动态的研究和分析，为业主和承包商提供了全方位的信息来源，避免了工程建设中的盲目性。

(3) 在美国工程造价的编制，主要是以计算机为手段，将专家们多年的实际经验，如：标准的工作量、材料的消耗量、单位造价等信息存储到计算机中，建立高质量、有价值的数据库，利用计算机联网实行资料共享共用，遇到新工程时就可以很快地将以往历史数据调出，结合工程具体情况略加修改、加工，即可编制出新工程的造价。

7.1.3 国际工程估价中的估价师

估价师的工作可以称为项目造价管理。其工作的内容涉及到项目全过程。

例如，在我国香港地区，工程项目的投资计算由专业注册工料测量师负责。香港、新加坡等地把估价师 Quantity Surveyor 译为工料测量师。工料测量师的主要工作是确定并控制工程造价。香港的测量师系统，是沿用英国的管理模式，工料测量师对其所做的估（概）算要负经济责任。在这种制度下，就决定工料测量师的主要任务是从做出项目总投资估算开始，就必须自始自终控制工程造价。

在香港，工料测量师行是直接参与工程造价管理的咨询部门，他们受雇于业主，业务范围涉及各类工程初步费用估算、成本规划、承包合同管理、招标代理、造价控制、工程结算及项目管理等方面的内容。参与从可行性研究阶段到工程竣工结算期间的每一过程的工程造价控制活动，实现了对工程造价的一体化管理。工料测量师行在业主、建筑师、工程师和承包商之间充当公正、客观的联系人，他们以自己的实力、专业知识、服务质量在社会上赢得声誉。一些信誉良好的工料测量师行发布的工程造价指数和价格、成本信息，在社会上颇具权威性，在业主与承包商之中有着广泛的影响力。

随着建筑业的发展，估价工作的内容日益增多，其范围也日益广阔，估价师的地位也不断地提高。从最初单纯的准备工程量清单，发展为业主的成本顾问，并且开始尝试项目经理的角色。因此要求估价师是具有各方面知识的复合型人才。

7.1.4 国际工程投标报价的主要工作

当今，国际工程承包市场的竞争日趋激烈，在此形势下，国际工程承包公司能否成功地通过投标赢得工程项目，首要问题在于能否编制出既有竞争力又能获得利润的最佳报价。

为了在国际投标竞争中做到报价恰当，最主要的几项工作是：(1) 认真研究有关招标的文件。弄清承包者的责任和报价范围，理顺招标书中的问题，并通晓其内容，在执行过程中，能够依据合同条文避免不应有的损失，索取应该索取的赔款，使承包者取得理想的经营效果。(2) 进行工程现场调查。这项工作给投标报价提供了可靠依据，对能否中标和经济效益的好坏，都有着重要意义。(3) 编制投标报价书。编制国际工程投标报价书与编制国内的工程概预算有相同之处，但表现形式以及各项费用计算上则又有所不同。从表面上看，投标报价类似我国初步设计，只需编制出概算即可。但由于投标报价文件本身是带有法律效力的对外文件，一经提出就不能修改。故单独做一概算，远不能满足要求。投标者应在概算的基础上根据所掌握的国外资料做近一步的修订。

国际工程估价与国内工程概（预）算方法比较，最主要的区别在于：国际工程中间接费和利润等是用一个估算的综合管理费率分摊到分项工程单价中，从而组成分项工程完全单价，某分项工程单价乘以工程量即为该分项工程的合价，所有分项工程合价汇总后即为该工程的总估价。

7.2 研究招标文件

招标文件主要包括合同文本、技术规范、图纸、工程量清单以及其他有关涉及经济、政治、法律、技术诸领域的文件，承包者必须充分理解，才可动手计算标价。

招标文件的内容很广泛，承包商应当特别注意以下一些重点问题，它们对标价计算可能产生重大影响。

7.2.1 关于合同条件方面

(1) 工期。

(2) 拖期罚款。

(3) 缺陷责任期的有关规定。

(4) 保函的要求。

(5) 保险。

(6) 付款条件。

(7) 税收。

(8) 货币。

(9) 劳务国籍的限制。

(10) 战争和自然灾害等人力不可抗拒因素造成损害的补偿办法和规定，中途停工的处理办法和补救措施等。

(11) 有无提前竣工的奖励。

(12) 争议、仲裁、诉讼法律等的规定。

7.2.2 材料、设备和施工技术要求方面

研究招标文件中附属的施工技术规范是采用哪国的施工验收规范，有无特殊的施工要求，有无特殊材料的技术要求和有关选择材料设备代用的规定，特别是高、精、尖项目的材料标准较高更需注意。

工程范围和报价要求方面：

(1) 合同种类。

(2) 应当仔细研究招标文件中工程量表（即报价单）的编制体系和方法。

(3) 对永久性工程之外的项目有何报价要求。

(4) 对非土建类的工程是否必须由业主指定承包商进行分包。

(5) 对于材料、设备和工资在施工期限内涨价及当地货币贬值有无补偿，在合同内有无具体条款。

7.2.3 承包商可能获得补偿的权利

搞清楚有关补偿的权利可使承包商正确估计执行合同的风险。

一般惯例，由于恶劣气候或工程变更而增加工程量等，承包商可以要求延长工期外，有些招标文件还明确规定，如果遇到自然条件和人为障碍等不能合理预见的情况而导致费用增加时，承包商可以得到合理的补偿。但是某些招标项目的合同文件，故意删去这一类条款，在这种情况下，承包商投标时就要增大不可预见费用。

除索取补偿外，承包商也要承担违约罚款、损害赔偿，以及由于材料或工程不符合质量要求而降价等责任。搞清楚责任及赔偿限度等规定，也是估价风险的一个重要方面。

7.3 工程现场调查

工程现场调查是一个广义的概念，凡不能直接从招标文件中了解和确定，但是对估价结果有影响的内容，都要尽可能通过工程现场调查来了解和确定。通常分为一般国情调查、工程项目所在地区的调查、业主和竞争对手的调查三个方面。

7.3.1 一般国情调查

1. 政治情况调查

调查项目所在国国内的政治形势是否稳定，与临近国家的政治关系如何，与我国政府之间的政治关系如何等情况。

2. 经济情况调查

诸如项目所在国的经济制度、主要经济政策、经济状况、外汇储备情况、对外贸易情况及其所在国的银行体系等等。

3. 法律情况调查

调查项目所在国的宪法和民法、经济合同法、涉外经济合同法及其他主要经济法规，特别是建筑法、劳动法、海关法、仲裁法等的有关规定。

4. 生产要素市场调查

调查主要建筑材料及施工机械的采购渠道、质量、价格、供应方式，有无租赁施工机械的可能，当地劳动力的技术水平、工效水平、雇佣价格及手续，当地近三年的生活费用指数等主要情况。

5. 交通、运输和通讯情况调查

当地公路、铁路、水路运输情况及空运条件，当地国际和国内电报、电话、传真、邮递的可靠性、费用及所需时间等。

6. 其他情况调查

主要民俗情况、宗教信仰、主要节假日、主要的公众传媒手段情况等。

7.3.2 工程所在地区的调查

1. 自然条件调查

气象资料，水文资料，地震、洪水及其他自然灾害情况，地质情况等。

2. 施工条件调查

工程现场的用地及现场三通一平情况，工程现场周围的道路及进出场条件。工程现场施工临时设施、大型施工机具、材料堆放场地安排的可能性，是否需要二次搬运。施工现场的供电、供水、供气及通讯设施的连接和铺设。

3. 其他条件调查

建筑构件和半成品的加工、制作和供应条件，商品混凝土的供应能力和价格。是否可在施工现场解决工人的住宿和伙食。工程现场附近的治安情况和公共服务设施情况。

7.3.3 业主和竞争对手的调查

1. 调查业主的内容

本工程的资金来源、额度。工程的各项审批手续是否齐全，是否符合工程所在国及当地政府关于工程建设的各项规定。业主是否有组织工程建设的经验。了解业主委托的咨询单位的情况及委托监理的方式。

2. 调查竞争对手的内容

工程所在地及临近地区有能力承包本工程的公司的规模和实力。

7.4 编制投标报价书

编制国际工程投标报价书一般首先进行国内部分概算，包括工程量计算和工料分析，然后根据我们掌握的国外工程设备、材料价格、各项费用计算基础及有关资料，再编制国际工程报价书，此外尚需编制标价分析、盈亏分析等资料。

7.4.1 编制国内部分概算

编制国内概算有三个作用，一是计算出工程量，做出工料分析为编制投标报价书创造条件。二是将编制概算与国内同类型项目相比，核实工程量、工料、机械台班等是否准确。三是对承包此项工程施工组织、定额管理、成本核算方面起到一些作用。

7.4.2 编制投标报价书

投标报价书的编制，是在国内概算已完成的基础上编制的，根据国内概算分析出的人工、材料、机械台班填上国外工程当地价格，编制出各分项工程直接费用。计算出各分项工程直接费用后，再计算间接费，并确定比率系数，然后做单价分析确定工程单价，填写工程量表，合计工程总报价。

编制投标报价书应具备下列资料：

(1) 工程量表；

(2) 报价单；

(3) 主要材料计划表；

(4) 主要工程设备清单；

(5) 主要材料价格表；

(6) 工程施工机械一览表；

(7) 施工总体规划进度表；

(8) 施工机构设置表；

(9) 工程报价汇总表；

(10) 预付款支付计划表；

(11) 劳动力需用计划。

7.5 我国参与国际工程投标报价各项费用的计算

7.5.1 人工单价的计算

这是指国内派出工人和当地雇用工人(包括外籍和当地工人)平均工资单价的计算。一般情况，在分别计算出这两类工人的工资单价后，再考虑工效和其他一些有关因素，就可以原则上确定在工程总用工量中这两类工人完成工日所占的比重。进而用加权平均的方法算出平均工资单价。

平均工资单价 ＝国内派出工人工资单价×国内派出工人工日占总工日的百分比＋当地雇用工人工资单价×当地工人工日占总工日的百分比

1. 国内派出工人工资单价

国内派出工人工资单价＝一个工人出国期间的费用/出国工作天

出国期间的主要费用应当包括：

(1) 国内工资及中转费的摊销：标准工资一般可按建安工人平均4.5级计算。

(2) 置装费：按热带、温带、寒带等不同地区发放。

(3) 差旅费：包括工人出国和回国时往返于国内工作地点与集中地点之间的旅费，开工前出国、完工后回国及中间回国探亲所开支的旅费。

(4) 国外零用费：按经贸部现行规定计算。

(5) 伙食费：按我国驻当地使馆规定计算。

(6) 人身意外保险费和税金：不同保险公司收取的费用不相同。业主没有规定投保公司时，应争取在国内办理保险。发生在个人身上的税收一般即个人所得税，按当地规定计算。

2. 当地雇用工人工资单价

当地雇用工人工资单价计算相对比较简单，计算时主要应包括下列费用：

(1) 日基本工资。

(2) 带薪法定假日、带薪休假日工资。

(3) 夜间施工或加班应增加的工资。

(4) 按规定应由雇主支付的税金、保险费。

(5) 招募费和解雇时须支付的解雇费。

(6) 上下班交通费。

国际承包工程的人工费有时占到总造价的20%～30%左右，大大高于国内工程的比率。确定一个合适的工资单价，对于以后做出有竞争能力的报价是十分重要的。

7.5.2 材料、半成品、设备单价的计算

国际承包工程中材料、半成品、设备的来源有三条渠道，即当地采购、国内供应和第三国采购。在实际工程中，采用哪一种采购方式要根据材料、半成品、设备的价格、质量，供货条件及当地有关规定等确定。

在当地、国内和第三国采购这三种方式中，后两种方式的价格计算方法类似。现分别介绍如下：

1. 在工程所在国采购

如果由当地材料商供货到现场，可直接用材料商的报价做为材料设备单价；如果自行采购，可用下列公式计算：

材料、设备单价＝市场价＋运杂费＋运输保管损耗

2. 国内或第三国采购

可用以下公式计算：

材料、设备单价＝到岸价＋海关税＋港口费＋运杂费＋保管费＋运输保管损耗＋其他费用

3. 半成品预算单价的计算

在建筑工程中经常使用一些由若干种原材料按一定的配合比混合组成的半成品材料，如混凝土、砂浆等。这些混合材料用量较大，配合比各异。因而可先算出在各种配合比下的混合材料的单价，然后根据各种材料所占总工程量的比例，加权计算出其综合单价，作为该工程中统一使用的单价。

7.5.3 施工机械台班单价计算

国外承包工程施工机械除了承包企业自行购买外，有些还可以租赁使用。如果决定租赁机械，台班单价就可以根据事先调查的市场的租赁价格来确定。

自行购买机械的使用费用构成包括：

(1) 基本折旧费 (Depreciation Charge)。施工机械的基本折旧费能按照国内规定的固定折旧率计算，应结合具体情况按下面的公式计算：

基本折旧费＝（机械总值—残值）×折旧率

(2) 安装拆卸费。可根据施工方案的安排，分别计算各种需装卸的机械设备在施工期间

的拆装次数和每次拆装费用的总和。

(3) 维修费。可参照国内的定额估算，工程期间的维修、配件、工具和辅助材料消耗等，可按定额中规定的比率计入。

(4) 机械保险费。指施工机械设备保险费。

(5) 燃料动力费。按当地的燃料和动力基价和消耗定额乘积计算。

(6) 机上人工费。按工日基价与操作人员数的乘积计算。

在实际计算中，有的投标者把机械费用分摊到每个分项工程单价中。但是较为合理的算法应该是先算出台班单价，然后根据分项工程使用机械的实际情况分摊机械使用费。台班单价的计算方法如下：

台班单价＝(基本折旧费＋安装、拆卸费＋维修费＋机械保险费)/总台班数＋机上人工费＋燃料、动力费

需要进一步说明的是：基本折旧费中的“余值”(Salvage Value 或 Remaining Value) 不可按国内的规定计算，而要根据当时当地的实际情况确定，甚至可以不考虑“余值”回收。此外，承包工程中机械的“折旧率”要比国内规定的大，一般考虑 4～5 年折完，较大工程甚至一次折完。因此也就不再计算大修费用。

7.5.4 分项工程的直接费

有了人工、材料、设备和机械台班的基本单价，根据施工技术方案、人工、施工机械工效水平和材料消耗水平确定单位分项工程中工、料、机的消耗定额，就可算出分项工程的直接费。

确定单位分项工程中工、料、机的消耗定额，要弄清楚业主划定的分项工程的工作内容，并结合施工规划中选用的施工工艺、施工方法、施工机具来考虑。具体计算时，可以用国内相同或相似的分项工程消耗定额作基础，再根据实际情况加以修正。有了分项工程基本单价就可计算出整个工程的直接费用。

7.5.5 间接费

国际承包工程间接费的特点是费用项目多、费率变化大，整个标价的高低很大程度上取决于间接费的取费水平。在计算间接费之前，应注意研究招标文件中是否单列了有关费用，如拆迁费、临时道路费、保险费等，如果列了就不要再计入间接费。间接费用的项目、费率没有统一的模式。这里仅把一般工程中可能发生的间接费用分述如下：

1. 投标期间开支的费用

这项费用包括购买招标文件费、投标期间差旅费、标书编制费。把这笔费用单列出来，有利于积累投标费用方面的数据。

2. 保函手续费

除了投标保函以外，承包工程出具的还有履约保函、预付款保函、维修保函等。银行在为承包商出具这些保函时，都要以保函金额的 2‰～5‰ 收取手续费。不足一年按一年计。确定了投保银行以后，按照业主要求的保函金额和保函期，就可算出保函手续费。

3. 保险费

承包工程中的保险项目一般有工程保险、第三者责任保险、人身意外保险、材料设备运输保险、施工机械保险等，其中后三项保险的费用已计入工、料、机单价。

4. 税金

不同的国家对外国承包企业课税的项目和税率很不相同，常见的课税项目有：(1) 合同税；(2) 利润所得税；(3) 营业税；(4) 产业税；(5) 地方政府开征的特种税；(6) 社会福利税；(7) 社会安全税；(8) 养路和车辆牌照税。

还有一些税，如关税、转口税等，以直接列入相关材料、设备和施工机械价格中为宜。上述各种税种中，以利润所得税、营业税的税率较高，有的国家分别达到30%和10%以上。

5. 业务费

这部分费用包括监理工程师费、代理人佣金、法律顾问费。

6. 临时设施费

临时设施包括全部生产、生活和办公设施、施工区内的道路、围墙及水、电、通讯设施等，具体项目及数量应在做施工规划时提出。国外工程临时设施的标准要高一些，计费时应注意。承包国外一般建筑工程，临时设施费约占到直接费的2%～8%，对于大型或特殊项目，最好按施工组织设计的要求一一列项计算。

7. 贷款利息

承包商支付贷款利息有两种情况。一是承包商本身资金不足，要用银行贷款组织施工；另一种情况是业主一时缺乏资金，要求承包商先垫付部分或全部工程款，在工程完工后的若干年内（一般为三五年）由业主逐步还清。由承包商垫付的工程款，业主 也付给承包商一定的利息，但往往都低于承包商从银行贷款的利息。因此，在估价时就要把这个利息差额考虑进去。

8. 施工管理费

这部分费用包括的项目多、费用额度也较大，一般要占到总价的10%以上。费用项目包括：

(1) 管理人员和后勤人员工资。可参考已算出的人工工资单价确定。这部分人员的数量应控制在生产工人的8%左右。

(2) 办公费。包括复印、打字、通讯设备、文具纸张、电报电话费、水电费等。

(3) 差旅交通费。指出差、从生产现场到驻地发生的交通等费用。

(4) 医疗费。包括全部人员在施工期内的医药费。

(5) 劳动保护费。购置大型劳保用品，如安全网等发生的费用。个人劳保用品可计入此项，也可计在人工费里。

(6) 生活用品购置费。生活用品指全部人员所需的卧具、餐具、炊具、家具等。

(7) 固定资产使用费。这里的固定资产指办公、生活用车，电视机、空调机等。

(8) 交际费。从投标开始到完工都会发生这笔费用，可根据当地在这方面的特殊情况，以总价的1%左右计入。

7.5.6 分包费

分包费对业主单位是不需要单列的，但对承包商来说，在投标报价时，有的将分包商的报价直接列入直接费中。另一种即将分包费和直接费、间接费平行，单列一项。总之，工程报价的总成本中应包括分包费用。

分包费用包含预计要支付给分包商的费用以及分包管理费。

7.5.7 上级单位管理费、盈余

上级单位管理费（Overhead）是指上级管理部门或公司总部对现场施工单位收取的管

理费，但不包括工地现场的管理费，据统计约为工程总成本的3%～5%。

盈余（Margin）一般包含利润（Profit）和风险费（Risk），风险费对承包商来说是个未定数，如果预计的风险没有全部发生，则可能预计的风险费有剩余，这部分剩余和计划利润加在一起就是盈余，如果风险费估计不足，则只有由计划利润来贴补。

7.5.8 暂定金额

暂定金额（Provisional Sums）有时也叫待定金额或备用金。这是业主在招标文件中明确规定了数额的一笔金额，实际上是业主在筹集资金时考虑的一笔备用金，每个承包商在投标报价时应将此暂定金额数计入工程总报价，但承包商无权作主使用此金额。

7.5.9 确定工程单价

有了分项工程基础单价，再乘上招标文件工程量表中的工程数量，然后相加汇总即得出直接费。前面也已计算出了整个间接费总额，从而确定该项目间接费与直接费的比率。间接费和直接费比率确定后，再进行单价分析，把间接管理费按分项工程摊入。在实际投标报价中，一般要根据投标情况确定如何摊入，如早期摊入、递减摊入、递增摊入、平均摊入等。

7.6 单 价 分 析

单价分析（Breakdown of Prices）也可称为单价分解，就是对工程量表上所列项目的单价的分析、计算和确定，主要是从采用的定额是否合理，每个分项工程算出的单价是否符合当地情况，是否具有竞争力进行分析研究。

7.6.1 单价分析方法

1. 直接费A包括：（1）人工费$a1$；

（2）材料费$a2$；

（3）永久设备费$a3$；

（4）机械费$a4$。

直接费$A=a1+a2+a3+a4$

2. 间接费B

间接费的计算应该把一个工程全部间接管理费项目的总和ΣI，与所有分项工程的直接费总和ΣA相比，先得出间接费比率系数b。间接费的比率系数b是一个很重要的数值，应该在充分调查和掌握工程本身情况及其所在国的经济、法律、物价、税收、银行、海关、港口、运输、水电、保险、气候以及本公司的人员素质、施工组织能力等情况的基础上，进行认真地分析研究才能确定。计算公式如下：

$$b=\Sigma I/\Sigma A$$

$$B=Ab$$

3. 工程总成本W

$$W=A+B$$

4. 利润率、风险费率

$$C=Wc$$

c代表风险费及利润的费率，这个费率的变化很大，一般国外工程可在7%～15%之间考虑，国内工程在5%～10%之间考虑。取这个系数要根据公司本身的管理水平、承包市场、地区、对手、工程难易程度等许多因素来确定。

5．每个项目的单价U

$$U=(W+C)/\text{该项目的工程量}$$

最后就可确定每项工程单价，填入工程量表中，计算每项工程价格和工程总价。

复习思考题

1．国际工程造价方法与我国预算方法有何不同？

2．国际工程造价包含那些费用项目？

3．试述国际工程造价的步骤。

第 8 章　工程造价的结算与决算

8.1　工程造价的结算

8.1.1　现行建筑安装工程造价的结算

工程造价的结算，实际上是施工单位与建设单位之间的商品货币结算，通过结算实现施工单位的工程价款收入，弥补施工单位在一定时期内为生产建筑产品的消耗。

1. 工程价款结算特点

(1) 工程结算价格以预算价格为基础，单个计算

建筑产品由于其建筑、结构形式，建筑地点的工程地质、水文条件的不同，建筑地区的自然条件与经济条件的不同，以及施工单位采用的施工方案等不同，决定了工程价款结算不能同一般商品那样，按统一的销售价格结算。当然，建筑工程的结算价格的计算也要有一个统一的基础，那就是建筑工程的预算价格。工程价款结算是以预算价格为基础单个计算的。

(2) 建筑产品生产周期长，需要采用不同的工程价款结算方法

建筑产品生产周期长，投资大，若等工程全部竣工再结算，必然使施工单位资金发生困难。因此，施工单位在施工过程中所消耗的生产资料、支付工人的报酬及所需的周转资金，必须通过工程价款的形式，定期或分期向建设单位结算以得到补偿。

2. 工程价款结算的方式

根据工程性质、规模、资金来源和施工工期，以及承包内容不同，采用的结算方式也不同，我国现行建筑安装工程价款的结算方式主要有以下几种：

(1) 按月结算

对在建施工工程，每月由施工单位提出已完工程月报表及其工程价款结算单，送交建设单位，办理已完工程价款的结算。一般分月中预支与不预支两种做法：即实行每月末结算当月实际完成工程任务的总费用，月初支付，竣工后清算的结算方式；也可以是月初或月中预付，月终按实结算，竣工后清算的结算方式。

(2) 竣工后一次结算

对建设项目或单项工程全部建筑安装工程建设期在一年以内，或者工程承包合同价格在 100 万元以下的工程，可以实行工程价款每月月中预支，竣工后一次结算的方式。

(3) 分段结算

以单项（或单位）工程为对象，按其施工形象进度划分为若干施工阶段，按阶段进行工程价款结算。这是一种不定期的结算方法。按照建设规模、工期长短、技术复杂程序，一般分为按段落预支、按段落结算的方式和按段落分次预支、完工后一次结算的方式。

3. 按月结算建安工程价款的一般程序

(1) 预付备料款

施工单位承包工程，一般都实行包工包料。需要有一定数量的备料周转金。常根据工程承包合同条款规定，由建设单位在开工前拨给施工单位一定限额的预付备料款。此预付款构成施工单位为该建设工程项目储备主要材料、结构构件所需的流动资金。

1）预付备料款的限额

对于施工单位常年应备的备料款限额，可按下式计算：

$$备料款限额=\frac{全年施工产值\times 主要材料所占比例}{年度施工日历天数}\times 材料储备天数$$

在实际工作中，备料款的数额，要根据各工程类型、合同工期和承包方式等不同条件而定，一般建筑工程不应超过当年建筑工程量（包括水、电、暖）的30%；安装工程不应超过年安装工程量的10%；材料占比重多的安装工程按年计划产值的15%左右拨付。

2）备料款的扣回

建设单位拨付给施工单位的备料款属于预支性质，到了工程中后期，随着工程所需主要材料储备的逐步减少，应以抵冲工程价款的方式陆续扣回。扣款的方法是从未施工工程尚需的主要材料及构件的价值相当于备料款数额时起扣，从每次结算工程价款中，按材料比重扣抵工程价款，竣工前全部扣清。备料款起扣点可按下式计算：

$$T=P-\frac{M}{N}$$

式中 T——起扣点，即预付备料款开始扣回时的累计完成工作量金额；

M——预付备料款的限额；

N——主要材料所占比重；

P——承包工程价款总额。

第一次应扣回预付备料款＝（累计已完工程价值－预付备料款价值）×主要材料所占比重，以后每次应扣回预付备料款＝每次结算的已完工程价值×主要材料所占比重。

在实际经济活动中，情况比较复杂，有些工程工期较短（如在3个月以内）就无需分期扣还；有些工程工期较长，如跨年度工程，其备料款的占用时间很长，根据需要可以少扣或不扣。

（2）中间结算

施工单位在工程建设过程中，按逐月完成的分部分项工程数量计算各项费用，向建设单位办理中间结算手续。

现行的中间结算办法是，施工单位在旬末或月中向建设单位提出预支工程款帐单，预支一旬或半月的工程款，月终再提出工程款结算账单和已完工程月报表，收取当月工程价款，并通过建设银行进行结算。当工程款拨付累计额达到该建筑安装工程造价的95%时，停止支付预留造价的5%作为尾留款，在工程竣工结算时最后拨款。

（3）竣工结算

施工单位在所承包的工程按照合同规定的内容全部完工、交工之后，向建设单位进行最终工程价款结算。在竣工结算时，若因某些条件变化使合同工程价款发生变化，则需按规定对合同价款进行调整。

在实际工作中，当年开工、当年竣工的工程，只需办理一次性结算。跨年度的工程，在年终办理一次年终结算，将未完工程结转到下一年度，此时竣工结算等于各年度结算的总和。办理工程价款竣工结算的一般公式为：

$$竣工结算工程价款=预算(或概算)或合同价款+施工过程中预算或合同价款调整数额-预付及已结算工程价款$$

【例 8-1】某建筑工程安装与建筑工程量计1000万元，计划一年完工，主要材料和结构构件金额占施工总产值60%，材料储备天数为150d，每月实际完成产值和合同价款调整增加额如下：

某工程逐月完成产值量和价款调整额　　（单位：万元）

月份	1～6	7	8	9	10	11	12	合同价款调整额
产值	6×60	90	90	90	120	120	130	150

求预付备料款、每月结算工程款、竣工结算工程款各为多少？

解：1. 预付备料款$=\frac{1000\times60\%}{360}\times150=250$万元

2. 各月结算工程款：

(1) 预付备料款起扣点：$T=1000-\frac{250}{60\%}=583$万元

(2) 上半年每月均应结算工程款60万元，累计拨款额为360万元。

(3) 第三季度前二个月每月应结算工程款90万元，累计拨款额为540万元。

(4) 9月份完成产值90万元，因90＋540＝630万元＞583万元

9月份应扣回预付备料款＝（630－583）×60%＝28.2万元

9月份应结算工程款＝90－28.2＝61.8万元≈62万元

累计拨款为602万元。

(5) 10月份应扣回预付备料款＝120×60%＝72万元

10月份应结算工程款＝120－72＝48万元

累计拨款为650万元。

(6) 11月份应结算工程款＝120×（1－60%）＝48万元

累计拨款为698万元。

(7) 12月份应结算工程款＝130×（1－60%）＝52万元

累计拨款为750万元。

3. 竣工结算工程款＝1000＋150－750＝400万元

8.1.2　工程造价的动态结算

我国现行的工程价款结算方法是一种静态结算，没有反映出工程所需的人工、材料、设备等费用因价格变动对工程造价产生的相应影响。工程价款结算的计算基础是直接工程费中的定额直接费。定额直接费包括人工费、材料费和机械台班使用费。而定额中的人工费单价、材料预算价格、机械台班费用单价，通常是以定额使用范围内的某一中心城市某一时期的有关资料为依据编制的。工程所处的地区不同，工程预(结)算的时期与定额编制的时期不同，人工、材料、设备等价格的增减变化，必然使工程的实际单价与定额单价存在差异。

动态结算就是要把各种动态因素渗透到结算过程中，使结算价大体能反映实际的消耗费用。

常用的动态结算方法有：

1. 按实际价格结算

按实际价格结算方法简称按实结算，其一般公式为：

$$价差=定额用量\times（实际价格-预算价格）$$

此方法简便正确，适用于人工费、机械费、三材（木材、钢材、水泥）以及大理石面砖等特殊材料的调整。

（1）人工费调整计算

人工费调整＝定额用工量×每工调整价格

＝（定额人工费/定额人工单价）×（实际人工单价－预算人工单价）

（2）机械费调整计算

机械费调整＝Σ机械台班数量×（实际台班单价－预算台班单价）

（3）三材、特殊材料调整计算

材料费调整＝Σ定额材料消耗量×（材料实际单价－材料预算单价）

2．按调价系数结算

指施工合同双方采用当时的预算价格承包，在竣工时，根据合理的工期及当地工程造价管理部门规定的调价系数（以定额直接费或定额材料费为计算基础），对原工程造价在定额价格的基础上，调整由于实际人工费、材料费、机械费等费用上涨及工程变更等因素造成的价差。其计算公式为：

结算期定额直接费＝Σ结算期已完工程工程量×预算单价

价差＝结算期定额直接费×调价系数

3．按调价文件结算

是指施工合同双方采用当时的预算价格承包，施工合同期内按照工程造价管理部门调价文件规定的材料指导价格，对在结算期内已完工程材料用量乘以价差进行调整的方法。其计算公式为：

各项材料用量＝Σ结算期内已完工程工程量×定额用量

价差＝Σ各项材料用量×（结算期预算指导价－原预算价格）

8.1.3 FIDIC 合同条件下工程费用的结算

1．工程结算的范围和条件

（1）工程结算的范围

FIDIC 合同条件所规定的工程结算的范围主要包括两部分，见图 8-1。一部分费用是

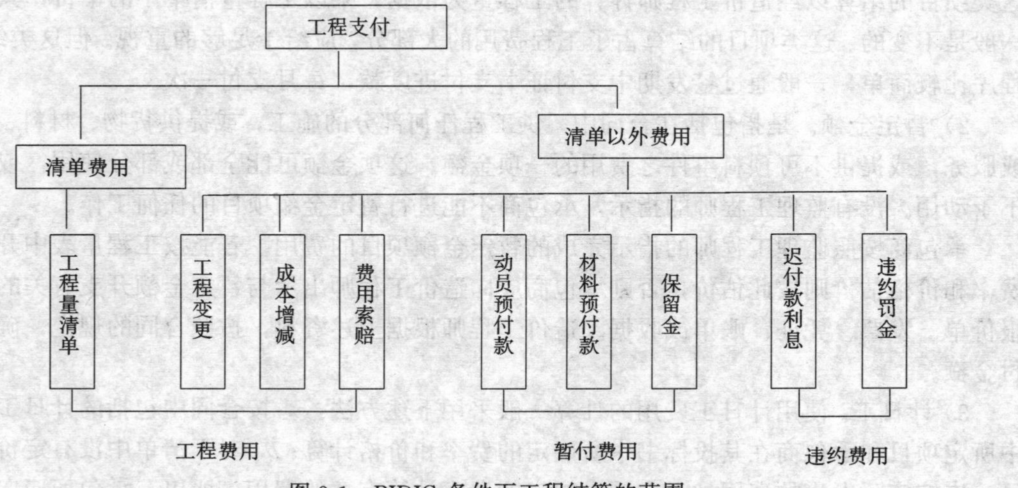

图 8-1 PIDIC 条件下工程结算的范围

工程量清单中的费用，这部分费用是承包商在投标时，根据合同条件的有关规定提出报价，并经业主认可的费用。另一部分费用是工程量清单以外的费用，这部分费用虽然在工程量清单中没有规定，但是在合同条件中却有明确的规定。因此，它也是工程结算的一部分。

（2）工程结算的条件

1）质量合格是工程结算的必要条件。结算以工程计量为基础，计量必须以质量合格为前提。所以，并不是对承包商已完的工程全部支付，而只支付其中质量合格的部分，对于工程质量不合格的部分一律不予支付。

2）符合合同条件。一切结算均需要符合合同的要求，例如：动员预付款的支付款额要符合标书附件中规定的数量，支付的条件应符合合同条件的规定，即承包商提供履约保函和动员预付款保函之后才予以支付动员预付款。

3）变更项目必须有监理工程师的变更通知。FIDIC 合同条件规定，没有工程师的指示承包商不得作任何变更。如果承包商未收到指示就进行变更的话，他无理由就此类变更的费用要求补偿。

4）支付金额必须大于临时支付证书规定的最小限额。合同条件规定，如果在扣除保留金和其他金额之后的净额少于投标书附件中规定的临时支付证书的最小限额时，工程师没有义务开具任何支付证书。不予支付的金额将按月结转，直到达成或超过最低限额时才予以支付。

5）承包商的工作使监理工程师满意。为了通过经济手段约束承包商履行合同中规定的各项责任和义务，合同条件中规定对于承包商申请支付的项目，即可达到以上所述的支付条件，但承包商其他方面的工作未能使监理工程师满意，监理工程师可通过任何临时证书对他所签发过的任何原有的证书进行任何修正或更改，也有权在任何临时证书中删去或减少该工作的价值。所以，承包商的工作使监理工程师满意，也是工程支付的重要条件。

2. 工程结算的项目

（1）工程量清单项目

分为一般项目、暂定金额和计日工三种。

1）一般项目的结算。一般项目是指工程量清单中除暂定金和计日工以外的全部项目。这类项目的结算以经造价工程师计算的工程量为依据，乘以工程量清单中的单价，其单价一般是不变的。这类项目的结算占了工程费用的大部分，应给予足够的重视。但这类结算，程序比较简单，一般通过签发期中支付证书支付进度款，每月支付一次。

2）暂定金额。是指包括在合同中，供工程任何部分的施工，或提供货物、材料、设备或服务，或提供不可预料事件之费用的一项金额。这项金额可能全部或部分使用，或根本不予动用。没有监理工程师的指示，承包商不能进行暂定金额项目的任何工作。

承包商按照监理工程师的指示完成的暂定金额项目的费用，若能按工程量表中开列的费率和价格估价则按此估价，否则承包商应向造价工程师出示与暂定金额开支有关的所有报价单、发票、凭证、账单或收据。造价工程师根据上述资料，按照合同的规定，确定支付金额。

3）计日工。使用计日工费用的计算一般采用下述方法：*a*. 按合同中包括的计日工作表中所定项目和承包商在其投标书中所确定的费率和价格计算；*b*. 对于清单中没有定价的项目，应按实际发生的费用加上合同中规定的费率计算有关的费用。所以，承包商应向造价工程师提供可能需要的证实所付款的收据或其他凭证，并且在订购材料之前，向造价工程师提交订货报价单供他批准。

对这类按计日工作制实施的工程，承包商应在该工程持续进行过程中，每天向造价工程师提交从事该工作的所有工人的姓名、工种和工时的确切清单，一式两份，以及表明所有该项工程所用和所需材料及承包商设备的种类和数量的报表，一式两份。

（2）工程量清单以外项目

1）动员预付款。是业主借给承包商进驻场地和工程施工的准备用款。预付款额度的大小，是承包商在投标时，根据业主规定的额度范围（一般为合同价的5%～10%）和承包商本身资金的情况，提出预付款的额度，并在标书附录中予以明确。

动员预付款的付款条件是：*a*. 业主和承包商签订合同协议书；*b*. 提供了履约押金或履约保函；*c*. 提供动员预付款保函。承包商提供业主指定或认可的银行出具的保函。动员预付款保函是不撤销的无条件的银行保函，担保金额与预付款金额相等，并应在业主收回全部动员预付款之前一直有效。但上述银行担保的金额，应随动员预付款的逐次回收而减少。

在承包商完成上述三个条件的14d内，由监理工程师向业主提交动员预付款证书。业主收到监理工程师提交的支付动员预付款证书后在合同规定的时间内，按规定的外币比例进行支付。

动员预付款相当于业主给承包商的无息贷款。按照合同规定，当承包商的工程进度款累计金额超过合同价格的10%～20%时开始扣回，至合同规定的竣工日期前三个月全部扣清。用这种方法扣回预付款，一般采用按月等额均摊的方法。如果某一个月支付证书的数额少于应扣款，其差额可转入下一次扣回。扣回预付款的货币应与业主付款的货币相同。

2）材料设备预付款。对承包商买进并运至工地的材料、设备，业主应支付无息预付款，预付款按材料设备的某一比例（通常为材料发票价的70%～80%。设备发票价的50%～60%）支付。在支付材料设备预付款时，承包商需提交材料、设备供应合同订货合同的影印件，要注明所供应材料的性质和金额等主要情况；材料已运到工地并经监理工程师认可其质量和储存方式。

材料、设备预付款按合同中规定的条款从承包商应得的工程款中分批扣除。扣除次数和各次扣除金额随工程性质不同而异，一般要求在合同规定的完工日期前至少3月扣清。最好是材料设备一用完，该材料设备的预付款即扣还完毕。

3）保留金。是为了确保在施工阶段，或在缺陷责任期间，由于承包商未能履行合同义务，由业主（或监理工程师）指定他人完成应由承包商承担的工作所发生的费用。FIDIC合同条件规定，保留金的款额为合同总价的5%，从第一次付款证书开始，按期中支付工程款的10%扣留，直到累计扣留达到合同总额的5%为止。

保留金的退还一般分二次进行。当颁发整个工程的移交证书时，将一半保留金退还给承包商；当工程的缺陷责任期满时，另一半保留金将由监理工程师开具证书付给承包商。如果签发的移交证书，仅是永久工程的某一区段或部分的移交证书时，则退还的保留金仅是移交部分的保留金，并且也只是一半。到工程的缺陷责任期满时，承包商仍有未完工作，监理工程师有权在剩余工程完成之前扣发他认为与需要完成的工程费用相应的保留金余款。

4）工程变更的费用。这也是工程支付中的一个重要项目。工程变更费用的支付依据是工程变更和监理工程师对变更项目所确定的变更费用，支付时间和支付方式也列入期中支付证书予以支付。

5）索赔费用。索赔费用的计付依据是监理工程师批准的索赔审批书及其计算而得的款额，支付时间则随工程月进度款一并支付。

6）价格调整费用。按照FIDIC合同条件第70条规定的计算方法计算调整的款额，包括施工过程中出现的劳务和材料费用的变更、后继的法规及其他政策的变化导致的费用变更等。

7）迟付款利息。按照合同规定，业主未能在合同规定的时间内向承包商付款，则承包商有权收到迟付款利息。合同规定业主应付款的时间是在收到造价工程师颁发的临时付款证书的28d内或最终证书的56d内。如果业主未能在规定的时间内支付，则业主应按投标书附件中规定的利率，从应付之日起向承包商支付全部未付款额的利息。迟付款利息应在迟付款终止后的第一个月的付款证书中予以支付。

8）违约罚金。对承包商的违约罚金主要包括拖延工期误期赔偿和未履行合同义务的罚金。这类费用可从承包商的保留金中扣除，也可从支付给承包商的款项中扣除。

3. 工程费用结算的程序

(1) 承包商提出付款申请。工程费用结算的一般程序是首先由承包商提出付款申请，填报一系列指定格式的月报表，说明承包商认为这个月他应得的有关款额，包括：1）已实施的永久工程的价值；2）工程量表中的任何其他项目，包括承包商的设备、临时工程、计日工及类似项目；3）主要材料及承包商在工地交付的准备为永久工程配套而尚未安装的设备发票价值的一定百分比；4）价格调整；5）按合同规定承包商有权得到的任何其他金额。承包商的付款申请将作为付款证书的附件，但它不是付款的依据，造价工程师有权对承包商的付款申请作出任何方面的修改。

(2) 造价工程师审核，编制期中付款证书。造价工程师对承包商提交的付款申请进行全部审核，修正或删除不合理的部分，计算付款净金额。计算付款净金额时，应扣除该月应扣除的保留金、动员预付款、材料设备预付款、违约罚金等。若净金额小于合同规定的临时支付的最小限额时，则不需开具任何付款证书。

(3) 业主支付。业主收到造价工程师签发的付款证书后，按合同规定的时间支付给承包商。

8.1.4 设备、工器具和工程建设其他价款的结算

1. 国产设备、工器具和工程建设其他费用的结算

国产设备、工器具的定购费用，建设单位一般不预付定金，但对于制造周期在半年以上的大型设备，用机单位应按合同分期付款。建设单位收到设备、工器具后，应按合同规定及时结算付款。如果资金不足延期付款，则要支付一定的赔偿金。

其他工程建设价款由于费用内容繁多而零散，并缺乏完整的价格依据，所以结算费用灵活性和伸缩性较大。建设单位在结算这类费用时，应在经办建设银行的监督下，严格控制财务支出计划和概预算规定的指标，并根据需要逐项检查和审核。

2. 进口设备、材料价款的结算

进口设备及材料价款的结算，一般采用出口信贷的形式进行。出口信贷按其借款的对象可分为卖方信贷和买方信贷两种。

(1) 卖方信贷

卖方信贷是卖方将产品赊销给买方，并规定买方在规定时期内付款或按指定时间分期付款。卖方通过本国银行申请出口信贷，来填补占用的资金。其过程如图 8-2 所示。

采用卖方信贷的方式进行结算时，一般在签订合同后，便预付 10%定金，最后一批设备装运后，预付 10%，全部货物到达目的地验收质量保证后，再付 10%，剩余的 70%货款，应在规定的若干年内一次或分期付清。

(2) 买方信贷

买方信贷有两种形式：

第一种形式：由产品出口国银行把出口信贷直接贷给买方，买方再按现汇付款条件付给卖方。此后，买方分期向卖方银行偿还贷款的本息。

第二种形式：由出口国银行把出口信贷给进口国银行，再由进口国银行转贷给买方，买方用现汇支付卖方。此后，买方通过进口国银行分期向出口国银行偿还贷款的本息。其过程如图 8-3 所示。

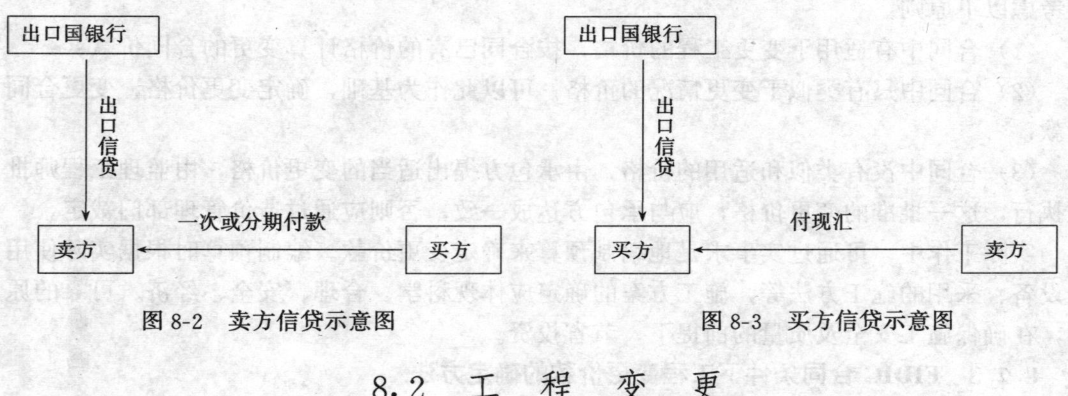

图 8-2　卖方信贷示意图　　图 8-3　买方信贷示意图

8.2 工 程 变 更

8.2.1 工程变更的种类及对造价的影响

工程变更，是指施工过程中出现了与签订合同时的预计条件不一致的情况，而需要改变原定施工承包范围内的某些工作内容。

在工程项目的实施过程中，常出现工程量变化、施工进度变化，以及建设单位与施工单位在执行合同中的争执等问题。这些问题的产生，一方面是由于勘察设计工作粗糙，以致在施工过程中发现许多招标文件中没有考虑或估算不准确的工程量，因而不得不改变施工项目或增减工程量。另一方面，是由于发生不可预见的事故，如自然或社会原因引起的停工或工期拖延等。还有的是业主对工程有新的要求或对工程进度计划的变更，因此导致了工程变更。工程变更直接影响工程造价。

在工程实践中，常采取根据施工合同规定，由建设单位办理签证的方式，来反映工程变更对工程造价的影响。通过工程经济签证可明确建设单位和施工单位的经济关系和责任，对施工中发生的一切合同预算未包括的工程项目和费用，给予及时确认，避免事后补签和结算的困难。

1. 经济支出签证

指在施工过程中发生的，经建设单位确认后以增加预算形式支付的合同价款的签证。主要有设计变更增减费用、材料代用增减费用、设计原因造成的返工、加固和拆除所发生的费用和材料价差等。

2. 费用签证

指建设单位在合同价款以外需要直接支付的开支的签证。主要有建设单位没按时提供图纸资料和建设场地等造成的窝工损失，因停水、停电、设计变更造成停工、窝工、机械停置的损失等。

8.2.2 我国现行工程变更价款的确定方法

由监理工程师签发工程变更令，进行设计变更或更改作为投标基础的其他合同文件，由此导致的经济支出和承包方损失，由发包方承担，延误的工期相应顺延，因此必须合理确定变更价款，控制工程造价。在特殊情况下，变更也可能是由于承包方的违约所致，但此时引起的费用必须由承包方承担。

合同价款的变更价格，是在双方协商的时间内，由承包方提出变更价格，报监理工程师批准后调整合同价款和竣工日期。造价管理部门审核承包方所提出的变更价款是否合理可考虑以下原则：

(1) 合同中有适用于变更工程的价格，按合同已有的价格计算变更的合同价款；

(2) 合同中只有类似于变更情况的价格，可以此作为基础，确定变更价格，变更合同价款；

(3) 合同中没有类似和适用的价格，由承包方提出适当的变更价格，由监理工程师批准执行，这一批准的变更价格，应与承包方达成一致，否则应通过造价管理部门裁定。

实际工作中，可通过实事求是地编制预算来确定变更价款。编制预算时根据实际使用的设备、采用的施工方法等，施工方案的确定应体现科学、合理、安全、经济、可靠的原则，在确保施工安全及质量的前提下，节省投资。

8.2.3 FIDIC 合同条件下工程变更价款的确定方法

1. 使用工程量表中的费率和价格

对变更的工作进行估价时，如果监理工程师认为适当，可以使用工程量表中的费率和价格。

2. 制定新的费率和价格

如果合同中未包括适用于该变更工作的费率或价格，则应在合同的范围内以合同中的费率和价格作为估价的基础。如做不到这一点，则要求监理工程师与业主、承包商适当协商后，再由监理工程师和承包商商定一个合适的费率或价格。当双方意见不一致时，监理工程师有权确定一个合适的费率或价格，同时将副本呈送业主。在费率和价格经同意和决定之前，监理工程师应确定暂行费率或价格，以便有可能作为计算暂付款的依据包括在每月中期结算发出的证书之中。监理工程师在行使与承包商商定或单独决定费率的权力时，应得到业主的明确批准。

一般情况下，合同内所含任何项目的费率或价格不应考虑变动，除非该项目变更涉及的款额超过合同价格的2%，以及在该项目下实施的实际工程量超出（或少于）工程量表中规定的工程量的25%以上。

3. 变更超过15%时的合同总价变动

如果在颁发整个工程的移交证书时，由于对变更工作的估价及对工程量表中开列的估算工程进行实体计量后所作的调整（不包括暂定金额、计日工费用和价格调整），使合同价格的增加或减少值合计起来超过“有效合同价”（此处系指不包括暂定金额及计日工补贴的合同价格）的15%，则经监理工程师与业主和承包商适当协商后，应在合同价格中加上或减去承包商与监理工程师议定的另外的款额。如双方未能达成一致，则此款额应由监理工程师在考虑合同中承包商的现场费用和总管理费用后予以确定。该款项的计算应以超出或低于有效合同价格的15%的量为基础。

8.3 索 赔 管 理

8.3.1 索赔的基本概念

1. 索赔的含义

索赔是指在项目合同的履行过程中，合同一方非自身因素或对方不履行或未能正确履行合同规定的义务而受到损失时，向对方提出赔偿要求的权利。

在项目实施的各个阶段都有可能发生索赔，但发生索赔最集中、处理难度最复杂的情况发生在施工阶段，因此这里所说的索赔主要是指项目的施工索赔。

广义地讲，索赔应当是双向的，既可以是承包商向业主的索赔，也可以是业主向承包商索赔。施工索赔主要是指承包商向业主的索赔，也是索赔管理的重点。因为业主在向承包商的索赔中处于主动地位，可以直接从应付给承包商的工程款中扣抵，也可以从保留金中扣款以补偿损失。

索赔是法律和合同赋予的正当权利。承包商应当树立起索赔意识，重视索赔、善于索赔。索赔的含义一般包括以下三个方面：

(1) 一方违约使另一方蒙受损失，受损方向对方提出赔偿损失的要求；

(2) 发生了应由业主承担责任的特殊风险事件或遇到不利的自然条件等情况，使承包商蒙受较大的损失，从而向业主提出补偿损失的要求；

(3) 承包商本人应当获得的正当利益，由于未能及时得到监理工程师的确认和业主给予的支付，从而以正式函件的方式向业主索要。

2. 索赔的性质

索赔的性质属于经济补偿行为，而不是惩罚。索赔事件的发生，不一定在合同文件中有约定；索赔事件的发生，可以是一定行为造成，也可以是不可抗力所引起的；索赔事件的发生，可以是合同的当事一方引起的，也可以是任何第三方行为引起的；一定要有造成损失的后果才能提出索赔，因此索赔具有补偿性质；索赔方所受到的损失，与被索赔人的行为不一定存在法律上的因果关系。

3. 索赔的分类

(1) 按当事人分类

承包商与业主之间的索赔；承包商与分包商之间的索赔；承包商与供货商之间的索赔；承包商与保险公司之间的索赔。

(2) 按索赔的依据分类

合约内的索赔；合约外的索赔；道义索赔（或称额外支付），指承包商对标价估计不足，或遇到了巨大困难而蒙受重大亏损时，有的监理工程师或业主会超越合同条款，出自善良意愿，给承包商以相应的经济补偿。

(3) 按索赔的目的分类

1) 工期索赔。其目的是延长施工时间，使原规定的完工日期顺延，避免违约罚款的风险。

2) 费用索赔。其目的是得到费用补偿，使承包商所遭遇到的超过工程计划成本的附加开支得到补偿。

(4) 按索赔的对象分类

1) 索赔，一般指承包商向业主提出的索赔；

2) 反索赔，指业主向承包商提出的索赔。

(5) 按索赔事件的性质分类

工程变更索赔；工程中断索赔；工期延长索赔；其他原因索赔（如：货币贬值，物价、汇率变化等等）。

(6) 按索赔的处理方式分类

单项索赔和综合索赔。

8.3.2 施工索赔的原则

1. 索赔成立条件

(1) 与合同相对照，事件已造成了承包商施工成本的额外支出，或直接工期损失；

(2) 造成费用增加或工期损失的原因，按合同约定不属于承包商应承担的行为责任或风险责任；

(3) 承包商按合同规定的程序，提交了索赔意向通知和索赔报告。

2. 索赔证据

索赔证据是索赔方用来证明索赔要求的正确性、索赔费用数额的合情合理性，因此对索赔证据的要求是：

(1) 具备真实性。索赔证据必须是在实施合同过程中确定存在和发生的，必须完全反映实际情况，能经得住对方推敲。

(2) 具备关联性。索赔证据应当能够互相说明，相互具有关联性，不能零乱和支离破碎，更不能互相矛盾。

(3) 具备及时性。索赔证据的及时性主要体现在：一是证据的取得应当及时，二是证据的提出应当及时。

(4) 具备可靠性。索赔证据应当是可靠的，一般应是书面要求，有关的记录、协议应有当事人的签字认可。

以下资料都有可能成为索赔证据：

(1) 招标文件、合同文件及附件、中标通知书、投标书；

(2) 工程量清单、工程预算书、设计文件及有关技术资料；

(3) 各种纪要、协议及双方的来往函件；

(4) 施工进度计划和具体的施工进度安排；

(5) 施工现场的有关文件和工程照片；

(6) 施工期间的气象资料；

(7) 工程检查验收报告和各种技术鉴定报告；

（8）施工中送停电、水、气和道路开通、封闭的记录或证明；
（9）政府发布的物价指数、工资指数；
（10）各种有关的会计核算资料；
（11）建筑材料、机械设备的采购、订货、运输、进场、使用方面的凭据；
（12）有关的法律、法规、部门规章等。

8.3.3 施工索赔的内容

1. 不利的自然条件与人为障碍引起的索赔

在施工期间，承包商遇到不利的自然条件或人为障碍，而这些条件与障碍又是有经验的承包商也不能预见的，承包商可提出索赔。

（1）不利的自然条件引起的索赔

不利的自然条件是指施工中遇到的实际自然条件比招标文件中所描述的更为困难和恶劣，增加了施工难度，导致承包商必须花费更多的时间和费用。在这种情况下，承包商可提出索赔。在有些合同条件中，往往写明承包商在投标前已确认现场的环境和性质，即要求承包商承认已检查和考察了现场及周围环境，不得因误解这些资料而提出索赔。一般情况下，招标文件中所描述的地质条件和地质钻孔资料常比较简单，难以准确地反映实际的自然条件。因此这种索赔经常会引起争议。

（2）工程中人为障碍引起的索赔

人为障碍是指施工中发现地下构筑物或文物等。只要是图纸上并未说明的，承包商在处理时导致工程费用增加，即可提出索赔。这种索赔发生争议较少，因人为障碍确属有经验的承包商难以预见的。

2. 工期延长和延误的索赔

这种索赔常包括两个方面：一是承包商要求延长工期；二是承包商要求偿付由于非承包商原因导致工程延误而造成的损失。一般这两方面的索赔并不一定同时成立，因此要分别编制索赔报告。

（1）可展延工期并给予补偿费用的延误

场地条件的变更，合同文件的缺陷，业主或设计原因造成的临时停工，处理不合理的施工图纸而造成的耽搁，业主供应的设备或材料推迟到货，场地的准备工作不顺利，业主或监理工程师提出或认可的变更，该工程项目其他承包商的干扰等。对以上工期延误，承包商有权要求延长工期和补偿费用。

（2）可展延工期而不给予补偿费用的延误

对因战争、罢工、异常恶劣气候等造成的工期拖延，承包商仅有权要求展延工期，但不能要求补偿费用。

（3）不可展延工期但可给予补偿费用的延误

有些延误时间并不影响关键线路的施工，承包商得不到展延工期的承诺，但能提出证明其延误造成的损失，可给予补偿费用。

3. 施工中断或工效降低的索赔

因业主或设计原因引起的施工中断、工效降低及业主提出比合同工期提前的竣工而导致工程费用的增加，承包商可提出人工、材料及机械费用的索赔。

4. 因工程终止或放弃提出的索赔

非承包商原因而使工程终止或放弃，承包商有权提出盈利损失和补偿损失的索赔。盈利损失等于该工程合同价款与完成遗留工程所需花费的差额；补偿损失等于承包商在该工程已花费的费用减去已结算的工程款。

5. 关于支付方面的索赔

(1) 价格调整方面的索赔

价格调整的方法应在合同中明确规定。国际承包工程中，一种是按承包商报送的实际成本的增加数加上一定比例的管理费和利润进行补偿；另一种是采用调值公式自动调整。目前国内承包工程中，一般可根据各省市工程造价管理部门规定的材料预算价格调整系数及材料价差对合同价款进行调整，也有开始应用材料价格指数进行动态结算，也有在合同中规定哪些费用一次包死，不得调整。

(2) 货币贬值导致的索赔

在引进外资的项目中，需使用多种货币时，合同中应明确有关货币贬值、货币汇率及动态结算的内容。

(3) 拖延支付工程款的索赔

业主不按合同规定时间支付工程款，承包商有权索赔利息。

8.3.4 施工索赔的程序

1. 我国施工合同示范文本规定的索赔程序

(1) 发出索赔通知

索赔事件发生后 20d 内，施工单位应向建设单位发出索赔的通知。

(2) 索赔的批准

建设单位在接到索赔通知后 10d 内给予批准，或要求施工单位进一步补充索赔理由和证据，建设单位在 10d 内未予答复，应视为该项索赔已经批准。

2. FIDIC 合同条件规定的索赔程序

通用条件中规定的索赔程序，应将有关索赔、业主的权力、业主对工程师的授权及合同争议的解决等条款统一考虑。从索赔事件发生后承包商提出索赔意向通知开始，至索赔事项的最终解决，大致可分为五个工作阶段。

(1) 承包商提出索赔要求

1) 承包商发出索赔通知，当索赔事件发生后，承包商必须在 28d 内，将其要求索赔的意向通知监理工程师，同时将一份副本呈交业主。

2) 承包商应做好同期记录。索赔事件发生后至其影响结束期间，要认真做好同期记录。同期记录的内容应当包括索赔事件及与之有关的各项事宜。承包商的同期记录，对于处理索赔事件是十分重要的，它能够使监理工程师对索赔事件的详细情况作全面了解，以便确定合理的索赔估价。

3) 承包商提供索赔证明。承包商应在索赔通知发生后的 28d 内，或在监理工程师同意的其他合理的时间提供索赔证明，该证明应当说明索赔款额及提出索赔的依据等详细材料。

当据以提出索赔的事件具有连续影响时，承包商应按监理工程师的要求，在一定时间内提出阶段性的详细情况的报告。在索赔事件所产生的影响结束 28d 内，承包商应向监理工程师提交一份最终详细报告。

(2) 工程师审查索赔报告

在接到正式索赔报告后，认真研究承包商报送的索赔资料。首先在不确认责任归属的情况下，客观分析事件发生的原因，重温合同的有关条款，研究承包商的索赔证据，并查阅他的同期记录。通过对事件的分析，工程师再依据合同条款划清责任界限，如有必要时还可以要求承包商进一步提供补充资料。尤其是对承包商与业主或工程师都负有一定责任的事件影响，更应划出各方应承担合同责任的比例。最后再审查承包商提出的索赔补偿额要求，剔除其中的不合理部分，拟定自己计算的合理索赔款额和工期展延天数。

(3) 工程师与承包商协商补偿额

工程师核查后初步确定应予补偿的额度，与承包商的索赔报告中要求额往往不一致，甚至差额较大。主要原因大多为对承担事件损害责任的界限划分不一致；索赔证据不充分；索赔计算的依据和方法有较大分歧等，因此双方应就索赔的处理进行协商。通过协商达不成共识的话，承包商仅有权得到所提供的证据满足工程师认为索赔成立那部分的付款和工期展延。不论工程师通过协商与承包商达成一致，还是他单方面作出的处理决定，批准给予补偿的款额和展延工期的天数如果在授权范围之内，则可将此结果通知承包商，并抄送业主。补偿额将计入下月支付工程进度款的支付证书内，展延的工期加到原合同工期上去。如果批准的额度超过工程师权限，则应报请业主批准。

(4) 业主审查索赔处理

当工程师确定的批准索赔额超过其权限范围时，必须报请业主批准。

(5) 承包商是否接受最终索赔处理

承包商接受最终的索赔处理决定，索赔事件的处理即告结束。如果承包商不同意，就会导致合同争议。通过协商双方达到互谅互让的解决方案，是处理争议的最理想方式。若达不成谅解，承包商有权提交仲裁解决。

8.3.5 索赔费用的计算

1. 计算索赔费用的原则

承包商在进行费用索赔时，应遵循以下原则：

(1) 所发生的费用应该是承包商履行合同所必需的，若没有该项费用支出，合同无法履行。

(2) 承包商不应由于索赔事件的发生而额外受益或额外受损，即费用索赔以赔（补）偿实际损失为原则，实际损失可作为费用索赔值。实际损失包括两部分：

1) 直接损失，即索赔事件造成财产的直接减少，实际工程中常表现为成本增加或实际费用超支。

2) 间接损失，即可能获得的利润的减少。

2. 索赔费用的组成

按国际惯例，索赔费用的组成同工程造价的构成类似，一般包括直接费、间接费、利润等。这些费用包括以下项目：

(1) 人工费。包括完成业主要求的合同外工作所花费的人工费用、法定的人工费增长及非承包商责任工程延误导致的人员窝工费和工资上涨费等。

(2) 材料费。包括由于索赔事件材料实际用量超过计划用量而增加的材料费、材料价格大幅度上涨、非承包商责任工程延误导致的材料价格上涨和材料超期储存费用。

(3) 施工机械使用费。包括完成额外工作增加的机械使用费、非承包商责任工效降低增加的机械使用费、业主或监理工程师原因导致机械停工的窝工费。

(4) 现场管理费。指承包商完成额外工程、索赔事项工作以及工期延长期间的工地管理费，包括管理人员工资、办公费等。

(5) 企业管理费。主要指非承包商责任工程延误期间所增加的管理费。

(6) 利息。包括业主拖期付款的利息、工程变更和延误增加投资的利息、索赔款的利息、错误扣款的利息等。

(7) 利润。对工程范围的变更和施工条件变化引起的索赔，承包商可按原报价单中的利润百分率计算该项索赔款的利润。

3. 索赔费用的计算方法

(1) 总费用法

即总成本法，就是当发生多次索赔事件以后，重新计算该工程的实际总费用，实际总费用减去投标价时的估算总费用即为索赔金额。即：

索赔金额＝实际总费用－投标报价估算总费用

不少人对采用该方法计算索赔费用持批评态度，因为实际发生的总费用中可能包括了承包商的原因如施工组织不善而增加的费用，同时投标报价估算的总费用却因为想中标而过低，所以这种方法只有在难以计算实际费用时才应用。

(2) 修正的总费用法

这是对总费用法的改进，即在总费用计算的原则上，去掉一些不合理的因素，使其更合理。修正的内容如下：

1) 将计算索赔款的时段局限于受外界影响的时间，而不是整个施工期；

2) 只计算受影响时段内的某项工作所受影响的损失，而不计算该时段内所有施工工作所受的损失；

3) 与该项工作无关的费用不列入总费用中；

4) 对投标报价费用重新进行核算。受影响时段内该项工作的实际单价，乘以实际完成的该项工作的工程量，得出调整后的报价费用。

按修正后的总费用计算索赔金额的公式如下：

索赔金额＝某项工作调整后的实际总费用－该项工作的报价费用

修正的总费用法与总费用法相比，有了实质性的改进，它的准确程度已接近于实际费用。

(3) 分项法

是按每个索赔事件所引起损失的费用项目分别分析计算索赔值的一种方法。在实际工程中，绝大多数工程的索赔都采用分项法计算。

分项法计算通常分三步：

1) 分析每个或每类索赔事件所影响的费用项目，不得有遗漏。这些费用项目通常应与合同报价中的费用项目一致；

2) 计算每个费用项目受索赔事件影响后的数值，通过与合同价中的费用值进行比较即可得到该项费用的索赔值；

3) 将各费用项目的索赔值汇总，得到总费用索赔值。

分项法中索赔费用主要包括该项工程施工过程中所发生的额外人工费、材料费、施工机械使用费、相应的管理费，以及应得的间接费和利润等。由于分项法所依据的是实际发生的成本记录或单据，所以施工过程中，对第一手资料的收集整理就显得非常重要了。

8.4 竣工结算与竣工决算

8.4.1 竣工结算

1. 竣工结算的概念

在单位工程竣工并经验收合格后，将工程中有增减变化的内容，按照编制施工图预算的方法与规定，对原施工图预算进行相应的调整，而编制的确定工程实际造价并作为最终结算工程价款的经济文件，称为竣工结算。即由施工单位编制，报建设单位审查，经双方协商后共同办理最后一次的工程价款结算。

2. 竣工结算的方式

竣工结算方式随工程承包方式的不同，有以下几种形式：

（1）施工图预算加签证的结算方式

这种方式是以原施工图预算为基础，以施工中发生而原施工图预算并未包含的增减工程项目和经济签证为依据，在竣工结算中进行调整。

（2）预算包干结算方式

此种方式编制竣工结算时，只有在发生超过包干范围的工程内容时，才在竣工结算中进行调整。

（3）平方米造价包干的结算方式

是承发包双方根据预定的施工图纸及有关资料，确定了固定的平方米造价，工程竣工结算时，按已完成的平方米数量进行结算。

3. 竣工结算的编制方法

竣工结算的编制方法与施工图预算的编制基本相同，不同之处是以变动签证等资料为依据，以原施工图预算书为基础，进行部分增减与调整。

（1）工程分项有无增减

对工程竣工时变更项目不多的单位工程，维持原施工图预算分项不变，将应增减的项目算出价值，并与原施工图预算合并即可。

对工程竣工时变更项目较多的单位工程，应对原施工图预算分项进行核对、调整，对增加不同类别的分项，按施工图预算的形式计算出其分项工程量，确定采用相应的预算定额，作为新项列入竣工结算。

（2）调整工程量差

即调整原预算书与实际完成的工程数量之间的差额，一般是调整主要部分。出现量差的主要原因是修改设计或设计漏项，现场施工条件及其措施的变动和原施工图预算的差错等。

（3）调整材料差价

材料差价的调整是调整结算的重要内容。一般情况下，三大材料和某些特殊材料均由建设单位委托施工单位采购供应，编制预算时是按定额预算价格、预算指导价或暂估价确定工程造价的，而结算时应如实计取，按结算时确定的材料预算用量和实际价格，逐项进行材料价差调整。

(4) 各项费用的调整

由于工程量的增减会影响直接费的变化，其间接费、计划利润和税金也应相应调整。各种材料价差不能列入直接费作为间接费的调整基数，但可作为工程预算成本，也可作为调整利润和税金的基数费用。

其他费用，如因建设单位的原因发生的窝工费用、机械进出场费用等，应一次结清，分摊到结算的工程项目之中。施工现场使用建设单位的水电费用，应在竣工结算时按有关规定付给建设单位。对因政策性变化而引起间接费率、材差系数、人工工资标准的变化等，按工程造价管理部门的有关规定进行调整。

4. 竣工结算的审核

竣工结算审核是指对工程造价最终计算报告和财务划拨款额进行审查核定。建设单位对施工单位提交的竣工结算，可自行审核，也可委托有相应资格的造价咨询机构审核。未经审核的竣工结算，不能办理财务结算。

竣工结算审核对送审的竣工结算签署审核人姓名、审核单位负责人姓名及加盖公章，三者缺一不可。

只有通过审核后的竣工结算造价，经建设单位、施工单位和审核单位三方认可的审定数额，才是建设单位支付施工单位工程款的最终标准。

8.4.2 竣工决算

工程竣工决算是单项工程或建设项目完工后，以竣工结算资料为基础编制的，是反映整个工程项目从筹建到全部竣工的各项建设费用文件。

1. 竣工决算的作用

(1) 正确校核固定资产价值，考核和分析投资效果。

(2) 及时办理竣工决算，并依此办理新增固定资产移交转账手续，可以缩短建设周期，节约工程建设投资。

(3) 办理竣工决算后，工厂企业可以正确计算投入使用的固定资产折旧费，合理计算生产成本和企业利润。

(4) 通过编制竣工决算，可全面清理工程建设财务，便于及时总结工程建设经验，积累各项技术经济资料。

(5) 正确编制竣工决算，有利于正确地进行设计概算、施工图预算、竣工决算之间的“三算”对比。

2. 竣工结算与竣工决算的关系

建设项目竣工决算是以工程竣工结算为基础进行编制的。它是在整个建设项目竣工结算的基础上，加上从筹建开始到工程全部竣工，有关建设项目的其他工程和费用支出，便构成了建设项目竣工决算的主体。它们的区别就在于以下几个方面：

(1) 编制单位不同：竣工结算是由施工单位编制的，而竣工决算是由建设单位编制的。

(2) 编制范围不同：竣工结算主要是针对单位工程编制的，每个单位工程竣工后，便可以进行编制，而竣工决算是针对建设项目编制的，必须在整个建设项目全部竣工后，才可以进行编制。

(3) 编制作用不同：竣工结算是建设单位与施工单位结算工程价款的依据；是核对施

工企业生产成果和考核工程成本的依据；是建设单位编制建设项目竣工决算的依据。而竣工决算是建设单位考核工程建设投资效果的依据；是正确确定固定资产价值和正确计算固定资产折旧费的依据。

3. 竣工决算的内容

建设项目竣工决算应包括从筹建到竣工投产全过程的全部实际支出费用，即建筑工程费用、安装工程费用、设备工器具购置费用和其他费用等等。竣工决算由竣工决算报表、竣工决算报告说明书、竣工工程平面示意图、工程造价比较分析四部分组成。大中型建设项目竣工决算报表一般包括竣工工程概况表、竣工财务决算表、建设项目交付使用财产总表及明细表、建设项目建成交付使用后的投资效益表等；而小型项目竣工决算报表则由竣工决算总表和交付使用财产明细表组成。

（1）竣工决算报告情况说明书的内容

竣工决算报告情况说明书概括反映竣工工程建设成果和经验，是全面考核分析工程投资与造价的书面总结，是竣工决算报告的重要组成部分。其主要内容包括：

1）对工程总的评价。从工程的进度、质量、安全和造价四方面进行分析说明：

a. 进度。主要说明开工和竣工时间，对照合理工期和要求工期是提前还是延期；

b. 质量。要根据验收委员会或相当一级质量监督部门的验收评定等级、合格率和优良品率进行说明。

c. 安全。根据劳动工资和施工部门的记录，对有无设备和人身事故进行说明；

d. 造价。应对照概算造价，说明节约还是超支，用金额和百分率进行分析说明。

2）各项财务和技术经济指标的分析：

a. 概算执行情况分析。根据实际投资完成额与概算进行对比分析；

b. 新增生产能力的效益分析。说明交付使用财产占总投资额的比例、不增加固定资产的造价占投资总数的比例，分析有机构成和成果；

c. 工程建设投资包干情况的分析。说明投资包干数、实际支用数和节约额、投资包干节余的有机构成和包干节余的分配情况；

d. 财务分析。列出历年资金来源和资金占用情况。

3）工程建设的经验教训及有待解决的问题。

（2）竣工决算报表结构

竣工决算表格共分五部分，全部表格共10个。包括：

1）建设项目竣工工程概况表。

2）建设项目竣工财务决算表，其中包括：建设项目竣工财务决算总表（见表8-1）；建设项目竣工财务决算明细表；交付使用固定资产明细表；交付使用流动资产明细表；递延资产明细表；无形资产明细表。

3）概况执行情况分析及编制说明。

4）待摊投资明细表。

5）投资包干执行情况表及编制说明。

（3）工程造价比较分析

竣工决算是综合反映竣工建设项目或单项工程的建设成果和财务情况的总结性文件。在竣工决算报告中必须对控制工程造价所采取的措施、效果及其动态的变化进行认真的比

建设项目竣工财务决算总表　　表 8-1

建设项目名称：　　（单位：万元）

项目投资来源	金额	项目投资完成情况及资金	金额	补充资料
一、国家预算内投资		一、基建支出合计		1. 应收生产单位款
1. 中央预算内投资		（一）交付使用财产		2. 基建时期其他收入款
2. 地方预算内投资		1. 固定资产		其中：试车产品收入
二、利用国内贷款		2. 流动资产		试车收入
1. 国内商业银行贷款		3. 无形资产		3. 收入分配情况
2. 其他渠道贷款		4. 递延资产		其中：上交财政
三、自筹资金		5. 其他资产		企业自留
1. 部门自筹资金				施工单位分成
2. 地方自筹资金		（二）未完工程尚需支出合计		上交主管部门
3. 企业自筹资金		其中：1. 建安工程支出		
4. 其他自筹资金		2. 设备支出		4. 投资来源分析
四、利用外资		3. 待摊投资支出		其中：（1）资本金
1. 国外商业银行贷款		4. 其他支出		（2）负债
2. 世界银行、亚洲银行等优惠贷款		二、项目结余资金		
3. 国外直接投资		其中：1. 库存设备		
4. 其他利用外资		2. 库存材料		
五、从证券市场筹措资金		3. 货币资金		
1. 企业债券资金		4. 债权债务净额		
2. 发行企业股票		债权总额		
六、其他来源的投资		债务总额		
1. 联营投资				
2. 其他				
合　　计		合　　计		

较分析，总结经验教训。批准的概算是考核建设工程造价的依据，在分析时，可将决算报表中所提供的实际数据和相关资料与批准的概算、预算指标进行对比，以确定竣工项目总造价是节约还是超支，在对比的基础上，总结先进经验，找出落后原因，提出改进措施。

为考核概算执行情况，正确核实建设工程造价，财务部门首先必须积累概算动态变化资料（如材料价差、设备价差、人工价差、费率价差等）和设计方案变化的资料以及对工程造价有重大影响的设计变更资料；其次，考查竣工形成的实际工程造价节约或超支的数额。为了便于进行比较，可先对比整个项目的总概算，之后对比工程项目（或单项工程）的综合概算和其他工程费用概算，最后再对比单位工程概算，并分别将建筑安装工程、设备、工器具购置和其他基建费用逐一与项目竣工决算编制的实际工程造价进行对比，找出节约或超支的具体环节。实际工作中，应主要分析以下内容：

1）主要实物工程量。概（预）算编制的主要实物工程量的增减变化必然使工程的概（预）算造价和实际工程造价随之变化，因此，对比分析中应审查项目的建设规模、结构、标准是否遵循设计文件的规定，其间的变更部分是否按照规定的程序办理，对造价的影响如何，对于实物工程量出入比较大的情况，必须查明原因。

2）主要材料消耗量。在建筑安装工程投资中，材料费用所占的比重往往很大，因此考核材料费用也是考核工程造价的重点。考核主要材料消耗量，要按照竣工决算表中所列明的三大材料实际超概算的消耗量，查明是在工程的哪一个环节超出量最大，再进一步查明超耗的原因。

3）考核建设单位管理费、建筑及安装工程间接费的取费标准。

概（预）算对建设单位管理费列有投资控制额，对其进行考核，要根据竣工决算报表中所列的建设单位管理费，与概（预）算所列的控制额比较，确定其节约或超支数额，并进一步查清节约或超支的原因。

对于建安工程间接费的取费标准，国家有明确规定。对突破概（预）算投资的各单位工程，必须查清是否有超过规定标准而重计、多取间接费的现象。

以上考核内容，多是易于突破概算、增大工程造价的主要因素，因此在对比分析中应列为重点来考核。在对具体项目进行具体分析时，究竟选择哪些内容作为考核重点，则应因地制宜，依竣工项目的具体情况而定。

4. 竣工决算的编制

(1) 竣工决算的原始资料。包括：

1）各原始概（预）算；

2）设计图纸交底或图纸会审的会议纪要；

3）设计变更记录；

4）施工记录或施工签证单；

5）各种验收资料；

6）停工（复工）报告；

7）竣工图；

8）材料、设备等调整差价记录；

9）其他施工中发生的费用记录；

10）各种结算材料。

(2) 编制方法。根据经审定的施工单位竣工结算等原始资料，对原概（预）算进行调整，重新核定各单项工程和单位工程造价。属于增加固定资产价值的其他投资，如建设单位管理费、研究试验费、土地征用及拆迁补偿费等，应分摊于受益工程，随同受益工程交付使用的同时，一并计入新增固定资产价值。

8.4.3 FIDIC 条件下竣工结算与最终决算

1. 竣工结算

(1) 竣工结算程序

颁发工程移交证书后的 84d 内，承包商应按工程师规定的格式报送竣工报表。报表内容包括：

1）到工程移交证书中指明的竣工日期为止，根据合同完成全部工作的最终价值；

2）承包商认为应该支付给他的其他款项，如要求的索赔款、应退还的部分保留金等；

3）承包商认为，根据合同应支付给他的估算总额。

工程师接到竣工报表后，应对照竣工图进行工程量详细核算，对他的其他支付要求进行审查，然后再依据检查结果签署竣工结算的支付证书。

（2）对竣工结算总金额的调整

一般情况下，承包商在整个施工期内所完成的工程量乘以工程量表中的相应单价后，再加上其他有权获得费用的总和，即为工程竣工结算总额。但若竣工结算时发现，由于施工期内累计变更的影响和实际完成工程量与工程量表中估计工程量的差异，导致承包商按合同约定方式计算的实际结算价款总额，比原定合同价格增加或减少过多时，均应对结算价款总额予以相应调整。

1）调整竣工结算总额的原则

通用条件规定，进行竣工结算时，将承包商完成实际施工的工程量按合同约定的费率计算的结算款，扣除暂定金额项内的付款、计日工付款和物价浮动调整费用之后，与中标通知书中注明的合同价格扣除工程量表内所列暂定金额和计日工费两项后的“有效合同价”进行比较。不论增加还是减少的额度超过有效合同价的15％以上时，均要对承包商的竣工结算总额进行调整。对这种情况处理的原则是：

a．增减差额超过有效合同价15％以上的原因，是由于执行工程师指示的变更工作和实际完成工程量与工程量表中估计工程量差异的累计影响而导致，不包括其他原因。即合同履行过程中不属于工程变更范围之内所给予承包商的补偿费用，不包括在计算竣工结算款调整费之列。

b．增加或减少超过有效合同价15％后进行价格调整，是针对整个合同工程而言。对于某项具体工作内容或分阶段移交工程的竣工结算，虽然也有可能超过该部分工程的合同价格15％以上，但不考虑该部分的结算价格调整。

c．增加或减少幅度在有效合同价15％之内，竣工结算款不应作调整。因为工程量表中所列的工程量是估计工程量，允许实施过程中与它有差异，而且合同履行过程中出现工程变更也是不可避免的，因此在此范围内的变化按双方应承担的风险对待。

d．增加款额部分超过有效合同价15％以上时，应将承包商按合同内约定方式计算的竣工结算总额适当减少；反之，若减少的款额部分超过有效合同价15％以上，则在承包商应得结算款基础上，增加一定的补偿费。

2）竣工结算总额的调整方法

发生超过有效合同价15％情况后，由工程师与业主和承包商进行协商，对工程竣工结算款进一步增加或减少一笔充分考虑固定费用的调整额。如果协商达不成一致，工程师有权确定一个合理的调整额来计算调整价格。这项金额应以增加或减少超过有效合同价15％以上部分的量值为计算依据，而非以原合同价格作为调整计算的基础。

2．最终决算

最终决算，是指颁发解除缺陷责任证书后，对承包商完成全部工作价值的详细结算，以及根据合同条件对应付给承包商的其他费用进行核实，确定合同的最终价格。

颁发解除缺陷责任证书后的56d内，承包商应向工程师提交一份最终报表的草案，以及工程师要求提交的有关资料。最终报表草案要详细说明依据合同完成的全部工程价值，以及承包商依据合同认为还应支付给他的任何进一步款项，如剩余的保留金结算及其他索赔费用等。

工程师审核后，承包商要根据他提出的合理要求，对最终报表进行补充或修改，与工程师达成一致后再编制最终报表。承包商将最终报表送交工程师的同时，还需向业主提交一份“结清单”进一步证实最终报表中的支付总额，作为同意与业主解除合同关系的书面文件。结清单生效后，承包商根据合同进行索赔的权力即行终止。但只有当业主按照工程师出具的最终支付证书中的款项给予支付，并退还承包商履约保函后才能生效。

工程师接到正式的最终报表和抄送给他的结算清单副件后28d内，应向业主报送最终支付证书，并说明以下情况：

（1）工程师认为按合同规定最终应支付给承包商的总款额；

（2）对业主按照合同以前所有已支付过的款额和应得的各项款额（但不包括承包商的延期违约赔偿费）加以确认后，业主还应进一步支付给承包商，或承包商还应偿还给业主（如有的话）的金额。

业主收到工程师签发的最终支付证书后56d内，应向承包商支付最终决算款，双方终止合同关系。如果超过规定期限，仍要依据合同内规定的利率，计付逾期付款利息。

复习思考题

1. 什么是索赔？为什么会有索赔？
2. 应如何正确处理索赔？
3. 简述索赔费用的组成和计算。
4. 简述工程变更费用的确定方法。
5. 简述工程价款结算的特点和支付程序。
6. 竣工结算时，应进行结算总价调整的原则是什么？
7. 简述工程造价竣工决算的内容。

第9章 电子计算机在工程造价中的应用

9.1 概 述

9.1.1 工程造价中计算机应用概况

工程造价中处理的数据量较大，计算过程中原始数据修改又比较多，如果单纯靠人工计算和调整，费时费力，应用计算机进行辅助处理受到建筑界一致认可。近年来，计算机硬件与软件技术的飞速发展，解决了过去由于客观条件限制使造价软件存在的不少缺点，一般工程估算在2min内即可完成计算全过程。

目前，有很多优秀的能用于开发工程造价程序的数据库系统软件，例如：适用于小型系统的Foxpro、Access，适用于大型系统的Sybase、SQL Serverd等。另外由于ODBC (Open DataBase Connect)、DAO (Data Access Object) 等数据库接口软件的推出，精于界面设计的Visual Basic和计算能力较强的C/C++语言也越来越多地被用于开发数据库应用程序。

计算机技术的进步大大提高了工程造价软件的设计水平，尤其在以下几方面，计算机有着无可比拟的优越性。

1. 数据管理

工程造价过程中经常要对原有定额进行修改、补充、形成新定额以适应不同的分项工程组成内容。另一方面，材料价格是经常变动的，采用计算机进行管理有存储方便、修改快捷的优点。

2. 计算与调整

工程造价通常采用定额估算法，计算机可以对原始数据进行处理，快速、准确得出标价，这一点显示出最大的优越性。

3. 成果分析

计算机对原始数据处理后，不仅能计算出标价，而且可根据需要生成多项有价值的成果。例如：工料分析报告、各项费用的组成比例等技术经济资料。

9.1.2 工程造价软件的一般功能

建筑工程预算一般包括计算工程量、选套定额和编制报表三个步骤。目前的软件在选套定额和编制报表方面已很成熟。工程量的自动计算是软件研制的一个难点，由于各种建筑项目的外形和内部结构各不相同，而且各种构件，如梁、板、柱、墙、门、窗等工程量的计算过程中又有一套复杂的扣减计算，要用计算机自动计算工程量，必然要涉及到复杂的工程图纸或其计算机图形的识别和处理问题。目前的一些具有计算工程量功能的软件主要还是采用公式法，这样的方法并不能从根本上起到降低工作强度的作用。

目前，已应用到实际中的工程造价软件，一般都提供了工程项目管理、定额管理、费用管理及预算编制等四大功能。

(1) 定额管理功能是对定额数据进行管理操作，可对定额库进行添加、查询、修改、删除等。

(2) 费用管理功能是对预算费用项目及其标准的费用数据库进行添加、查询、修改、删除等。

(3) 工程项目管理功能可以对项目管理库进行添加、查询、修改、删除等。该库的作用是：每项工程在编制预算前把各种基本特征数据（如：工程名称、工程结构类型等）输入该库，并在预算结束后把各种造价分析数据（如：定额直接费、综合间接费等）补充在该工程记录内。

(4) 预算编制功能具有初始数据输入、套定额计算和报表输出等子功能。例如，可以报表的形式将工料分析报告、机械分析报告、预算报告等快速、准确、整洁地打印出来。

9.2 工程造价应用系统实例

9.2.1 工程造价应用系统

建筑工程造价是一项繁琐的、查询量和计算量都相当大的工作。靠手工完成，不仅时间长，而且易出差错。往往不能满足实际工作中要求迅速、准确的算出投标报价的需要。建筑工程造价工作的另一个特点是重复性工作多。而这种类型的工作是最适合计算机来完成的。

工程造价应用系统的开发分为二个部分：数据库设计和程序设计。

1. 工程造价应用系统的数据库设计

建立工程造价应用系统数据库的主要工作包括：

(1) 分析工程造价应用系统所需要的数据

工程造价应用系统所需要的数据种类有很多。包括原始定额数据、工程量数据、工程量换算数据和计算结果数据等。在定额数据中，从数据的生存期来看可分为在一定时期内基本不变的定额“量”数据和变化较频繁的价格数据。按定额的构成可分为人工数据、材料数据和机械数据。从系统的输入输出关系可分为原始数据、中间数据和结果数据。在设计数据库时应充分考虑这些因素。

(2) 将数据按一定的关系组织成不同的表

在对工程造价应用系统所需要的数据做了分析后，可按照前面所述的各种关系将所需数据分散在不同的表中，如定额表、材料表、机械表、工程量表等。

2. 工程造价应用系统的程序设计

前面谈到，能用于开发数据库应用系统的编程语言很多。一般的数据库应用程序大致分为两类：服务器端程序和客户端程序。服务器端程序完成数据处理的任务，主要面向少数专业人员。而客户端程序主要面向对计算机并不精通的普通客户，因而要求有较友好的人机界面。大多数工程造价应用系统都是单机运行的小型系统，可以说兼有两类程序的特点。所以，在选择编程语言时，即应考虑到对数据库的操纵能力，又应考虑设计人机界面的难易程度。从这一角度而言，Foxpro、Visual Basic 和 Visual C++都是较理想的选择。

9.2.2 工程造价应用系统实例

目前市场上较有代表性的软件有“预算大师”、“神机妙算”、“梦龙”等。而随着计算机图形识别技术和CAD的发展，计算机预算软件的适用性将越来越强。本章简要介绍“预算大师”软件的特点和使用方法。

“预算大师”软件包括“国内标准工程”、“标准三资工程”和“全量价工程”三个部分。利用国内工程概预算子系统，可非常快速方便地完成查套定额、材料分析、计算汇总、自动取费及结果打印等一系列工作，操作简单直观。三资工程概预算子系统，是按照主材取市场价，在定额直接费基础上补主材差价的方法确定工程造价。全量价工程子系统为用户提供了一套全量价分离的概预算编制方法，这种算法是采用国际通行的FIDIC条款——即根据材料、人工的市场价，重新组合出各定额单价。用这种算法还可进行单价合同形式的报价，即将利润、税金、各种基金等都融入每个定额子目的报价中，真实反映每个子目的实际造价，便于与国际标准接轨。下面以国内工程概预算子系统为例简要介绍软件的使用。

国内标准工程子系统的主菜单如图9-1所示。该子系统包括库管理、项目文件管理、数据计算、合价、打印管理、输出控制、工程形象进度七个模块。

图 9-1

1. 库管理

(1) 定额库管理

定额库管理是对土建、给排水、通风空调、电气、室外、仿古等定额进行查询、修改，及建立永久补充定额，如图9-2所示。

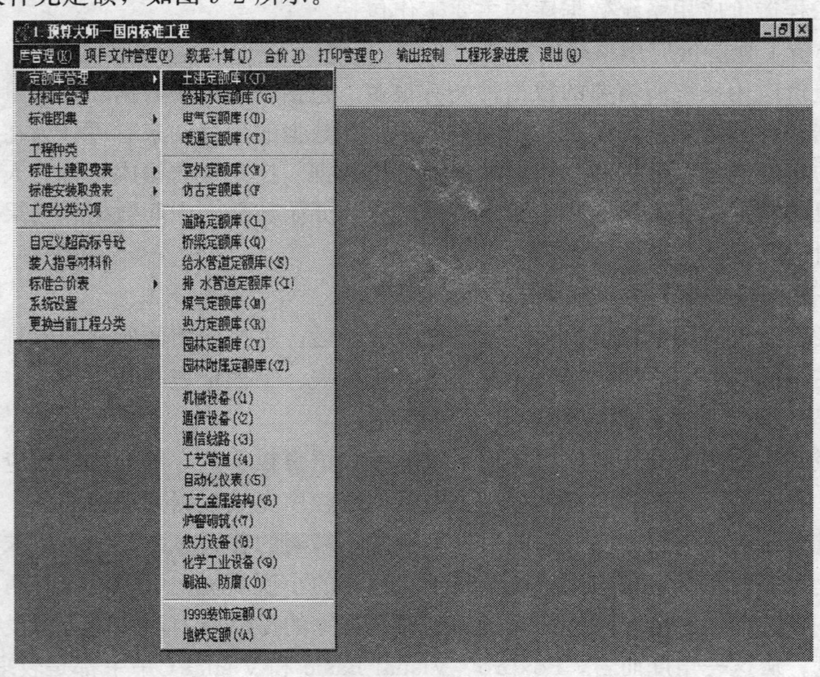

图 9-2 “库管理”菜单

(2) 材料库管理（见图9-3）

1）定额材料库：

定额材料库是对土建、给排水、通风空调、电气、室外、仿古工程定额中的材料进行查询、修改材料价（实际编制概预算中，用户不用每次都进此项）。

材料价有定额价、市场价和参考供应价。

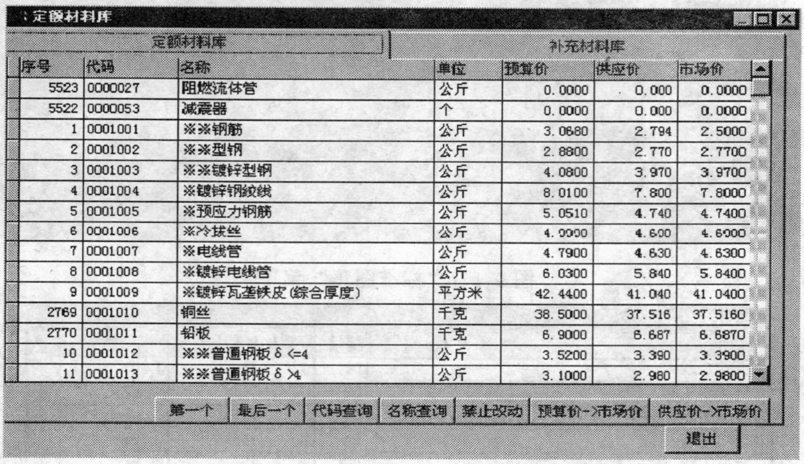

定额材料库

定额材料库　　补充材料库

序号	代码	名称	单位	预算价	供应价	市场价
5523	0000027	阻燃流体管	公斤	0.0000	0.000	0.0000
5522	0000053	减震器	个	0.0000	0.000	0.0000
1	0001001	※※钢筋	公斤	3.0680	2.794	2.5000
2	0001002	※※型钢	公斤	2.8800	2.770	2.7700
3	0001003	※※镀锌型钢	公斤	4.0800	3.970	3.9700
4	0001004	※镀锌钢绞线	公斤	8.0100	7.800	7.8000
5	0001005	※预应力钢筋	公斤	5.0510	4.740	4.7400
6	0001006	※冷拔丝	公斤	4.0000	4.600	4.6000
7	0001007	※电线管	公斤	4.7900	4.630	4.6300
8	0001008	※镀锌电线管	公斤	6.0300	5.840	5.8400
9	0001009	※镀锌瓦垄铁皮(综合厚度)	平方米	42.4400	41.040	41.0400
2769	0001010	铜丝	千克	38.5000	37.516	37.5160
2770	0001011	铅板	千克	6.9000	6.687	6.6870
10	0001012	※※普通钢板 δ <=4	公斤	3.5200	3.390	3.3900
11	0001013	※※普通钢板 δ >4	公斤	3.1000	2.980	2.9800

第一个　最后一个　代码查询　名称查询　禁止改动　预算价->市场价　供应价->市场价

退出

图 9-3　定额材料库

2）补充材料库：

用户在补充材料库中，可新建补充材料，它为所有工程项目所共用。补充材料代号应以“B”开头。

3）表单上按钮功能如下：

“第 一 个”：将光标移至首条记录。

“最后一个”：将光标移至末位记录。

“代码查询”：根据输入的材料代码，在数据库中进行查询。

“名称查询”：根据输入的材料名称，在数据库中进行查询。

当系统查询到多个相同材料时，“代码查询”或“名称查询”按钮将改变为“下一个”，单击此按钮进行下一个材料的查询。

“禁止改动/允许改动”：通过开关按钮，可对材料数据进行修改。

“预算价—→市场价”：将材料库中的市场价格置为预算价格。

“供应价—→市场价”：将材料库中的市场价格置为供应价格。

（3）标准图集

系统已将 88J 等图集的数据输入库中，供用户查阅，如图 9-4 所示。

（4）工程种类

可任意增加或修改工程的种类，此项对分包工程、临时决算工程等特别有用，每个种类的工程，都可以单独生成概算表和取费表，如图 9-5 所示。

1）增加项目：

比如有些情况下电气工程要分成强电、弱电等好几项做预算，并且都是单独取费，就可在表末尾增加所要的分项名称，操作方法如下：

步骤一：将“禁止改动”按扭点为“允许改动”；

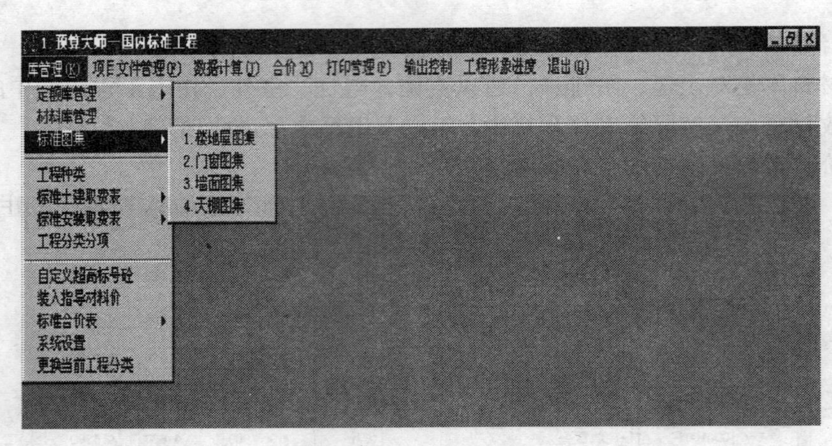

图 9-4 “标准图集”菜单

工程种类

名称	编号	类别	计入合计		取费类别
土建工程	01	J	Y	J	0
给排水工程	02	G	Y	G	1
通风工程	03	T	Y	T	0
电气工程	04	D	Y	D	0
室外工程	05	W	Y	W	
采暖工程	06	G	Y	G	0
煤气工程	07	G	Y	G	2
电梯工程	08	D	Y	D	1
集中空调工程	61	T	Y	T	1
仿古工程	10	F	Y	F	
地下人防工程	63	T	Y	T	3
非集中空调	64	T	Y	T	4
变配电架线	65	D	Y	D	2
道路工程	21	L	Y	L	

增加　禁止修改　退出　取费说明

图 9-5 工程种类

步骤二：单击“增加”按钮；

步骤三：在新增处用户可依次输入名称、编号、类别、计入合价、取费类别。其中：

名 称：为用户要增加或删除的工程种类；

编 号：为所建工程的顺序号，用户可向下依次排列；

类 别：在输入工程量时由用户指定该类别工程，以哪册定额为主（如 J 代表土建，G 代表给排水，T 代表通风空调，D 代表电气，W 代表室外工程……），并以此工程种类进行基本取费；

计入合价：“Y”是在合价表中将此项计入合计，“N”是在合价表中将此项不计入合计；

取费种类：以分项工程的第几类进行取费，详情可单击“取费说明”按钮。

如以电气工程为例：D0 指一般电气工程取费，D1 为变配电工程取费等，用户在增加工程种类时应指定此项，以便系统完成自动取费（可察看下方按钮“取费类别说明”）。

步骤四：退出。

2）表单上各按钮功能如下：

“增加”：新增一项工程种类。

“禁止改动/允许改动”：开关按钮，转换此按钮可对工程种类进行修改。

"取费说明"：对工程中的电、通、给三项种类进行具体分项。

(5) 标准土建取费表

包括土建取费表一、土建取费表二、土建取费表三、土建取费表四。其中，表一为概算表，表二为结算表，表三为市政表，表四为装修表。若有关政府部门对工程取费方法有变化，或对某项费率调整等，用户可以标准表为基础，根据情况修改各表，作为今后所要用的标准表，这样可一劳永逸。

(6) 标准安装取费表

表的定义与说明同标准土建取费表一样。

(7) 工程分类分项

可定义一些分部名称，以供手工分部分项时使用。

(8) 自定义超高强度等级混凝土

对C60等96定额中没有配比表的混凝土强度等级，用户可以自己定义。可直接定义其每立方米单价，选"配比"可定义其材料配合比，定义后可重复调用。

(9) 装入指导材料价

96定额做决算时，会用到某季度指导价材料的信息价，如图9-6所示。

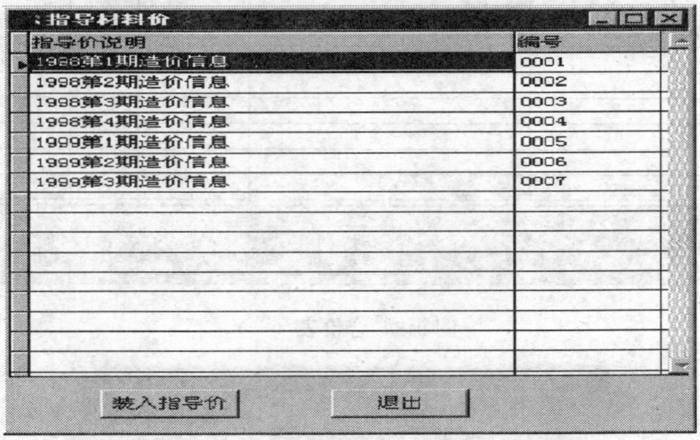

指导材料价

指导价说明	编号
1998第1期造价信息	0001
1998第2期造价信息	0002
1998第3期造价信息	0003
1998第4期造价信息	0004
1999第1期造价信息	0005
1999第2期造价信息	0006
1999第3期造价信息	0007

装入指导价　退出

图9-6　指导材料信息

用此项功能可将每季度新的指导材料信息价用软盘拷入计算机中，供输入指导材料信息价时使用。

(10) 标准合价表（见图9-7和图9-8）

合价表（一）中各按钮功能如下：

"增加"：新增一项。

"删除"：删除一项。

"计算"：新增或修改后的数据，退出合价之前要重新计算。

(11) 系统设置

"预算大师"系统允许用户自行设定在安装时所用的设备，或墙板的增减厚度是否自动带出。系统默认为允许带出，如图9-9所示。

2. 项目文件管理

1. 预算大师—国内标准工程
库管理(K)
项目文件管理(F)
数据计算(J)
合价(H)
打印管理(P)
输出控制
工程形象进度
退出(Q)
定额库管理
材料库管理
标准图集
工程种类
标准土建取费表
标准安装取费表
工程分类分项
自定义超高标号砼
装入指导材料价
标准合价表
系统设置
更换当前工程分类
合价表1
合价表2
合价表3
合价表4

图 9-7　标准合价表

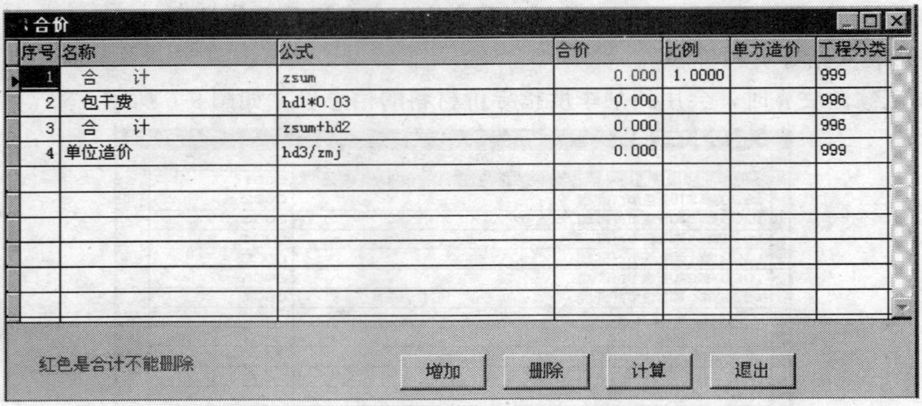

合价
序号
名称
公式
合价
比例
单方造价
工程分类
1 合　计 zsum 0.000 1.0000 999
2 包干费 hd1*0.03 0.000 996
3 合　计 zsum+hd2 0.000 996
4 单位造价 hd3/zmj 0.000 999
红色是合计不能删除
增加
删除
计算
退出

图 9-8　合价表（一）

设置
设置厚度、设备开关
允许自动带出厚度(高度)
允许自动带出设备
确认

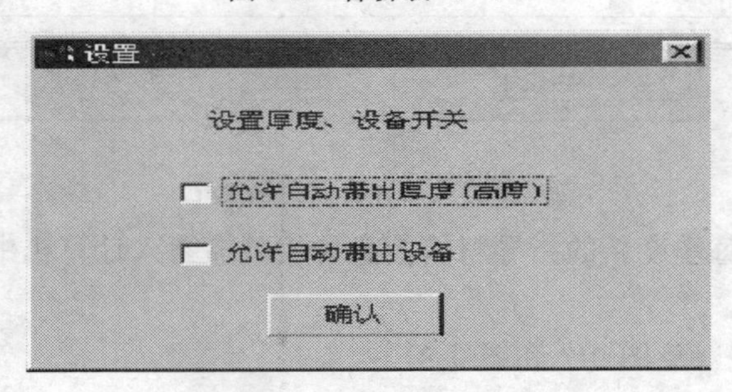

图 9-9　系统设置

(1) 项目文件选择

在此项中，用户可对硬盘现存的若干工程项目文件进行管理，如图 9-10 所示。

表单上的按钮功能如下：

“新 建”：建立一个新的工程，操作步骤如下：

步骤一：单击“新建”按钮。

步骤二：输入四位数字、英文或数字英文混合的文件名，单击“确定”按钮，如图 9-11 所示。

步骤三：根据当前实际工程输入各项内容，单击“确定”按钮。

项目选择

工 程 选 择

工程代码	工程名称	文件名称
940001	1122334455667788999	aaaa

新建 打开 编辑 编辑说明 删除 备份 装入 复制 合并

图 9-10　工程项目文件

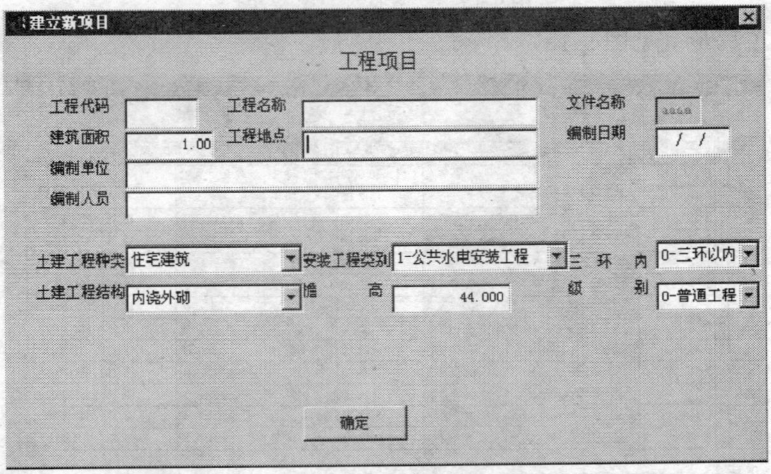

建立新项目

工程项目

工程代码　工程名称　文件名称 aaaa

建筑面积 1.00　工程地点　编制日期 / /

编制单位

编制人员

土建工程种类 住宅建筑　安装工程类别 1-公共水电安装工程　三环内 0-三环以内

土建工程结构 内浇外砌　檐高 44.000　级别 0-普通工程

确定

图 9-11　工程项目

此时，在工程选择中已出现新建的工程项目文件。

“打 开”：选择已存在的项目工程文件打开；

“编 辑”：浏览或修改工程项目中的各项信息数据，见图 9-11；

“编辑说明”：对工程项目进行文字说明，如编制情况、编制依据等，此功能主要作用户备忘用。用户若打印正规文档的编制说明，请在 Word 等编辑器里打印；

“删 除”：将旧的、无用的工程项目文件从硬盘上删除；

“备 份”：将做完的工程项目文件备份到硬盘的其他目录或软盘上；

“装 入”：将软盘或硬盘中的工程项目文件拷入硬盘；

“复 制”：将一个工程项目文件的所有数据复制到一个新建立的工程项目文件中；此功能针对一个项目，要编制几份概预算结果非常有效，用户只需先建立一个项目，再利用复制功能，就可完成项目复制，不用重复输入工程量。

“合 并”：将不同计算机上做的同一个工程项目，或不同的两个工程文件合并到其中的一个工程文件中，然后再计算、取费。

(2) 自动装入工程量

《预算大师》软件提供了和计算土建工程量软件的接口，用户若用计算工程量的软件算出土建工程量，可直接将结果数据传给本软件。结果文件所在的目录名用户可以改动。

3．数据计算模块（见图 9-12）

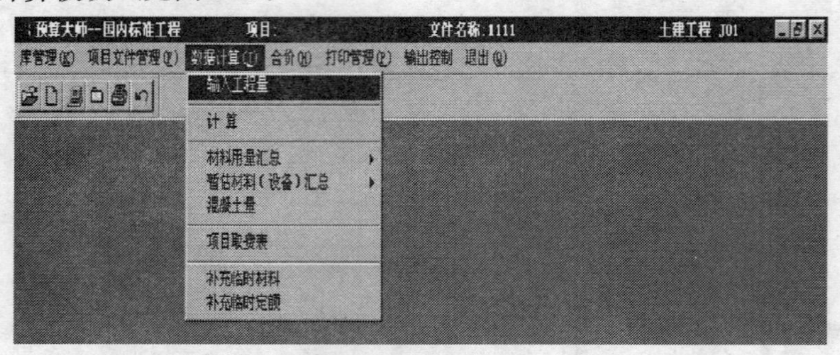

图 9-12　“数据计算”菜单

（1）输入工程量（见图 9-13）

输入工程量

输入工程量　　编组

记录	标	定额号	定额名称	单位	工程量	单价	合价	人工单价	人工合价
1	J	1-1	平整场地	平方米	10.0000	1.68	16.80	1.68	16.8000
2	J	2-1	红机砖外墙(厚度240MM)	平方米	12.00	60.15	721.80	9.39	112.6800
3	J	2-6	红机砖内墙(厚度365MM)	平方米	23.00	81.22	1868.06	12.19	280.3700
4	J	3-23	现浇砼圆形，多角形柱(直径在0.5M	立方米	12.00	1054.23	12650.76	118.77	1425.2400
5	J	5-12	屋架刷过氯乙烯漆六遍	吨	12.00	832.53	9990.36	107.73	1292.7600
6	J	3-5#C25	现浇砼矩形柱(周长在1.2M以内)C2	立方米	12.00	1074.89	12898.68	175.14	2101.6800
7	J	3-5#KC25H	现浇砼矩形柱(周长在1.2M以内)KC	立方米	12.00	1105.07	13260.84	175.14	2101.6800
8	J	2-75	现浇普通混凝土柱间墙(墙厚300MM	平方米	12.00	180.04	2160.48	20.55	246.6000
9	J	2-102*-10	框架间墙，柱间墙每增减 10MMC35	平方米	12.00	-46.90	-562.80	-3.10	-37.2000
10	J	3-5*0.15	现浇砼矩形柱(周长在1.2M以内)C4	立方米	25.00	166.16	4154.00	26.27	656.7500
11	J	3-5	现浇砼矩形柱(周长在1.2M以内)C4	立方米	14.00	1107.75	15508.50	175.14	2451.9600
12	J	13-8*0.15	其他建筑檐高25m以上脚手架(综合	平方米	3412.71	1.10	3753.98	0.19	648.4149
13	J	13-46	大型垂直运输机械使用费	平方米	3412.71	16.25	55456.54	0.00	0.0000

第一个　最后一个　增加　删除　自动分单　定额　定额帮助　块操作　恢复　合并　计算公式

房修定额　$设备费　!暂估价　\主材　补充定额　补充材料　退出

图 9-13　输入工程量

1）标准输入

只需输入定额号和工程量，回车确认。此时系统会自动代出定额号的定额名称、单位、单价、人工单价。用↑、↓、PgUp 和 PgDn 翻阅记录。

2）特殊输入

a．定额种类的修改：

代码前的字母表示定额种类（J ⟶ 土建；G ⟶ 给排水；T ⟶ 通风空调；D ⟶ 电气；W ⟶ 室外；F ⟶ 仿古；Q ⟶ 桥梁《参看库管理中的“工程种类”》），将光标移到字母上修改它，实现输入工程量时定额之间的“串门”输入。

b．厚度增减的输入：

对增减厚度的定额，有两种输入方法如下：

第一种：在定额号后加 * X 或 * -X，来表示增加或减少几厘米；

第二种：直接输入定额号回车确认，系统询问新的厚度，输入厚度和工程量后，回车确认，系统已自动带出相应的增减定额。

c. 换混凝土强度等级：

第一种：换其他强度等级的混凝土；

输入定额时，可在定额号后直接加“＃CXX”，其中“CXX”表示要换成的混凝土强度等级。

第二种：换抗渗用混凝土；

输入定额时，可在定额号后直接加“＃KCXX”，其中“K”表示要抗渗。

第三种：指定混凝土为预搅拌混凝土；

输入定额时，可在定额号后直接加“＃CXXH”，其中“H”表示预搅拌。如又换混凝土强度等级又带增减，则应将增减写在后面，如2-96＃C30＊7。改变强度等级的混凝土，系统会自动换算定额单价及所含材料用量。

第四种：对预拌混凝土增加费的定额子目，系统会自动给出前面用户指定使用预拌混凝土的总计。在指导价材料汇总中系统会自动扣除预拌混凝土中的水泥。

3）输入土建工程其他直接费

在定额号处输入“Q”，回车确认，系统会自动带出13章的其他直接费。当然也可以直接输入或修改。

4）编辑

查阅或修改当前定额的详细资料，如定额的各项费用等，见图9-14。

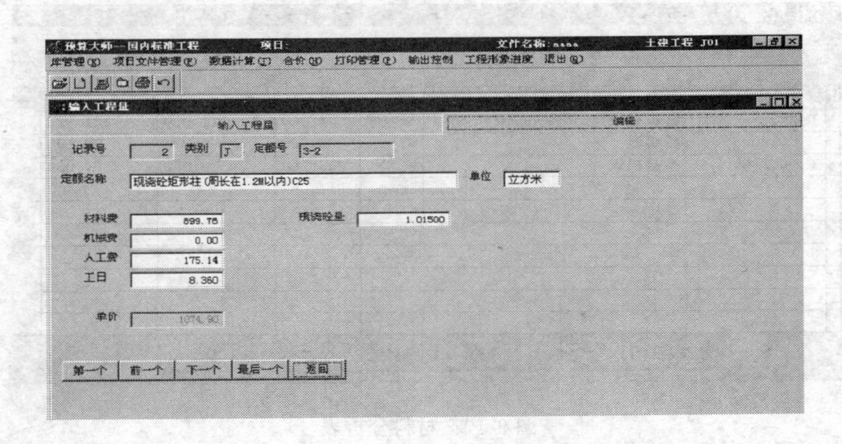

图9-14　编辑

选中要查阅或修改的定额号，选中后点击编辑。在这里可对各项进行查阅或修改，完成后只需单击“返回”按钮。这里的修改不会影响标准定额库中的数据。

5）工程量补充定额的输入

第一种：点取“补充定额”按钮，输入补充定额。

单击“补充定额”按钮（见图9-15），系统提示输入补充定额（如“B-1”）确认，进入补充定额编辑表，见图9-14。在编辑表中可分别输入定额名称、单位、材料费、机械费、人工费、工日后返回。系统会根据输入的材料费、机械费、人工费、工日自动合计出此项补充定额的单价。应该说明，用此方法补充的定额，不涉及具体材料分析。

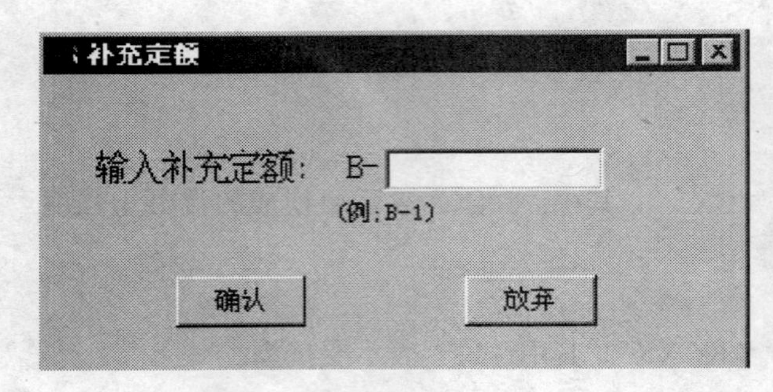

图 9-15　补充定额（一）

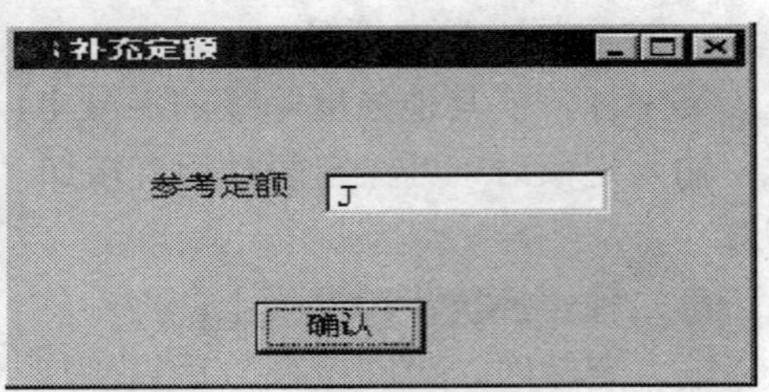

图 9-16　补充定额（二）

第二种：输入工程量时，随时建立临时补充定额（“Z-”开头）。

在定额号中输入以“Z-”开头的补充定额号（如“Z-1”）回车确认，此时屏幕提示输入参考的定额号，见图 9-16。输入完后，系统自动将所参考的定额代入补充定额中。用户可以通过“定额帮助”按钮，查看参考定额的材料用量。如果要更换某项材料时，只需选中参考定额中要替换的材料，单击“指定换料”按钮，系统会自动从参考定额材料用量中剔除此项材料，见图 9-17。点击“增加”按钮，在新增处添加材料代码或“！暂估价”或“& 主材”，并依次输入名称、单位、用量、单价后退出。这里补充的定额会自动存入临时补充定额库中，项目数据备份时可将该库一起自动备份走。用此方法补充的定额，可以查看材料用量。在此对话框中可输入标准定额、材料代号，或＃暂估人工、$ 暂估设备、& 主材、！暂估材料等符号，用户可根据需要自由组合，以达到相应目的。

补充定额

定额名称 蓝机砖外墙(厚度490MM)　　单位 平方米

标	材料/定额	名称	单位	用量	单价	合价
J	2-3	红机砖外墙(厚度490MM)	平方米	1.000	121.990	121.990
	0002005	红机砖	块	-236.000	0.236	-55.696
J	0002006	※蓝机砖	块	236.000	0.369	87.084

定额帮助　增加　删除　!暂估价　主材费　退出

图 9-17　材料分析表

6）按钮功能

“第 一 个”：到第一条记录。

“最后一个”：到最后一条记录。

“增 加”：在光标处插入一条记录。

“删 除”：在光标处删除一条记录。

“自动分章”：将工程量的顺序按章节的前后进行划分。

工程的分部或分项也是在这里完成的，分部或分项由用户指定划分，方法是在代码栏填百分号（%），回车后在屏幕右侧出现分部分项清单，用↑↓选择所要指定的分部或分项回车，则完成选择。在这时工程量表中有"%"标记的项会变成红色，表示它不是定额号，而是分部或分项名称，后面的定额皆属于这个分部或分项，直到下一个红色项（下一个分部或分项名称）为止。若用户要指定的分部或分项在分部分项清单中没有，可直接在红条上修改名称。输入工程量时按分部或分项指定好后，打印概算表时系统就可以按用户指定的分部或分项在这张表内汇总打印。

用户当然也可不进行分部或分项，直接输入全部的定额号、工程量即可，再点选下方的“自动分章”按钮，完成自动按章节划分。

“定 额”：即时查看定额库中的定额，可选择一个或多个定额。

“定额帮助”：察看当前定额所含材料及用量。

“块 操 作”：对数据进行整块操作。

★ 定义块首：将当前光标处的记录定义为块的起点。

★ 定义块尾：将当前光标处定额定义为块的终点，左边显示绿色的定额表示已在块内。

★ 取 消 块：取消已定义好的块。

★ 块 复 制：将已定义好的块复制到光标所在的定额后面。

★ 块 删 除：删除已定义为块的数据。

“合 并”：可将该项目中同一定额号的工程量进行合并。

“恢 复”：将分章和合并后的数据形式，恢复至未分章和合并前的数据形式。

“计算公式”：可直接输入工程量的计算表达式。

“房修定额”：若用户购买了房修定额，可直接借用房修子目，方法是选定某房修定额后双击定额号。

“$设备费”、“！暂估价”和“& 主材费”：添加设备、主材等。工程量中的设备费、暂估价、主材费也是在这里进入工程量表的，这些费用是定额中缺少的费用（如门锁安装定额中不含门锁），或无相应定额的，输入方法是点取其相应的按钮，再输入名称、用量、单价。

（2）计算

产生概算取费表及各种其他结果。输完工程量或工程量发生变化后，都必须执行此项。

（3）材料用量汇总

1）材料用量汇总

显示该工程项目所用材料的用量及单位用量。点取“材料定额分析”按钮可显示输入的哪些定额用到了当前的材料，以利于用户对该材料用量有异议时的数据审查。

2）指导材料用量汇总

显示红色的材料为指导价材料，用户做决算时可输入各指导材料的市场价（信息价），系统在取费时可自动计算这类材料市场价与供应价的差价，取费时换标准表（二）进行取费。做一般概预算及标底时不用进入此项。

“信息价选择”：选择用第几季度的信息价。

“指导材料标记”：允许人为指定光标所在的材料是否为最指导价材料，材料变成红色表示该材料是指导价材料。

3）最高限价材料汇总

其中的蓝色材料为最高限价材料（规定工程开工前就要商定好价钱的材料，材料名前是※※的材料），在打印管理中可打印出最高限价材料表。

“信息价选择”：选择用第几季度的信息价进行结算。

“最高限价标记”：允许人为指定光标所在的材料是否为最高限价材料，材料变成蓝色表示该材料是最高限价材料。

（4）暂估材料（设备）汇总

1）显示暂估材料汇总。

2）显示设备汇总。

（5）混凝土量

显示当前工程文件中所使用的总混凝土量、预搅拌及各强度等级混凝土的明细。

（6）项目取费表

对临时设施、现场经费、管理费、利润、税金等都已根据建立新项目时输入的总信息自动提取。对安装工程的其他直接费也可自动提取。对市政工程和储水（油）池、烟囱工程用户需自己改动取费。

当然费率也可在规定值的基础上用户再自己改动，方法是在要改动的条目上直接修改，但注意相应费率的“公式”栏也应作对应的修改，见图 9-18。

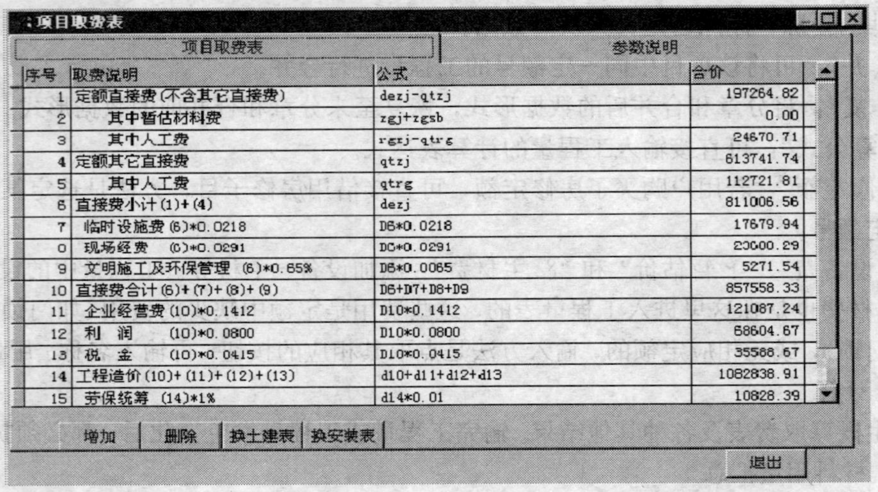

项目取费表 | 参数说明

序号	取费说明	公式	合价
1	定额直接费(不含其它直接费)	dezj-qtzj	197264.82
2	其中暂估材料费	zgj+zgsb	0.00
3	其中人工费	rgzj-qtrg	24670.71
4	定额其它直接费	qtzj	613741.74
5	其中人工费	qtrg	112721.81
6	直接费小计(1)+(4)	dezj	811006.56
7	临时设施费 (6)*0.0218	D6*0.0218	17679.94
0	现场经费 (C)*0.0291	DC*0.0291	20000.29
9	文明施工及环保管理 (6)*0.65%	D6*0.0065	5271.54
10	直接费合计(6)+(7)+(8)+(9)	D6+D7+D8+D9	857558.33
11	企业经营费(10)*0.1412	D10*0.1412	121087.24
12	利　润　(10)*0.0800	D10*0.0800	68604.67
13	税　金　(10)*0.0415	D10*0.0415	35588.67
14	工程造价(10)+(11)+(12)+(13)	d10+d11+d12+d13	1082838.91
15	劳保统筹 (14)*1%	d14*0.01	10828.39

增加　删除　换土建表　换安装表　退出

图 9-18　项目取费表

1）项目取费表：显示所有项目的具体取费情况。

2）参数说明：对项目取费表中的各个变量进行说明。用户在定义自己的取费项目时可应用此参数。

3）按钮功能：

“增加”：新增一项，其中公式栏的定义可依据上、下行，并相应调整其余的公式栏。

“换土建表”：在此可套用系统给定的各类标准取费表（表一至表四）。

“换安装表”：在此可套用系统给定的各类标准取费表（表一至表四）。

注意：取费表二即为结算表。

（7）招投标指标分析表

系统可计算出各种费用占造价的比例、各种主材分析、土建工程主要的工作量指标和互相间的比例关系，辅助用户分析所做概算的准确性。

系统可对所做工程自动产生若干表格，用户可打印出来供参考。若是甲方招标，可直接将这些报表报招标办审查。

注意：应先执行一下“计算土建工程”和“计算安装工程”，各种表格即可生成。

若用户认为该表较重要，想产生比较准确的比例关系，在输入土建框架墙和柱间墙时，如是外墙，应在定额号后加 * W 标记，如 2-76 * W，内墙则不用加标记。

（8）补充临时材料

在当前工程项目文件中有效，而不会保留在系统库中的补充材料。

用户可在此为当前工程文件中所需的临时材料建立补充材料库，补充临时材料时材料代号应以“Z”开头，如“Z0001”。

（9）补充临时定额

输入工程量时建立的补充定额，系统自动加入到这里，用户不用理会。

4. 合价模块（见图 9-19）

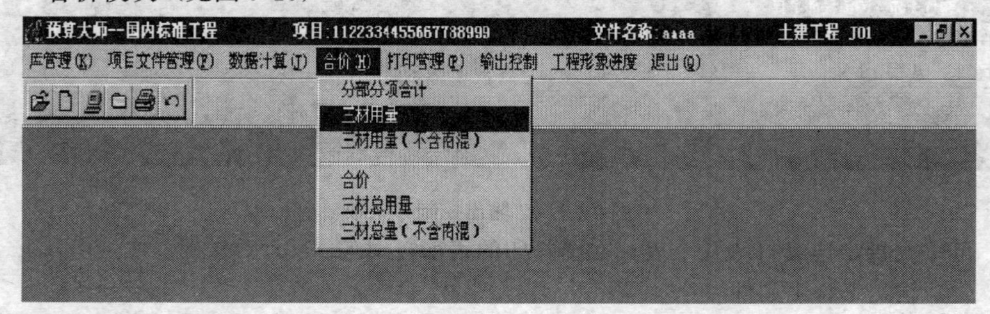

图 9-19 “合价”菜单

（1）分部分项合计。按用户划分的分部分项，显示各分部分项的合价和费用比例。

合价

序号	名称	公式	合价	比例	单方造价	工程分类
1	土建工程	978278.530	978278.530	0.9693	42533.849	012
2	给排水工程	8265.060	8265.060	0.0082	359.350	022
3	园林附属工程	22730.720	22730.720	0.0225	988.292	282
4	合　计	zsum	1009274.310	1.0000		999
5	包干费	hd1*0.03	30278.229			996
6	合　计	zsum+hd2	1039552.539			996
7	单位造价	hd3/zmj	45197.936			999

红色是合计不能删除　　增加　删除　计算　换合计表　退出

图 9-20 工程项目合价

（2）三材用量和三材用量（不含商品混凝土）。显示当前工程分项中使用的三材用量。

（3）合价。产生当前工程项目文件中各工程分类的造价和整个工程的总造价，见图 9-20。

（4）三材总用量和三材总用量（不含商品混凝土）。显示当前工程项目文件中土建、安装等工程的三材用量之和。

5. 打印模块（见图 9-21）

6. 输出控制模块（见图 9-22）

（1）连续打印

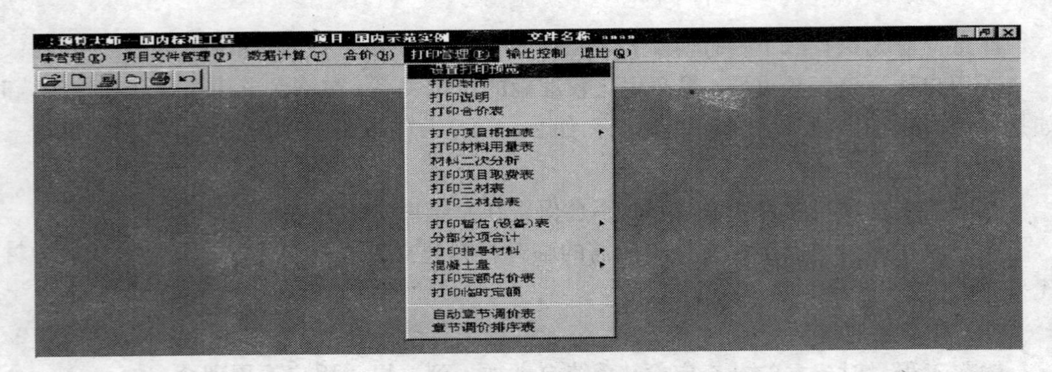

图 9-21 “打印管理”菜单

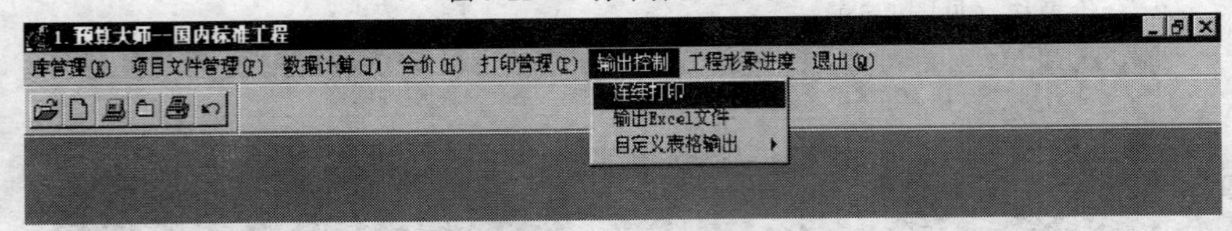

图 9-22 “输出控制”菜单

可一次指定连续打印几个表，在要打印的表前打对勾。

(2) 输出 Excel 文件

系统可将各种计算结果数据传向Excel软件，用户可在Excel下编辑，形成自己喜欢的新的格式和进行数据的二次开发修改。

传过去的文件目录和名称用户可自己指定，如向根目录下传土建概算表，可在文件名处写“\AB”，系统会在根目录下产生一个名为“AB 概算 01.xls”的文件供编辑。

(3) 自定义表格输出

用户可定义自己的打印表式。

7. 工程形象进度模块（见图 9-23）

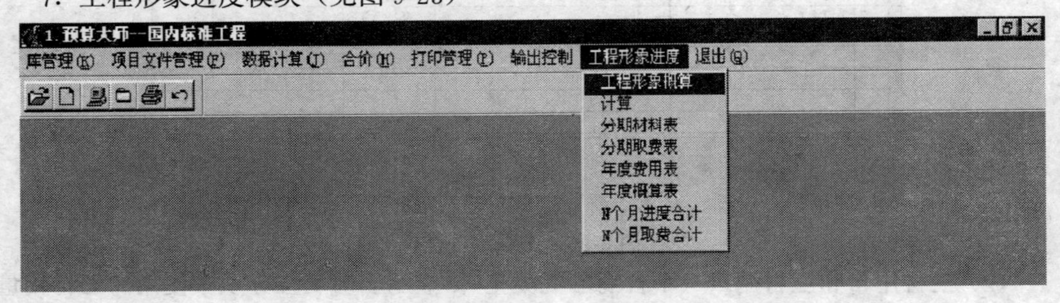

图 9-23 “工程形象进度”菜单

本模块包括针对施工过程所需的月报和年报统计设计、某年某月完成工程的各项数据的计算、分期材料表的显示、分期取费表的显示、年度费用表的显示、年度概算表的显示等功能。

复习思考题

1. 应用计算机进行工程造价有哪些优越性？
2. 工程造价软件一般有哪些功能？
3. 查阅有关文献，概述目前计算机工程造价软件的发展概况。

续表

序号	分项工程名称	单位	数量	计　算　式
6	M5 水泥砂浆砖基础	m^3	47.62	(1) 1-1 剖面 1) 断面积＝0.24×1.25＋0.12×（0.12＋0.06）＝0.3216m^2 外墙中心线 C 轴　B 轴净长　B 轴⟶D 轴净长 2) 基础长＝3.6＋[21.6－0.12×2]＋[(5.74－0.06－0.12)×5]＝52.76m 3) V_1＝0.3216×52.76＝16.968m^3 (2) 2-2 剖面 1) 断面积＝0.12×0.06×2＋0.24×1.25＝0.3144m^2 外墙中心线长　内墙净长②轴 2) 基础长＝68.6＋[8－0.12×2]＝76.36m 3) V_2＝0.3144×76.36＝24.008m^3 (3) 3-3 剖面 1) 断面积＝0.12×0.06×2＋0.115×1.25＝0.1582m^2 1/B 轴净长　B 轴⟶1/B 轴净长 2) 基础长＝[21.6－0.12×2]＋[(2.46－0.12－0.06)×12]＋ ③⑤⑦轴上净长 [(0.92－0.060×2)×3]＝51.12m 3) V_3＝0.1582×51.12＝8.087m^3 (4) 扣构造柱 －0.24×0.24×1.25×20＝－1.44m^3 (5) 合计：$V=V_1+V_2+V_3$－1.44＝16.968＋24.008＋8.087－1.44＝47.62m^3
7	墙基防潮层	m^2	35.72	墙基宽×墙基长（由序号 6 得） (1) 1-1、2-2 剖面 构造柱 0.24×（52.76＋76.36－0.24×17.5）＝29.981m^2 (2) 3-3 剖面 0.115×（51.12－0.24×5）＝5.741m^2 (3) 总计：29.981＋5.741＝35.72m^2
8	基槽回填土	m^3	179.99	(1) 标高±0.00～－0.30 墙基体积＝墙厚×室内外高差×墙基长 1) 1-1、2-2 剖面 0.24×0.30×(52.76＋76.36)＝9.297m^3 2) 3-3 剖面 0.115×51.12×0.30＝1.764m^3 3) 合计：9.297＋1.764＝11.06m^3（含构造柱） (2) 回填土体积 回填土体积＝挖土体积－（垫层体积＋砖基础体积＋构造柱体积－室外地坪上砖基体积－室外地坪上构造柱体积）＝248.37－(30.38＋47.62＋1.44－11.06)＝179.99m^3
9	房心回填土	m^3	19.69	(1) 回填土 回填土±0.00～－0.30 的房心体积－地面厚度×房心面积＝(7.76×3.26＋21.36×9.76)×(0.3－0.2)＝233.771×0.1＝23.38m^3 (2) 扣 0.1 高墙体 0.24×0.1×(52.76＋76.36)＋0.115×0.1×51.12＝3.687m^3 (3) 合计＝23.38－3.687＝19.69m^3
10	人力车运土（运距 200m）	m^3	48.69	运土＝挖土土方－回填土土方＝248.37－179.99－19.69＝48.69m^3
	二、脚手架工程			

续表

序号	分项工程名称	单位	数量	计 算 式
11	外墙脚手架（按双排）	m^2	592.18	外墙外边线长×室外地坪至女儿墙顶面高度 (25.44＋10.24＋1.80)×2×(7.6＋0.3)＝592.18m^2
12	内墙脚手架	m^2	665.53	(1) 内墙净长（见序号6）＝21.36＋27.8＋7.76＋21.36＋27.36＋2.4＝108.04m (2) 内墙脚手架＝108.04×3.08×2＝665.53m^2
	三、砌筑工程			
13	240 外墙	m^3	66.16	墙长按外墙中心线长计算，墙高从室内地坪至圈梁底 毛面积 DM2828' TC1418 (1) 底层面积＝(25.2＋10)×2.00×2.80－2.88×2.8－1.4×1.8× TC1218 TC1806 TC1818 构造柱 12－1.2×1.8－1.8×0.6－1.8×1.8×6－0.24×2.8×14＝126.73m^2 毛面积 ZC－1 TC1218 (2) 二层面积＝(25.2＋10＋1.80)×2×2.8－1.8×1.8－1.2×1.8 TC1818 构造柱 －1.8×1.8×13－0.24×2.8×16＝148.63m^2 (3) 总体积＝(126.73＋148.93)×0.24＝66.16m^3
14	240 内墙	m^3	66.10	(1) *B* 轴、1/*B* 轴──→*D* 轴面积 *B* 轴 1/*B* ──→D 面积＝[(21.6－0.24)×2.8×2]＋[(5.68－0.24)×2.8×5×2]－ M－1 M－3 [0.9×2.1×6×2]－[0.6×2×3×2]＝242.056m^2 (2) ②轴面积 毛面积 扣空洞 面积＝(8.0－0.12×2)×2.8×2－(1.8－0.24)×2.8×2 扣构造柱 －0.24×2.8×2＝33.376m^2 (3) 总体积＝(242.056＋33.376)×0.24＝66.10m^3
15	1/2 砖内墙	m^3	27.21	(1) 1/*B* 轴面积 毛面积 洞口 面积＝[(21.6－0.12×2)×2.8×2]－[0.9×2.8×6×2] 构造柱 －[0.24×2.8×5×2]＝82.656m^2 (2) *B* ──→1/*B* 轴间面积 毛面积 M－2 面积＝[2.28×2.8×12×2]－[0.7×2.0×6×2]＝136.416m^2 (3) ③⑤⑦轴上面积＝0.8×2.8×3×2＝13.44m^2 (4) ①轴──→②轴间底层面积 毛面积 M－4 面积＝(3.6－0.24)×1.6－0.8×1.6＝4.096m^2 (5) 总体积＝(82.656＋136.416＋13.44＋4.096)×0.115＝27.21m^3
16	240 女儿墙	m^3	18.56	构造柱 体积＝2×(25.2＋10)×1.08×0.24－0.24×0.24×1.08×10 ＋1.8×2×1.08×0.24＝18.56m^3

续表

序号	分项工程名称	单位	数量	计 算 式
	四、混凝土工程			
17	无梁式带基模板	m^2	87.3	基础侧面高度×基础长度（见序号 5） 基础侧　　　　台阶模板 面积＝0.25×(50.18＋75.78＋43.32)×2＋[3.84×0.6＋1.2×0.3] ＝87.3m^2
18	构造柱模板	m^2	60.48	面积＝0.24×2.8×(43＋47)＝60.48m^2
19	圈梁模板	m^2	271.93	*A* 轴南 QL：3.36×(0.4＋0.32＋0.4×2)＝5.107m^2 *A* 轴 *B* 轴：3.36×0.4×2×(7＋6)×2＝69.888m^2 *C* 轴：3.36×0.4×2×2＝5.376m^2 *D* 轴、1/*B* 轴：[3.36×0.4×2×6×2]×2＝32.256×2＝64.512m^2 2PL_1、WPL_1：(6.12－0.12×3) ×0.4×2×2＝9.216m^2 2PL_2 WPL_2：(6.12－0.12×5) ×0.4×2×2＝8.832m^2 ①轴 QL_1：(5.68－0.24－2) ×0.4×2×2＝5.504m^2 ②轴 QL_3 (5.68－0.24) ×0.4×2×2＝8.704m^2 *B* 轴⟶1/*B* 轴间 QL_6：[2.28×0.32×2×6＋2.28×(0.4＋0.32)×6]×2＝37.21m^2 ③⑤⑦轴 QL_8、QL_7：0.8×0.4×2×3×2＝3.84m^2 1/*B*⟶*D* 间 QL_2：(5.68－0.24)×0.28×2×5×2＝30.464m^2 ⑧ 轴：[(1.56＋5.44)×0.4×2＋2.28×(0.4＋0.32)]×2＝14.403m^2 女儿墙压顶：(25.2＋10＋1.8)×2×0.12×2＝17.76m^2 总计＝5.107＋69.888＋5.376＋64.512＋9.216＋8.832＋5.504＋8.704＋37.21＋3.84＋30.464＋14.403＋17.76＝271.93m^2
20	单梁模板	m^2	20.51	(1) QL_4 (QL_4 底没有墙) 2.28×(0.32×2＋0.24)×2 根×2 层＝8.026m^2 (2) L_1 1.56×(0.28×2＋0.24)×5 根×2 层＝12.48m^2 (3) 总计＝8.026＋12.48＝20.51m^2
21	有梁板、平板模板	m^2	98.28	*A* 轴南　　　*B*⟶1/*B*　　　扣洞口 [3.36×1.56]＋[(21.6－0.24×2)2.28×2]－[0.8×2.16×3－0.08 增洞侧面 ×3]＋[(1.3＋0.8)×2×0.08×3＋(0.86＋0.8)×2×0.08×6]＝98.28m^2
22	整体楼梯模板	m^2	15.93	3.36×(2.7＋0.24×2＋1.56)＝15.93m^2
23	圆孔板模板	m^3	24.93	YKB$_{R6}$36A－62　　　YKB$_{R6}$36A－52 体积＝(9×6×2＋13＋5) 块×0.157m^3/块＋(3×6×2＋3) 块×0.132m^3/块＝24.93m^3
24	构造柱混凝土	m^3	9.87	±0.00 以下　　　底层　　　二层 体积＝1.44(见序号 6)＋[0.24×0.24×3.2×20]＋[0.24×0.24× 女儿墙 3.2×22]＋[0.24×0.24×1.2×10]＝9.87m^3

续表

序号	分项工程名称	单位	数量	计 算 式
25	单梁混凝土	m^3	1.05	L_1　1.56×0.24×0.28×5×2=1.05m^3
26	圈梁混凝土	m^3	21.91	A 轴南 QL_1　3.36×0.24×(0.38+0.4)×2=1.238m^3 A、D 轴　3.36×0.24×0.4×6×2=3.871m^3 ①⟶②A　3.36×0.24×(0.36+0.40)=0.613m^3 B 轴　3.36×0.24×0.36×6×2=3.484m^3 1/B 轴　3.36×0.12×0.32×6×2=1.548m^3 C 轴　3.36×0.24×0.4×2=0.645m^3 $2PL_1WPL_1$　5.76×0.24×0.4×2=1.106m^3 $2PL_2WPL_2$　5.52×0.24×0.4×2=1.06m^3 ①轴 QL_1　3.44×0.24×0.4=0.330m^3 ①轴 QL_3　3.44×（0.24×0.28+0.12×0.12）=0.281m^3 ②轴 QL_2　3.44×0.24×0.28=0.231m^3 ②轴 QL_3　(5.44+2)×(0.24×0.28+0.12×0.12)=0.607m^3 B⟶1/B 间 (2.28×0.12×0.32×12)×2=2.1012m^3 (0.8×0.12×0.4×3)×2=0.2308m^3 $QL_6QL_7QL_8$1/B⟶D 间 QL_2　5.44×0.24×0.28×5×2=3.656m^3 ⑧轴　[(1.56+5.44)×(0.24×0.28+0.12×0.12)+2.76×0.24×0.32]×2=1.566m^3 总计=21.911m^3
27	有梁板混凝土（有 QL_4 的板，QL_4 底下无墙）	m^3	2.90	QL_4　2.28×0.24×0.32×2×2=0.700m^3 板　2.28×3.02×0.08×2×2=2.203m^3 总计=0.70+2.203=2.90m^3
28	平板混凝土	m^3	8.647	A 轴南　3.6×1.8×0.08=0.518m^3 B⟶1/B (21.6×2.52×2−0.8×1.30×3−0.8×0.86×3×2)×0.08=101.616−0.08=8.129m^3 总计=0.518+8.129=8.647m^3
29	楼梯混凝土	m^2	15.93	见序号 22
30	女儿墙压顶	m^3	2.06	[(25.2+10+1.8)×2−0.24×10]×0.24×0.12=2.06m^3
31	圆孔板混凝土	m^3	24.93	见序号 23
32	圆孔板灌缝	m^3	24.93	见序号 23
	五、构件运输及安装			
33	圆孔板运输	m^3	25.13	圆孔板混凝土体积×(1+0.8%)=24.93×(1+0.8%)=25.13m^3
34	圆孔板安装	m^3	25.05	圆孔板混凝土体积×(1+0.5%)=24.93×(1+0.5%)=25.05m^3
	六、门窗及木结构			
35	单扇胶合板门	m^2	47.96	M−1　0.9×2.1×12=22.68m^2 M−2　0.7×2×12=16.8m^2 M−3　0.6×2×6=7.2m^2 M−4　0.8×1.6=1.28m^2 合计=22.68+16.8+7.2+1.28=47.96m^2

续表

序号	分项工程名称	单位	数量	计 算 式
36	自由门	m^2	8.06	DM2828' 2.88×2.8=8.06m^2
37	铝合金窗	m^2	100.44	TC1818 1.8×1.8×19=61.56m^2 TC1418 1.4×1.8×12=30.24m^2 TC1218 1.2×1.8×2=4.32m^2 TC1806 1.8×0.6=1.08m^2 ZC－1 1.8×1.8=3.24m^2 合计=100.44m^2
38	屋面木盖板	m^2	4.32	1.20×1.20×3=4.32m^2
	七、楼地面工程			
39	100厚碎石垫层	m^3	21.389	①→② 主墙间净面积=3.36×7.76=26.074m^2 ②→⑧、A→B：主墙间净面积＝（21.6×0.24）×1.56=33.322m^2 B→$1/B$ 主墙间净面积=(21.48－0.8×3－0.12×12)×2.28=40.219m^2 $1/B$→D间 主墙间净面积=3.36×5.44×6=109.670m^2 台阶上面 3.84×1.2=4.608m^2 总面积=26.074+33.322+40.219+109.670+4.608=213.893m^2 总体积=213.893×0.1=21.389m^3
40	碎石垫层灌浆200厚	m^3	0.46	台阶 3.84×0.6×0.2=0.46m^3
41	C10混凝土垫层60厚	m^3	12.76	主墙间净面积×厚度（见序号39）=212.687×0.06=12.76m^3
42	C15混凝土垫层	m^3	0.814	台阶： 3.84×0.9×0.07+3.84×0.30×0.15×3+1.2×0.30×0.15=0.814m^3
43	水泥砂浆找平层（水磨石下）	m^2	109.66	门厅、走道一、二层（见序号39） (26.074+33.696)×2－3.36×4.5(楼梯)+3.36×1.56(二层突出)=109.66m^2
44	细石混凝土找平40厚	m^2	115.93	多孔板楼面（见序号39） ①→②、A→$1/B$ 3.36×3.02+33.696+112.09=115.93m^2
45	水泥砂浆面层	m^2	264.62	客房走道 1.37×2.46×6×2层=40.442m^2 客房 112.09×2层=224.18m^2（见序号39） 总计=40.442+224.18=264.62m^2
46	水磨石面层（楼、地面）	m^2	109.66	见序号43
47	水磨石楼梯面层	m^2	15.93	见序号22
48	水磨石台阶面层	m^2	3.456	0.9×3.84=3.456m^2
49	水磨石踢脚板	m	102.08	一、二层门厅 （5.84×2－1.56+3.36）×2=26.96m 一、二层走道 （21.6×2－0.9×6－0.6×3）×2+1.56×2=75.12m 总计=26.96+75.12=102.08m
50	马赛克面层（楼、地面）	m^2	39.56	卫生间面积－浴缸面积－水泥砂浆面积（见序号39） （40.219－1.59×0.75×6－26.568×0.5）×2=39.56m^2
51	马赛克踢脚板	m	47.4	一、二层：（1.59+2.28×2－0.75×2－0.7）×6×2=47.4m
52	混凝土散水	m^2	28.63	（25.44+0.6×3+10.24×2）×0.6=28.63m^2
	八、屋面工程			
53	SBS卷材屋面［屋面应增1：3水泥砂浆找平20mm厚244.32m^2（除女儿墙一项外）］	m^2	262.585	①→② 3.48×9.56=33.269m^2 ②→⑧ 21.6×9.76=210.816cm^2 女儿墙 ［(25.2+10)×2+1.8×2］×0.25=18.5m^2 扣洞口 0.86×0.8×3=2.06m^2 总计=33.269+210.816+18.5－2.06=262.585m^2

续表

序号	分项工程名称	单位	数量	计 算 式
54	ϕ100 铸铁落水管	m	33.5	(6.4+0.3)×5=33.5m
55	铸铁接水口	只	5	
56	铸铁弯头	只	5	
	九、装饰工程			
57	内墙面抹灰 (1∶1∶6 底 1∶0.3∶3 面)	m^2	1478.42	外墙内侧面 126.73+148.93=275.66m^3 (见序号 13) 240 内墙双面 (89.736+33.376+152.32)×2=550.864m^2(见序号 14) 120 内墙双面 (82.656+136.416+13.44+4.096)×2=473.216m^2 (见序号 15) 构造柱抹灰 0.24×3.08×12×2=17.741m^2 外墙圈梁 [(24.96+9.76)×2×2+1.8×2]×0.28=39.894m^2 *B* 轴圈梁 (21.36×2−0.115×12)×0.3×2=24.804m^2 1/*B* 轴圈梁 (21.36×2−0.115×12−0.24×5)×0.3×2=24.084m^2 ②轴内墙圈梁 5.96×0.28×2×2=6.675m^2 1/*B*→*B* 内墙圈梁 2.28×0.32×2×12×2=35.021m^2 1/*B*→*D* 内墙圈梁 5.44×0.28×2×5×2=30.464m^2 总计=275.66+550.864+437.216+17.741+39.894+24.804+24.084+6.675+35.021+30.464 =1478.42m^2
58	水泥砂浆粉外墙	m^2	87.65	女儿墙内侧 (24.96+9.76)×2×1.2+1.8×2×1.2=87.65m^2
59	外墙贴面砖	m^2	471.37	外墙面积 126.73+148.93=276.66m^2 (见序号 13) 外墙构造柱 0.24×2.8×19×2=25.536m^2 外墙圈梁 (25.44+10.24+1.8)×2×0.4×2=59.968m^2 ±0.00～−0.3 [(25.44+10.24)×2−3.84]×0.3=20.256m^2 女儿墙外侧 (25.44+10.24+1.8)×2×1.2=89.952m^2 总计=275.66+25.536+59.968+20.256+89.952=471.37m^2
60	窗侧面贴面砖	m^2	23.76	TC1818 (1.8+1.8)×2×0.1×19=13.68m^2 TC1418 (1.4+1.8)×2×0.1×12=7.68m^2 TC1218 (1.2+1.8)×2×0.1×2=1.2m^2 TC1806 (1.8+0.6)×2×0.1=0.48m^2 ZC−1 (1.8+1.8)×2×0.1=0.72m^2 总计=13.68+7.68+1.2+0.48+0.72=23.76m^2
61	女儿墙压顶贴面砖	m^2	17.76	(25.2+10+1.8) ×2×0.24=17.76m^2
62	现浇板底抹灰	m^2	117.14	*B*−1/*B* 21.36×2.28×2−0.8×2.28×3−0.86×0.86×3=89.866m^2 QL_4 2.28×0.32×2 面×2 根×2 层=5.837m^2 ①→②*A* 南 3.36×1.56=5.242m^2 楼梯底 (2.84^2+1.62^2+1.56)×3.36=16.194m^2 总计=89.866+5.837+5.242+16.194=117.14m^2
63	预制板底抹灰	m^2	307.69	①→② 3.36×3.26+3.36×9.76=43.747m^2 ②→⑧、*A*→*B* 21.36×1.56×2=66.643m^2 ②→⑧、1/*B*→*D* 3.36×5.56×5×2=186.816m^2 L_1 两侧面 1.56×0.28×2 面×2 根×2 层=10.483m^2 总计=43.747+66.643+186.816+10.483=307.69m^2

续表

序号	分项工程名称	单位	数量	计 算 式
64	木门油漆	m^2	54.68	单层木门系数为1，全玻璃门0.83 47.96＋8.1×0.83＝54.68m^2（见序号35、36）
65	内墙803涂料	m^2	1479.09	见序号57
66	天棚面803涂料	m^2	424.83	见序号62、63

钢 筋 数 量 表

附表 1-2

序号	构件名称	钢筋编号	直径（mm）	每根长度（m）	根数	构件数量	长度合计（m）	重量合计（kg）
1	YKB_{R4}	36_A-62	126块×5.35kg/块＝674.1kg（查苏G9401）					
2	YKB_{R6}	36_A-52	39块×4.71kg/块＝183.68kg					
3	GZ		±0.00以下插筋柱20根，一层20根，二层22根，女儿墙10根					
		①	ϕ12	2.32	4	20	185.6	
		②	ϕ12	3.90	4	20＋10	468	
		③	ϕ12	3.17	4	12	152.16	
		④	ϕ12	1.07	4	10	42.80	
		⑤	ϕ6	0.96	41	20	787.2	
		⑥	ϕ6	0.96	17	2	32.64	
		⑦	ϕ6	0.96	7	10	67.20	
4	QL_1		*A*轴南、*A*轴、*C*轴、*D*轴					
		①	ϕ10	3.92	4	15×2	470.4	
		②	ϕ6	1.28	18	30	691.2	
			①轴					
		①	ϕ10	4.02	4	1	16.08	
		②	ϕ6	1.28	18	1	23.04	
5	QL_2		②轴					
		①	ϕ10	3.92	4	1	15.68	
		②	ϕ6	1.04	17	1	17.68	
			1/*B*⟶*D*轴					
		①	ϕ10	6.0	4	5×2	240.00	
		②	ϕ6	1.04	29	10	301.60	
6	QL_3		①轴					
		①	ϕ10	4.02	5	1	20.1	
		②	ϕ6	1.52	18	1	27.36	
			③轴1/*B*→*D*⑧轴					
		①	ϕ10	5.89	5	1＋1×2	88.35	
		②	ϕ6	1.52	28	1＋1×2	127.68	
			②*C*→*D*					
		①	ϕ10	2.10	5	1	10.5	
		②	ϕ6	1.52	11	1	16.72	

续表

序号	构件名称	钢筋编号	直径（mm）	每根长度（m）	根数	构件数量	长度合计（m）	重量合计（kg）
7	QL_4	④、⑥、$B\rightarrow 1/B$						
		①	ϕ10	2.60	4	2×2	41.6	
		②	ϕ6	1.28	13	4	66.56	
8	QL_5	⑧轴 $B\rightarrow 1/B$						
		①	ϕ10	2.60	4	1×2	31.36	
		②	ϕ6	1.04	17	1×2	35.36	
9	QL_6、QL_7	①	ϕ10	2.60	4	12×2	124.8×2	
		②	ϕ6	1.04	13	12×2	324.48	
10	QL_8	③、⑤、⑦上						
		①	ϕ10	1.12	4	3×2	26.88	
		②	ϕ6	1.04	5	6	31.2	
11	QL_9	1/B 轴						
		①	ϕ10	21.92	4	1×2	175.36	
		②	ϕ6	1.04	18	12	224.64	
12	L_1	$A\rightarrow B$ 间 底部2ϕ16，上部2ϕ10						
		①	ϕ16	2.0	2	5×2	40.00	
		②	ϕ10	2.10	2	10	42.00	
		③	ϕ6	1.04	10	10	104.00	
13	L_2	$A\rightarrow B$ 间 ⑧轴 底部2ϕ16，上部2ϕ10						
		①	ϕ16	2.0	2	1×2	8.00	
		②	ϕ10	2.10	5	2	21.00	
		③	ϕ6	1.52	10	2	30.4	
14	$2PL_1$、$2PL_2$	$2PL_1$、$2PL_2$						
		①	ϕ22	6.31	2	1+1	25.24	
		②	ϕ20	3.68	4	2	29.44	
		③	ϕ22	1.78	1	2	3.56	
		④	ϕ22	2.18	1	2	4.36	
		⑤	ϕ8	2.10	2	2	8.4	
		⑦	ϕ6	1.04	16	2	33.28	
		$2PL_1$						
		⑥	ϕ10	4.64	2	1	9.28	
		⑧⑨	ϕ6	1.04	21	1	21.84	
		$2PL_2$						
		⑥	ϕ12	4.51	2	1	9.02	
		⑧⑨	ϕ6	1.04	28	1	29.12	
15	WPL_1、WPL_2	WPL_1、WPL_2						
		①	ϕ18	6.31	2	1+1	25.24	
		②	ϕ18	4.93	2	2	19.72	
		③	ϕ18	1.78	1	2	3.56	
		④	ϕ18	2.18	1	2	4.36	
		⑤	ϕ8	2.10	2	2	8.4	
		⑦	ϕ6	1.04	16	2	33.28	
		WPL_1						
		⑥	ϕ10	4.64	2	1	9.28	
		⑧⑨	ϕ6	1.52	21	1	31.92	
		WPL_2						
		⑥	ϕ12	4.51	2	1	9.02	
		⑧⑨	ϕ6	1.52	28	1	42.56	

续表

序号	构件名称	钢筋编号	直径（mm）	每根长度（m）	根数	构件数量	长度合计（m）	重量合计（kg）
16	现浇板	①	ϕ6	0.74	242	2	358.16	
		分布筋	ϕ6	2.30	3×2	2	27.60	
		分布筋	ϕ6	21.6	3×2	2	259.2	
		②	ϕ6	1.16	78	2	180.96	
		分布筋	ϕ6	2.30	6×6	2	165.6	
		③	ϕ6	0.74	78	2	115.44	
		分布筋	ϕ6	2.30	4×6	2	110.4	
		④	ϕ6	1.18	26	2	61.36	
		分布筋	ϕ6	2.3	6×2	2	55.2	
		⑤	ϕ6	21.88	13	2	568.88	
		⑥	ϕ6	2.55	86	2	438.6	
	扣二层洞口	⑤	ϕ6	0.8	13×3	1	−31.2	
		⑥	ϕ6	2.55	3×3	1	−22.95	
17	楼梯配筋				TL_1			
		①	ϕ16	4.20	3	1	12.6	
		②	ϕ8	3.90	2	1	7.8	
		③	ϕ6	1.08	15	1	16.2	
					TL_2			
		①	ϕ16	4.20	2	1	8.4	
		②	ϕ8	3.90	2	1	7.8	
		③	ϕ6	1.28	15	1	19.2	
					TL_3			
		①	ϕ14	4.20	2	1	8.4	
		②	ϕ8	3.90	2	1	7.80	
		③	ϕ6	1.08	15	1	16.2	
					楼梯板			
		①	ϕ10	3.75	12×2	1	90.00	
		②	ϕ6	1.64	16×2	1	52.48	
		③	ϕ8	1.40	12×3	1	50.4	
		④	ϕ8	1.90	12	1	22.8	
		⑤	ϕ6	2.10	24	1	50.4	
		⑥	ϕ6	0.85	24×2	1	40.8	
		⑦	ϕ6	3.4	15	1	51.0	
		⑧	ϕ6	1.64	5×4	1	32.8	
	总计		ϕ6				5505.91	1222.31
			ϕ8				113.40	44.79
			ϕ10				1562.59	964.12
					ϕ20 以内			2231.22
			ϕ12				866.6	769.54
			ϕ14				4.20	5.08
			ϕ16				69.00	109.02
			ϕ18				52.88	105.02
			ϕ20				29.44	72.72
			ϕ22				33.16	98.82
					ϕ25 以内			1161.00
			LL650					857.79
18	砌体钢筋加固		ϕ6	2.20	6	51×2+4	1399.2	310.62
19	柱与墙连接		ϕ6	2.20	3	20	132.00	29.30

续表

序号	构件名称	钢筋编号	直径（mm）	每根长度（m）	根数	构件数量	长度合计（m）	重量合计（kg）
20	门过梁	M_1	ϕ6	1.48	2	12	35.52	
		M_2	ϕ6	1.28	2	12	30.72	
		M_3	ϕ6	1.18	2	6	14.16	
		M_4	ϕ6	1.38	2	1	2.78	
	合计						83.18	18.47kg
21	屋面细石混凝土中ϕ5钢筋双向@200	①→②						
			ϕ5	8.2	18	1	147.6	
			ϕ5	3.6	41	1	147.6	
		②→⑧						
			ϕ5	21.6	50	1	1080.0	
			ϕ5	9.80	108	1	1058.4	
	合计						2433.6	347.77kg

工 程 预 算 表

附表 1-3

序号	编制依据	工程或费用名称	单位	数量	单价	合价	机械费	材料费
		一、人工土方工程				5051.02	212.21	—
1	1-14	挖沟槽三类土	$100m^3$	2.484	1016.40	2524.74	—	—
2	1-48	房心回填土	$100m^3$	0.197	632.16	124.54	15.32	—
3	1-48注	基槽回填土	$100m^3$	1.80	758.59	1365.46	169.07	—
4	1-49	原土打夯	$100m^2$	2.070	44.68	92.49	27.82	—
5	1-50	平整场地	$100m^2$	4.120	69.30	285.52	—	—
6	1-55	人工运土方 20m	$100m^3$	0.487	448.80	218.57	—	—
7	(1－56)×9	运土方超 180m	$100m^3$	0.487	902.88	439.70	—	—
		三、脚手架工程				5504.74	406.76	—
8	3-1	里架子	$10m^2$	66.55	5.28	351.38	21.96	—
9	3-3	外架子	$10m^2$	59.20	87.05	5153.36	384.80	—
		四、砌筑工程				36953.11	382.16	29368.74
10	4-1	砖基础	$10m^3$	4.762	1570.31	7477.82	83.57	6118.22
11	4-13	1/2 砖内墙	$10m^3$	2.721	1722.06	4685.73	40.41	3578.58
12	4-17	一砖内外墙，女儿墙	$10m^3$	15.082	1641.91	24763.29	257.90	19651.09
13	4-115	墙基防潮层	$10m^2$	3.572	67.14	239.82	6.43	176.81
		五、混凝土及钢筋混凝土工程				53591.94	2693.88	40172.07
14	5-1	基础模板	$100m^2$	0.873	1630.12	1423.09	133.39	689.70
15	5-23	构造柱模板	$100m^2$	0.605	1907.90	1154.28	67.45	405.36
16	5-26	单梁模板	$100m^2$	0.205	2382.25	488.36	57.24	248.24
17	5-30	圈梁模板	$100m^2$	2.719	1534.14	4171.33	335.20	1972.91
18	5-42	现浇板模板	$100m^2$	0.983	1978.17	1944.64	246.09	1091.66
19	5-49	楼梯模板	$10m^2$	1.593	617.44	983.58	101.86	501.83
20	5-240	圈孔板模板	$10m^3$	2.493	337.65	841.76	81.67	524.25
21	5-245	ϕ20 以内钢筋	t	2.249	3417.03	7684.90	128.55	7084.33
22	5-245注2	细石混凝土中 ϕ5 钢筋	t	0.348	3825.85	1331.40	8.56	1122.10
23	5-247	ϕ25 以内钢筋	t	1.161	3388.13	3933.62	72.48	3652.71
24	5-249	砌体钢筋加固	t	0.358	3572.14	1278.83	7.63	1095.48
25	5-261	圆孔板钢筋	t	0.858	3983.26	3417.64	78.00	2988.17
26	5-275(1)	C10 混凝土基础	$10m^3$	3.038	1789.91	5437.75	374.04	4424.76
27	5-285(2)	C25 混凝土构造柱	$10m^3$	0.987	2409.56	2378.24	83.78	1738.15

续表

序号	编制依据	工程或费用名称	单位	数量	单价	合价	机械费	材料费
28	5-287(2)	C25 混凝土单梁	$10m^3$	0.105	2183.13	229.23	8.85	174.42
29	5-289(3)	C25 混凝土圈梁	$10m^3$	2.191	2342.00	5131.32	114.24	3688.55
30	5-298(3)	C25 混凝土有梁板	$10m^2$	0.290	2130.34	617.80	22.65	511.76
31	5-300(3)	C25 混凝土平板	$10m^3$	0.865	2144.22	1854.75	67.57	1613.49
32	5-302(3)	C25 混凝土楼梯	$10m^2$	1.593	587.99	936.67	55.50	718.76
33	5-313(3)	女儿墙压顶	$10m^3$	0.206	2494.07	513.78	22.66	371.11
34	5-312(1)	C25 混凝土台阶	$10m^3$	0.081	2073.22	167.93	10.85	125.48
35	5-334(2)	C25 圆孔板	$10m^3$	2.493	2303.51	5742.65	556.36	4300.60
36	5-405	圆孔板灌缝	$10m^3$	2.493	635.12	1583.35	48.61	965.44
		六、构件运输及安装				4141.46	3534.03	140.17
37	6-23	圆孔板场外运输	$10m^3$	2.513	1228.62	3087.52	2780.53	83.63
38	6-19×0.65	圆孔板场内运输	$10m^3$	2.513	342.95	861.83	747.11	54.36
39	6-195	圆孔板安装	$10m^3$	2.505	76.69	192.11	6.41	2.18
		七、门窗工程				6356.99	227.05	5423.76
40	7-65	胶合板门门框制作	$100m^2$	0.48	2845.65	1365.91	32.98	1222.79
41	7-66	门框安装	$100m^2$	0.48	315.29	151.34	—	78.48
42	7-67	胶合板门门扇制作	$100m^2$	0.48	7866.66	3776.00	178.46	3305.76
43	7-68	门扇安装	$100m^2$	0.48	212.30	101.90	—	—
44	7-113	自由门门框制作	$100m^2$	0.081	3578.65	289.87	5.16	265.02
45	7-114	门框安装	$100m^2$	0.081	126.42	10.24	—	4.06
46	7-115	自由门门扇制作	$100m^2$	0.081	2758.71	223.46	7.04	171.63
47	7-116	门扇安装	$100m^2$	0.081	2060.31	166.89	—	131.89
48	7-325	木盖板	$100m^2$	0.043	6311.08	271.38	3.41	244.13
		八、楼地面工程				15719.62	494.97	9798.34
49	8-8	碎石垫层干铺	$10m^3$	2.139	836.13	1788.48	24.64	1484.32
50	8-9	碎石垫层灌浆	$10m^3$	0.046	1171.14	53.87	1.52	44.10
51	8-13	C15 混凝土垫层（台阶）	$10m^3$	0.081	1839.13	148.97	4.36	122.78
52	8-13换	C10 混凝土垫层	$10m^3$	1.30	1798.02	2337.43	69.97	1917.5
53	8-16	水泥砂浆找平	$100m^2$	1.097	542.98	595.65	16.78	398.34
54	8-19+20×2	细石混凝土找平	$100m^2$	1.159	965.02	1118.46	39.99	689.84
55	8-23	水泥砂浆面层 20 厚	$100m^2$	1.323	691.52	914.87	20.24	600.07
56	8-23 -（8-24）	水泥砂浆面层 15 厚	$100m^2$	1.323	558.24	738.55	14.88	470.15
57	8-31	彩色水磨石面层	$100m^2$	1.097	3208.72	3519.97	266.52	1803.00
58	8-33换	彩色水磨石踢脚板	100m	1.021	794.75	811.44	2.76	188.28
59	8-35	楼梯面层	$100m^2$	0.159	6365.26	1012.08	5.29	228.19
60	8-36换	彩色水磨石台阶面层	$100m^2$	0.034	6261.23	212.88	1.22	77.76
61	8-43	混凝土散水	$100m^2$	0.286	2665.19	762.24	17.75	577.13
62	8-88	马赛克面层	$100m^2$	0.396	3583.04	1418.88	7.66	1006.90
63	8-91	马赛克踢脚线	100m	0.474	553.68	262.44	1.07	170.55
		九、屋盖工程				7667.71	132.21	5635.67
64	9-26	细石混凝土找平 40mm 厚	$100m^2$	2.443	1728.23	4222.07	88.24	2989.03
65	9-28	1∶3 水泥砂浆找平	$100m^2$	2.443	707.74	1721.68	43.97	1199.37
66	9-56	铸铁落水管	10m	3.35	361.86	1212.23	—	1004.40
67	9-60	铸铁水斗	10 只	0.5	639.29	319.65	—	290.17
68	9-62	铸铁弯头	10 只	0.5	384.15	192.08	—	152.70

续表

序号	编制依据	工程或费用名称	单位	数量	单价	合价	机械费	材料费
		十二、装饰工程				37965.12	357.21	10251.73
69	12-1换	内墙抹混合砂浆	100m²	14.784	641.75	9487.63	210.33	5078.01
70	12-17	水泥砂浆抹灰	100m²	0.877	732.03	641.99	15.39	347.03
71	12-140	外墙贴面砖	100m²	4.72	4254.99	20083.55	80.71	1987.69
72	12-144	窗侧面贴面砖	100m²	0.238	5163.38	1228.88	4.61	767.02
73	12-188	板底抹灰	100m²	1.172	647.24	758.57	11.60	339.06
74	12-189	圆孔板底抹灰	100m²	3.097	688.82	2133.28	30.66	895.96
75	12-243	木门调和漆	100m²	0.547	854.70	467.52	—	254.64
76	12-453	顶棚、内墙803涂料	100m²	19.05	146.54	2791.59	—	1194.82
		十三、垂直运输				6469.92	6469.92	—
77	13-5	卷扬机	100m²	5.14	1258.74	6469.92	6469.92	—
		Σ各分部工程价值	元			177028.13	14714.78	100650.14

机械及主要材料表 附表 1-4

序号	名称	单位	数量	序号	名称	单位	数量
1	机械费	元	14714.78	15	ϕ12 钢筋	t	0.785
2	标准砖	千块	119.839	16	ϕ14 钢筋	t	0.005
3	425 水泥	t	88.727	17	ϕ16 钢筋	t	0.111
4	中砂	t	298.95	18	ϕ18 钢筋	t	0.108
5	15mm 石子	t	49.12	19	ϕ20 钢筋	t	0.074
6	20mm 石子	t	83.19	20	ϕ22 钢筋	t	0.101
7	40mm 石子	t	80.14	21	LL650 钢筋	t	0.935
8	石灰膏	m³	8.91	22	组合钢模	kg	324.07
9	木材	m³	4.489	23	零星卡具	kg	92.27
10	胶合板	m²	96.95	24	钢支撑	kg	156.78
11	ϕ5 钢筋	t	0.355	25	75×150 面砖	千块	38.243
12	ϕ6 钢筋	t	1.612	26	马赛克	m²	48.60
13	ϕ8 钢筋	t	0.046	27	3mm 玻璃	m²	12.04
14	ϕ10 钢筋	t	0.983	28	白水泥	t	1.814

主材材差计算表 附表1-5

序号	名　称	计　算　公　式	单位	数　量
1	ϕ5 钢筋	0.355t×(2597.04－3000.00)元/t	元	－143.05
2	ϕ6、8、10 钢筋	2.642t×(2422.50－3000.00)元/t	元	－1525.76
3	ϕ12 钢筋	0.785t×(2442.90－3000.00)元/t	元	－437.32
4	ϕ14 钢筋	0.005t×(2391.90－3000.00)元/t	元	－3.04
5	ϕ16 钢筋	0.111t×(2351.90－3000.00)元/t	元	－71.93
6	ϕ18、20、22 钢筋	0.283t×(2320.50－3000.00)元/t	元	－192.30
7	LL650	0.935t×(2900.00－3000.00)元/t	元	－93.5
8	组合钢模	324.07kg×(3.25－4.00)元/kg	元	－243.05
9	零星卡具	92.27kg×(2.64－4.00)元/kg	元	－125.49
10	钢支撑	156.78kg×(4.85－4.00)元/kg	元	133.26
11	木材	4.489m^3×(1734.44－1000.00)元/m^3	元	3296.90
12	胶合板	96.95m^2×(11.24－24.00)元/m^2	元	－1237.08
13	425＃水泥	88.727t×(319.45－250.00)元/t	元	6162.09
14	白水泥	1.814t×(581.40－580.00)元/t	元	2.54
15	标准砖	119.839 千块×(198.90－197.80)元/千块	元	131.82
16	中砂	298.95t×(42.00－35.81)元/t	元	1850.50
17	5—15 石子	49.12t×(49.93－28.83)元/t	元	1036.43
18	5—20 石子	83.19t×(49.47－36.18)元/t	元	1105.60
19	5—40 石子	80.14t×(43.55－36.98)元/t	元	527.32
20	石灰膏	8.91m^3×(133.20－93.89)元/m^3	元	350.25
21	面砖	38243 块×(0.50－0.32)元/块	元	6883.74
22	马赛克	48.60m^2×(21.96－19.50)元/m^2	元	119.56
23	白玻璃	12.04m^2×(13.07－17.00)元/m^2	元	－47.32
	总计	1＋2＋3＋4＋5＋6＋7…＋23	元	17212.03

预算造价计算表 附表1-6

序号	预算费用项目及计算公式	单位	合　计
(一)	定额直接费	元	177028.13
(二)	机械费调查＝定额机械费×(－0.3)＝14714.78×(－0.3)	元	－4414.43
(三)	综合间接费＝(一)×工程类别综合间接费＝(一)×10.88%	元	19260.66
(四)	劳动保险费＝(一)×3.5%	元	6195398
(五)	材料价差＝指导价－定额价		
1	次材材差＝定额材料费×材差系数＝100650.14×2.7%	元	2717.55
2	主材价差	元	17212.03
(六)	税金：[(一)＋(二)＋(三)＋(四)＋(五)]×3.445%＝217999.92×3.445%	元	7510.10
(七)	独立费		
1	铝合金窗：100.44m^2×244.80 元/m^2	元	24587.71
2	SBS 防水：262.585m^2×43 元/m^2	元	11291.16
(八)	总造价＝[(一)＋(二)＋(三)＋…＋(七)]	元	261388.89
(九)	每平方米造价＝261388.89/513.98	元	508.56

附录二　应用《综合预算定额》编制土建工程施工图预算实例

一、编制依据

1. ××招待所工程建筑和结构施工图（见附录一图）。

2.《江苏省综合预算定额》(1997 年）和《江苏省建筑安装工程费用定额》(1997 年)。

3. 江苏省及扬州市现行的机械费及辅材费调整计算的相关规定。

4. 建筑工程施工及验收规范。

二、编制说明

1. 本工程预算中的主材价格主要根据扬州市建委颁发的《安装材料预算指导价格》，部分材料按现行市场价格计。

2. 本工程模板“按图纸模板面积”计算，钢筋按设计图纸计算。

3. 本预算按扬州市全民施工企业包工包料取费。

4. 根据《江苏省建筑安装工程费用定额》中工程类别划分的规定，本工程为四类工程。

5. 本工程土方工程采用人工开挖、机夯回填、人力车运土，卷扬机井架垂直运输。

6. 其他工程概况与设计说明等详见有关建筑和结构施工图。

工程量计算表 附表 2-1

序号	分项工程名称	单位	数量	计 算 式
1	建筑面积	m^2	513.98	(1) ①轴→②轴、A 轴→C 轴。一、二层： $3.6\times8.24\times2=59.328m^2$ (2) ②轴→⑧轴、A 轴→D 轴。一、二层： $(25.44-3.6)\times10.24\times2=447.283m^2$ (3) ①轴→②轴、A 轴南。二层： $3.84\times1.92=7.373m^2$ (4) 合计：$59.328+447.283+7.373=513.98m^2$
	一、基础工程			
2	C10 混凝土垫层（厚度＞15cm 应按基础）	m^3	30.38	(1) 1-1 剖面 1) 断面积＝$0.92\times0.25=0.23m^2$ 外墙中心线　内墙净长 B 轴　1/B 轴→D 轴间 2) 垫层长＝$3.6+[21.6-0.36\times2]+[(5.74-0.24-0.36)\times5]=50.18m$ 3) $V_1=0.23\times50.18=11.541m^3$ (2) 2-2 剖面 1) 断面积＝$0.72\times0.25=0.18m^2$ 外墙中心线长　内墙净长②轴 2) 垫层长＝$68.6+[8-0.36-0.46]=75.78m$ 3) $V_2=0.18\times75.78=13.640m^3$ (3) 3-3 剖面 1) 断面积＝$0.48\times0.25=0.12m^2$ 1/B 轴净长　B 轴→1/B 轴间净长 2) 垫层长＝$[21.6-0.36\times2]+[(2.46-0.46-0.24)\times12]$ ③⑤⑦轴上净长 $+[(0.92-0.24\times2)]\times3=43.32m$ 3) $V_3=0.12\times43.32=5.198m^3$ (4) 合计：$V=V_1+V_2+V_3=11.541+13.64+5.198=30.38m^3$
3	M5 水泥砂浆砖基础	m^3	47.62	(1) 1-1 剖面 1) 断面积＝$0.24\times1.25+0.12\times(0.12+0.06)=0.3216m^2$ 外墙中心线 C 轴　B 轴净长　B 轴→D 轴净长 2) 基础长＝$3.6+[21.6-0.12\times2]+[(5.74-0.06-0.12)5]=52.76m$ 3) $V_1=0.3216\times52.76=16.968m^3$ (2) 2-2 剖面 1) 断面积＝$0.12\times0.06\times2+0.24\times1.25=0.3144m^2$ 外墙中心线长　内墙净长②轴 2) 基础长＝$68.6+[8-0.12\times2]=76.36m$ 3) $V_2=0.3144\times76.36=24.008m^3$ (3) 3-3 剖面 1) 断面积＝$0.12\times0.06\times2+0.115\times1.25=0.1582m^2$ 1/B 轴净长　B 轴→1/B 轴净长 2) 基础长＝$[21.6-0.12\times2]+[(2.46-0.12-0.06)\times12]$ ③⑤⑦轴上净长 $+[(0.92-0.060\times2)\times3]=51.12m$ 3) $V_3=0.1582\times51.12=8.087m^3$ (4) 扣构造柱 $-0.24\times0.24\times1.25\times20=-1.44m^3$ (5) 合计：$V=V_1+V_2+V_3-1.44=16.968+24.008+8.087-1.44=47.62m^3$

续表

序号	分项工程名称	单位	数量	计 算 式
4	原土打底夯	m^2	206.98	1-1 剖面：1.52×46.58＝70.802m^2 2-2 剖面：1.32×75.18＝99.238m^2 3-3 剖面：1.08×34.2＝36.936m^2 总计＝70.802＋99.238＋36.936＝206.98m^2
	二、墙体工程			
5	一砖外墙	m^2	353.58	墙长：按外墙中心线，墙高：按±0.00 至屋面顶面 (1) 毛面积＝(25.2＋10)×2×6.4＋1.8×2×3.2＝462.08m^2 (2) 扣门窗洞口面积 1) 扣TC1818：1.8×1.8×19＝61.56m^2 2) 扣TC1418：1.4×1.8×12＝30.24m^2 3) 扣TC1218：1.2×1.8×2＝4.32m^2 4) 扣TC1806：1.8×0.6＝1.08m^2 5) 扣ZC-1：1.8×1.8＝3.24m^2 6) 扣DM2828'：2.88×2.8＝8.064m^2 (3) 总计＝462.08－(61.56＋30.24＋4.32＋1.08＋3.24＋8.064)＝353.58m^2
6	一砖内墙	m^2	315.85	(1) B 轴 1) 毛面积＝21.36×6.4＝136.704m^2 扣M-1　　扣M-3 2) 扣门窗洞口面积：0.9×2.1×6×2＋0.6×2.0×3×2＝22.68＋7.2＝29.88m^2 3) 净面积＝136.704－29.88＝106.824m^2 (2) ②轴：净面积＝(1.56×0.28＋2.46×3.12＋3.5×3.08)×2＝37.78m^2 (3) 1/B 轴→D 轴：净面积＝(5.68－0.12)×3.08×5×2＝171.248m^2 (4) 总计＝106.824＋37.78＋171.248＝315.85m^2
7	1/2 砖内墙	m^2	279.46	(1) 1/B 轴 1) 毛面积＝21.36×6.4＝136.704m^2 2) 扣洞口面积：0.9×2.8×6×2＝30.24m^2 3) 净面积＝136.704－30.24＝106.464m^2 (2) ①轴→②轴间 1) 毛面积＝3.36×1.6＝5.376m^2 2) 扣M-4：0.8×1.6＝1.28m^2 3) 净面积＝5.376－1.28＝4.096m^2 (3) B 轴→1/轴 B 间 1) 毛面积：2.28×3.12×12×2＝170.726m 2) 扣M-2：0.7×2×6×2＝16.8m^2 3) 净面积＝170.726－16.8＝153.926m^2 (4) ③⑤⑦轴上：净面积＝0.8×3.12×3×2＝14.976m^2 (5) 总计＝106.464＋4.096＋153.926＋14.976＝279.46m^2
8	女儿墙	m^2	79.92	(25.2＋10＋1.8)×2×1.08＝79.92m^2
9	女儿墙压顶	m	74	(25.2＋10＋1.8)×2＝74m
10	砌体钢筋加固	t	0.34	见附录一"表 1-2 钢筋计算表"

续表

序号	分项工程名称	单位	数量	计　算　式
11	外墙贴面砖	m^2	470.32	(1) 外墙面净面积：353.58m^2（见序号5） (2) 女儿墙外侧：(25.44＋10.24＋1.8)×2×1.2＝89.952m^2 (3) ±0.00－0.30：[(25.44＋10.24)×2－3.84]×0.3＝20.256m^2 (4) 外墙净长与中心线长差：0.24×4×6.8＝6.528m^2 (5) 总计＝353.58＋89.952＋20.256＋6.528＝470.32m^2
12	外墙零星贴面砖	m^2	41.52	(1) 窗侧壁贴面砖（见附录一“附表1-1”序号60）；　23.76m^2 (2) 女儿墙压顶贴面砖：74×0.24＝17.76m^2 (3) 总计＝23.76＋17.76＝41.52m^2
	三、柱梁工程			
13	C25构造柱	m^3	9.87	(1) －1.25－6.4：0.24×0.24×(6.4＋1.25)×20＝8.813m^3 (2) ＋3.2－6.4：0.24×0.24×3.2×2＝0.369m^3 (3) 女儿墙：0.24×0.24×1.2×10＝0.691m^3 (4) 总计＝8.813＋0.369＋0.691＝9.87m^3
14	C25混凝土单梁	m^3	1.05	见附录一“附表1-1”序号25
15	C25混凝土圈梁	m^3	21.91	见附录一“附表1-1”序号26
16	C25混凝土肋梁	m^3	0.70	QL_4：0.24×0.32×2.28×2×2＝0.70m^3
	四、楼地面			
17	水泥砂浆地面	m^2	145.09	(1) 客房走道：1.43×2.46×6＝21.107m^2 (2) 客房：21.6×5.74＝123.984m^2 (3) 总计＝21.107＋123.984＝145.09m^2
18	彩色水磨石地面	m^2	72.29	(1) 门厅：3.6×8＝28.8m^2 (2) 走道：21.6×1.8＝38.88m^2 (3) 台阶0.3cm以上：3.84×1.2＝4.608m^2 (4) 总计＝28.8＋38.88＋4.608＝72.29m^2
19	马赛克地面	m^2	20.06	卫生间：1.71×2.46×6＝25.24m^2 扣洞口 (1.3＋0.86)×0.8×3＝5.184m^2 总计＝20.06m^2
20	马赛克踢脚板	m	23.7	见附录一“附表1-1”序号51：47.40÷2＝23.7m
21	C25混凝土有梁板80厚	m^2	14.07	QL_4上： 2.86×2.46×2＝14.07m^2
22	C25混凝土平板80厚	m^2	40.36	(1) ①轴→②轴：3.6×1.8＝6.48m^2 (2) *B*轴→1/*B*轴：21.6×2.46－14.07－0.8×(1.3＋0.86)×3＝33.88m^2 (3) 总计＝6.48＋33.88＝40.36m^2
23	120厚圆孔板	m^2	174.60	(1) ①轴→②轴：3.6×3.26＝11.736m^2 (2) ②轴→⑧轴、*A*轴→*B*轴：21.6×1.8＝38.88m^2 (3) ②轴→⑧轴、*B*轴→1/*B*轴：21.6×5.74＝123.984m^2 (4) 总计＝11.736＋38.88＋123.984＝174.60m^2
24	水泥砂浆面层	m^2	145.09	见序号17
25	彩色水磨石面层	m^2	57.10	(1) ①轴→②轴：3.6×5.06＝18.22m^2 (2) ②轴→⑧轴、*A*轴→*B*轴：21.6×1.8＝38.88m^2 (3) 总计＝18.22＋38.88＝57.10m^2
26	马赛克面层	m^2	20.06	见序号19
27	整体楼梯	m^2	15.93	见附录一“附表1-1”序号22
28	混凝土散水	m^2	28.63	(25.44＋0.6×3＋10.24×2)×0.6＝28.63m^2
29	混凝土台阶	m^2	3.82	3.84×0.9＋0.3×1.2＝3.82m^2

续表

序号	分项工程名称	单位	数量	计算式
	五、层盖工程			
30	120 厚圆孔板	m^2	198.14	(1) ①轴→②轴：3.6×9.8=35.28m^2 (2) ②轴→⑧轴、A 轴→B 轴：21.6×1.8=38.88m^2 (3) 1/B 轴→D 轴：21.6×5.74=123.984m^2 (4) 总计=35.28+38.88+123.984=198.14m^2
31	现浇平板 80 厚	m^2	38.38	B 轴→1/B 轴：21.6×2.46−14.07（见序号 22）−0.8×0.86=38.38m^2
32	有梁板 80 厚	m^2	14.07	见序号 21
33	铸铁弯头出水口	只	5	
34	ϕ100 落水管	m	33.5	见附录一"附表 1-1"序号 54
35	铸铁水斗	只	5	
	六、门窗			
36	胶合板门	m^2	47.96	见附录一"附表 1-1"序号 35
37	自由门	m^2	8.06	见附录一"附表 1-1"序号 36
38	铝合金窗	m^2	100.44	见附录一"附表 1-1"序号 37
39	木盖板	m^2	4.32	见附录一"附表 1-1"序号 38

工 程 预 算 表

附表 2-2

序号	编制依据	工程或费用名称	单位	数量	单价	合价	机械费	材料费
		一、土方工程				110.99	33.37	
1	(1-31)×1.2	基槽打底夯	110m^2	2.07	53.62	110.99	33.37	—
		二、基础工程				20729.08	870.00	11481.93
2	2-17 换	M5 水泥砂浆砖基础	10m^3	4.762	2295.18	10929.65	168.72	6262.51
3	2-20	C10 混凝土带基	10m^3	3.038	3113.81	9459.75	696.04	5024.79
		三、墙体工程				73493.16	772.12	38031.68
4	3-3	一砖外墙	10m^2	35.36	508.53	17981.62	210.39	12548.20
5	3-12	一砖内墙	10m^2	31.59	550.96	17404.83	240.40	12286.30
6	3-11	1/2 砖内墙	10m^2	27.95	354.94	9920.57	145.90	6357.51
7	3-89	女儿墙	10m^2	7.99	475.58	3799.88	48.18	2846.36
8	3-91	女儿墙压顶	10m	7.4	203.82	1508.27	33.52	612.72
9	3-96	砌体钢筋加固	t	0.340	3678.32	1250.63	7.25	1069.27
10	估 11-140	外墙贴面砖	100m^2	4.703	4254.99	20011.22	80.42	2151.95
11	估 11-144	外墙零星贴面砖	100m^2	0.415	5163.38	2142.80	8.03	1337.45
		四、柱梁工程				8995.32	648.04	4565.26
12	4-11 换	C25 构造柱	10m^3	0.987	2760.52	2724.63	191.17	1210.76
13	4-30 换	C25 混凝土单梁	10m^3	0.105	4901.15	514.62	35.51	324.44
14	4-34 换	C25 混凝土肋梁	10m^3	0.07	5082.60	355.78	25.47	232.06
15	4-35 换	C25 混凝土圈梁	10m^3	2.191	2464.76	5400.29	395.89	2798.00
		五、楼地面工程				30810.53	2844.72	27965.81
16	5-2	水泥砂浆地面	10m^2	14.51	286.32	4154.50	95.48	2841.35
17	5-8 换	彩色水磨石地面	10m^2	7.23	715.93	5175.45	209.74	2227.28
18	5-12 换	马赛克地面	10m^2	2.006	530.74	1064.66	13.80	736.26
19	估 8-91	马赛克踢脚板	100m	0.237	553.68	131.22	0.53	85.27
20	5-23 换	C25 混凝土有梁板	10m^2	1.41	419.24	591.13	26.78	431.62
21	5-25 换	C25 混凝土平板	10m^2	4.04	403.67	1630.83	74.13	1178.31

续表

序号	编制依据	工程或费用名称	单位	数量	单价	合价	机械费	材料费
22	5-29 换	C25 混凝土平板增 10mm 厚	$10m^2$	4.04	21.44	86.62	3.15	71.83
23	5-31 换	120mm 厚圆孔板	$10m^2$	17.46	506.64	8845.93	2051.55	4701.45
24	5-38	水泥砂浆面层	$10m^2$	14.51	65.14	945.18	18.28	540.64
25	5-41 换	彩色水磨石面层	$10m^2$	5.71	429.35	2451.59	138.35	1215.89
26	5-43	马赛克面层	$10m^2$	2.006	377.51	757.29	8.69	532.09
27	5-63 换	C25 混凝土整体楼梯	$10m^2$	1.593	2164.74	3448.43	164.22	1743.75
28	5-107	混凝土散水	$10m^2$	2.863	303.85	869.92	21.62	600.11
29	5-111 换	彩色水磨石台阶	$10m^2$	0.382	1208.13	461.51	16.15	240.65
		六、屋盖工程				17338.31	2460.52	10797.36
30	6-45	120mm 厚圆孔板屋面	$10m^2$	19.814	587.99	11650.43	2338.84	6358.71
31	6-54 换	C25 混凝土平板 80mm 厚	$10m^2$	3.838	507.12	1946.33	83.78	1380.22
32	6-57 换	C25 混凝土有梁板 80mm 厚	$10m^2$	1.407	487.70	686.19	29.34	489.06
33	6-145	铸铁弯头出水口	10 只	0.5	384.15	192.08	—	152.70
34	6-158	铸铁落水管	10m	3.35	361.86	1212.23	—	1004.40
35	6-159	铸铁水斗	10 只	0.5	639.29	319.65	—	290.17
36	8-1 注	细石混凝土找平层中钢筋	t	0.348	3825.85	1331.40	8.56	1122.10
		七、门窗工程				7369.95	227.05	6190.27
37	7-12	胶合板门	$10m^2$	4.80	1237.68	5940.86	211.44	4965.79
38	7-23	自由门	$10m^2$	0.81	1407.69	1140.23	12.20	972.27
39	7-69	木盖板	$10m^2$	0.43	671.36	288.68	3.41	252.21
		八、钢筋工程				15360.76	285.15	14027.16
40	8-1	ϕ20 以内钢筋	t	2.249	3417.03	7606.31	127.24	7011.88
41	8-3	ϕ25 以内钢筋	t	1.161	3388.13	4336.81	79.91	4027.12
42	8-15	圆孔板钢筋	t	0.858	3983.26	3417.64	78.00	2988.17
		十一、脚手及垂直运输				10597.38	6315.93	—
43	11-1	综合脚手	$10m^2$	51.398	83.30	4281.45	—	—
44	11-21	卷扬机	$100m^2$	5.14	1228.78	6315.93	6315.93	—
		Σ 各分部工程价值	元			184294.58	95977.05	14446.11

附表 2-3

材料数量分析表

顺序号	定额号	分项工程名称	工程量		材料名称													
			单位	数量	砖（千块）		425 水泥（kg）		中砂（t）		40mm 石子（t）		摊木（m^3）		组合钢模（kg）		钢支撑（kg）	
					定额	数量	定额	数量	定额	数量	定额	数量	定额	数量	定额	数量	定额	数量
1	2-17 换	M5 水泥砂浆砖基础	$10m^3$	4.762	5.24	24.952	524.22	2496.34	3.99	19.00								
2	2-20	C10 混凝土基础	$10m^3$	3.038			2639.0	8017.28	8.75	26.58	12.71	38.61	0.071	0.2157	13.92	42.29	5.54	16.38
3	3-3	一砖外墙	$10m^2$	35.36	1.28	45.261	163.19	5770.40	1.29	45.61			0.001	0.0354				
4	3-11	一砖内墙	$10m^2$	31.59	1.27	40.119	210.17	6639.37	1.67	52.67			0.002	0.0632				
5	3-12	1/2 砖内墙	$10m^2$	27.95	0.64	17.888	152.42	4260.14	1.11	31.02			0.001	0.028				
6	3-89	女儿墙	$10m^2$	7.99	1.27	10.143	207.36	1656.81	1.33	10.63			0.001	0.008				
7	3-91	压顶	10m	7.4			133.78	989.97	0.36	2.66			0.024	0.1776				
8	估 11-140	贴面砖	$100m^2$	4.703			1247.18	5866.41	3.36	15.80			0.005	0.0235				
9	估 11-144	贴面砖	$100m^2$	0.415			1401.7	581.71	3.78	1.57								
10	4-11 换	C25 混凝土构造柱	$10m^3$	0.987	−6.92	−6.83	4922.74	4858.74	4.58	4.52			0.194	0.1915	55.61	54.89	9.70	9.57
11	4-30 换	C25 混凝土单梁	$10m^3$	0.105			4583.5	481.27	9.44	0.99			0.304	0.0319	55.0	5.78	56.7	5.95
12	4-34 换	C25 混凝土肋梁	$10m^3$	0.07			4824.86	337.74	10.699	0.75			0.304	0.0213	65.1	4.56	61.9	4.33
13	4-35 换	C25 混凝土圈梁	$10m^3$	2.191	−5.32	−11.656	3731.79	8176.35	3.26	7.14			0.340	0.7449	54.52	119.46	15.44	33.83
14	5-2	水泥砂浆地面	$10m^2$	14.51			300.21	4356.05	0.80	11.61	1.75	25.39						
15	5-8 换	彩色水磨石地面	$10m^2$	7.23			276.61	1999.89	0.83	5.93	1.75	12.65						
16	5-11 换	马赛克地面	$10m^2$	2.006			281.63	564.95	0.81	1.62	1.75	3.51						
17	估 8-91	马赛克踢脚板	$10m^2$	0.237			173.14	41.03	0.41	0.1	2							
18	5-23 换	C25 混凝土有梁板	$10m^2$	1.41			402.8	567.95	0.77	1.09			0.001	0.0014			5.15	7.26
19	5-25 换	C25 混凝土平板	$10m^2$	4.04			374.18	1511.69	0.72	2.91			0.002	0.0081			5.15	20.81
20	5-29 换	C25 混凝土平板增 10mm 厚	$10m^2$	4.04			41.20	166.45	0.07	0.28								
21	5-31 换	120 厚圆孔板	$10m^2$	17.46			581.23	10148.28	1.18	20.60			0.005	0.1048				

续表

顺序号	定额号	分项工程名称	材料名称																	
			卡具（kg）		定型钢模（kg）		15mm 碎石（t）		石灰膏 m^3		20mm 石子（t）		面砖（千块）		彩石子（kg）		3mm 玻璃（m^2）		白水泥（kg）	
			定额	数量	定额	数量	定额	数量	定额	数量	定额	数量	定额	数量	定额	数量	定额	数量	定额	数量
1	2-17 换	M5 水泥砂浆砖基础																		
2	2-20	C10 混凝土基础	1.14	3.46																
3	3-3	一砖外墙							0.08	2.829										
4	3-11	一砖内墙							0.12	3.791										
5	3-12	1/2 砖内墙							0.09	2.516										
6	3-89	女儿墙							0.05	0.40										
7	3-91	压顶									0.22	1.63								
8	估 11-140	贴面砖							0.08	0.376			7.54	35.461						
9	估 11-144	贴面砖							0.09	0.146			8.48	3.52						
10	4-11 换	C25 混凝土构造柱	8.03	7.93					−0.24	−0.237	15.99	15.78								
11	4-30 换	C25 混凝土单梁	28.9	3.03					0.30	0.032	12.66	1.33								
12	4-34 换	C25 混凝土肋梁	38.7	2.71					0.46	0.032	12.66	0.89								
13	4-35 换	C25 混凝土圈梁	12.9	28.26					−0.19	−0.416	12.65	27.72								
14	5-2	水泥砂浆地面									0.68	9.87								
15	5-8 换	彩色水磨石地面									0.68	4.92			0.24	1.74	0.5	3.62	124.28	898.54
16	5-11 换	马赛克地面									0.68	1.72							1.86	4.69
17	估 8-91	马赛克踢脚板																	3.00	1.42
18	5-23 换	C25 混凝土有梁板	1.61	2.27							1.05	1.48								
19	5-25 换	C25 混凝土平板	1.61	6.50							0.94	3.80								
20	5-29 换	C25 混凝土平板增 10mm 厚									0.13	0.53								
21	5-31 换	120 厚圆孔板			0.99	17.29	1.39	24.27												

续表

顺序号	定额号	分项工程名称	工程量		材料名称														
			单位	数量	425 水泥		中砂		白水泥（kg）		彩石子（t）		3mm 玻璃（m^2）		马赛克（m^2）		定型钢模（kg）		胶合板（m^2）
					定额	数量	定额	数量											
22	5-38	水泥砂浆面层	$10m^2$	14.51	103.55	1502.51	0.25	3.63											
23	5-41 换	彩色水磨石面层	$10m^2$	5.71	117.11	668.70	0.33	1.88	124.28	709.64	0.24	1.37	0.50	2.86					
24	5-43	马赛克面层	$10m^2$	2.006	140.89	282.63	0.39	0.78	2.10	42.13					10.94	27.61			
25	5-63 换	C25 混凝土楼梯	$10m^2$	1.593	1279.62	2038.43	2.44	3.89	193.11	307.62	0.38	0.61							
26	5-107	混凝土散水	$10m^2$	2.863	346.62	992.37	0.97	2.18											
27	5-111	台阶	$10m^2$	0.382	670.70	256.21	1.82	0.70	182.21	69.60	0.36	0.14							
28	6-45	圆孔板屋面基层	$10m^2$	19.814	562.43	11143.99	1.12	22.19									0.99	19.62		
29	6-54 换	C25 混凝土平板	$10m^2$	3.838	517.73	1987.05	1.19	4.57												
30	6-57 换	C25 混凝土有梁板	$10m^2$	1.407	507.24	713.69	1.18	1.66												
31	7-12	胶合板门	$10m^2$	4.80															20.14	96.67
32	7-23	自由门	$10m^2$	0.81									7.58	6.14						
33	7-69	木盖板	$10m^2$	0.43																
34	5-12 换	马赛克地面	$10m^2$	2.006											9.72	19.50				
35	估 8-91	马赛克踢脚板	100m	0.237											15.23	3.61				

续表

顺序号	定额号	分项工程名称	材料名称															
			20mm 石子（t）		石灰膏（m³）		摊木（m³）		组合钢模（kg）		支撑（kg）		卡具（kg）		15mm 碎石（t）		20mm 碎石（t）	
22	5-38	水泥砂浆面层																
23	5-41 换	彩色水磨石面层																
24	5-43	马赛克面层																
25	5-63 换	C25 混凝土楼梯	3.22	5.13	0.05	0.08	0.152	0.2421	13.21	21.04	9.48	15.10	5.68	9.05				
26	5-107	混凝土散水	0.90	2.58			0.011	0.031										
27	5-111	台阶	2.067	0.79													1.92	0.73
28	6-45	圆孔板屋面基层					0.007	0.1387							1.42	28.14		
29	6-54 换	C25 混凝土平板	1.03	3.95			0.002	0.0077			5.55	21.3	1.74	6.68				
30	6-57 换	C25 混凝土有梁板	1.03	1.45			0.002	0.0028			5.15	7.25	1.61	2.27				
31	7-12	胶合板门					0.443	2.1264										
32	7-23	自由门					0.531	0.4301										
33	7-69	木盖板					0.511	0.2197										
34	5-12 换	马赛克地面																
35	估 8-91	马赛克踢脚板																

主 要 材 料 表

附表 2-4

序号	名 称	单位	数 量	序号	名 称	单位	数 量
1	标准砖	千砖	120.653	15	ϕ14 钢筋	t	0.005
2	425 水泥	t	89.226	16	ϕ16 钢筋	t	0.111
3	中砂	t	305.95	17	ϕ18 钢筋	t	0.108
4	15mm 石子	t	52.41	18	ϕ20 钢筋	t	0.074
5	20mm 石子	t	83.57	19	ϕ22 钢筋	t	0.101
6	40mm 石子	t	81.80	20	LL650 钢筋	t	0.935
7	石灰膏	m^3	9.55	21	组合钢模	kg	248.01
8	木材	m^3	4.854	22	零星卡具	kg	72.16
9	胶合板	m^2	96.67	23	钢支撑	kg	142.23
10	ϕ5 钢筋	t	0.355	24	75×150 面砖	千块	38.115
11	ϕ6 钢筋	t	1.612	25	马赛克	m^2	50.72
12	ϕ8 钢筋	t	0.046	26	3mm 玻璃	m^2	12.62
13	ϕ10 钢筋	t	0.983	27	白水泥	t	1.997
14	ϕ12 钢筋	t	0.785				

主 材 材 差 计 算 表

附表 2-5

序号	名 称	计 算 公 式	单位	数 量
1	ϕ5 钢筋	0.355t×(2597.04−3000.00)元/t	元	−143.05
2	ϕ6、8、10 钢筋	2.641t×(2422.50−3000.00)元/t	元	−1525.76
3	ϕ12 钢筋	0.785t×(2442.90−3000.00)元/t	元	−437.32
4	ϕ14 钢筋	0.005t×(2391.90−3000.00)元/t	元	−3.04
5	ϕ16 钢筋	0.111t×(2351.90−3000.00)元/t	元	−71.93
6	ϕ18、20、22 钢筋	0.283t×(2320.50−3000.00)元/t	元	−192.30
7	LL650	0.935t×(2900.00−3000.00)元/t	元	−93.5
8	组合钢模	248.01kg×(3.25−4.00)元/kg	元	−186.01
9	零星卡具	72.16kg×(2.64−4.00)元/kg	元	−98.14
10	钢支撑	142.23kg×(4.00−4.85)元/kg	元	−120.90
11	木材	4.854m^3×(1734.44−1000.00)元/m^3	元	3564.9
12	胶合板	96.67m^2×(11.24−24.00)元/m^2	元	−1233.51

续表

序号	名　称	计 算 公 式	单位	数　量
13	425#水泥	89.22t×(319.45－250.00)元/t	元	6196.75
14	白水泥	1.997t×(581.40－580.00)元/t	元	2.80
15	标准砖	120.653千块×(198.90－197.80)元/千块	元	132.72
16	中砂	305.95t×(42.00－35.81)元/t	元	1893.83
17	5-15石子	52.41t×(49.93－28.83)元/t	元	1105.85
18	5-20石子	83.57t×(49.47－36.18)元/t	元	111.65
19	5-40石子	81.80t×(43.55－36.98)元/t	元	538.24
20	石灰膏	9.55m³×(133.20－93.89)元/m³	元	375.41
21	面砖	38115块×(0.50－0.32)元/块	元	6860.70
22	马赛克	50.72m²×(21.96－19.50)元/m²	元	124.7
23	白玻璃	12.62m²×(13.07－17.00)元/m²	元	－49.60
	总计	1＋2＋3＋4＋5＋6＋7＋…＋23	元	17703.54

预算造价计算表　　**附表 2-6**

序号	预算费用项目及计算公式	单位	合　价
(一)	定额直接费	元	184294.58
(二)	机械费调查＝定额机械费×(－0.3)＝14446.11×(－0.3)	元	－4333.83
(三)	综合间接费＝(一)×工程类别综合间接费＝(一)×10.88%	元	20051.25
(四)	劳动保险费＝(一)×3.5%	元	6450.31
(五)	材料价差＝指导价－定额价		
1	次材材差＝定额材料费×材差系数＝95977.05×2.7%	元	2591.38
2	主材价差	元	177703.54
(六)	税金：[(一)＋(二)＋(三)＋(四)＋(五)]×3.445%＝226757.43×3.445%	元	7811.79
(七)	独立费		
1	铝合金窗：100.44m²×244.80元/m²	元	24587.71
2	SBS防水：262.585m²×43元/m²	元	11291.16
(八)	总造价＝[(一)＋(二)＋(三)＋…＋(七)]	元	270458.19
(九)	每平方米造价＝270458.19/513.98	元	526.20

附录三　电气照明工程施工图预算编制实例

一、编制依据

1. ××招待所电气施工图（见附图）。

2. 《全国统一的安装工程预算定额》和《江苏省建筑安装工程费用定额》。

3. 江苏省及扬州市现行的机械费及辅材费调整计算的相关规定。

4. 电气照明工程施工及验收规范。

二、编制说明

1. 本工程预算中的主材价格主要根据扬州市建委颁发的《安装材料预算指导价格》，部分材料按现行市场价格计。

2. 本预算不含配电箱电源进线电缆的安装费用，决算时可按实调整计算。

3. 本预算按扬州市全民施工企业包工包料取费。

4. 根据《江苏省建筑安装工程费用定额》中工程类别划分的规定，本工程为三类工程。

工 程 量 计 算 表　　　　**附表 3-1**

序号	名　称	计　算　式	单位	数　量
1	ϕ16PVC 管	(1) 照明箱（一）系统 门厅、走廊照明 1) N_1 支路：[(3.2－1.5)＋2.0＋2.0＋(3.2－1.4)＋2.5＋3.8＋18＋[1.0 楼梯、服务台及贮藏室 ＋(3.2－1.4)]×6]＋[(3.2－1.5)＋1.7＋(3.2－1.4) ＋0.5＋3.4＋0.8＋(3.2－1.4)]＝48.6＋11.7＝60.3 2) N_2 支路：(3.2－1.5)＋4.5＋[1.0＋(3.2－1.4)＋1.5＋1.2 ＋(3.2－2.2)＋1.0＋(3.2－1.4)＋4.2＋2.9＋(3.2－1.4) ＋2.0＋(3.2－1.5)＋1.3＋1.3]×3＋7.2＋0.3 ＝(3.2－1.5)＋4.5＋24.5×3＋7.2＋0.3＝87.2 3) N_3 支路：(3.2－1.5)＋16.3＋1.4＋24.5×3＋7.2＋0.3＝100.4 (2) 照明箱（二）系统： 1) N_1 支路：(3.2－1.5)＋1.5＋2.7＋1.8＋(3.2－1.4)＋2.3 ＋(3.2－1.4)＋$(3.2-1.4)^2+3.5^2$＋3.3＋$(6.4-1.4)^2$ ＋3.5^2＋3.8＋18＋[1.0＋(3.2－1.4)]×6＝65.6 2) N_2 支路：(3.2－1.5)＋4.5＋24.5×3＋0.3＋7.2＝87.2 3) N_3 支路：(3.2－1.5)＋16.7＋1.3＋24.5×3＋0.3＋7.2＝100.7 (3) 合计＝60.3＋87.2＋100.4＋65.6＋87.2＋100.7＝501.1	m	501.1
2	DG25	照明箱（一）和照明箱（二）连接线：3.2	m	3.2
3	BV6mm²	照明箱(一)和照明箱(二)连接线：(1.0＋3.2＋0.4)×4＝18.4	m	18.4
4	BV4mm²	照明箱(一)和照明箱(二)连接线：(1.0＋3.2＋0.4)×1＝4.6	m	4.6
5	DG15	(1) 照明箱（一）系统： 1) N_4 支路：(1.5－0.4) ＋5.2＋0.4＋3.6＋0.4×2＋3.7＋0.4＋7.2＋0.4＋ 3.5＋0.4＋0.3＝27.0 2) N_5 支路：1.5＋18.5＋0.4×2＋3.5＋0.4＋0.3＋0.4＋3.5＋0.4＋2.1＋0.4 ＋3.5＋0.4＝35.7 (2) 照明箱（二）系统： 1) N_4 支路：(3.2－1.5) ＋3.7＋3.9＋ (3.2－0.4) ＋0.4＋3.5＋0.4＋7.2＋ 0.4＋3.5＋0.4＋0.3＝28.3 2) N_5 支路：1.5＋17.2＋5.8＋0.4×2＋3.5＋0.4＋0.3＋0.4＋3.5＋0.4＋2.1 ＋0.4＋3.5＋0.4＝40.2 合计＝27＋35.7＋28.3＋40.2＝131.1m	m	131.1m

续表

序号	名称	计　算　式	单位	数　量
6	BV1.5mm²	(1) 照明箱（一）系统 1) N_1 支路：(1.0+1.7+2.0+2.5+3.8+18+2.8×6)×2+(2.0+1.8)×3+(1.0+11.7)×2=91.6+11.4+25.4=128.4 2) N_2 支路：[1.0+87.2−1.0−(3.2−1.4)−1.3]×2+[1.0+(3.2−1.4)+1.3]×3=168.4+12.3=180.4 3) N_3 支路：[1.0+100.4−1.0−(3.2−1.4)−1.3]×2+[1.0+(3.2−1.4)+1.3]×3=194.6+12.3=206.9 (2) 照明箱（二）系统： 1) N_1 支路：{0.4+65.6−[2.3+(3.2−1.4)+(3.2−1.4)²+3.5²+3.3+(6.4−1.4)²+3.5²]}×2+[2.3+(3.2−1.4)+(3.2−1.4)²+3.5²+3.3+(6.4−1.4)²+3.5²]×3=97+52.5=149.5 2) N_2 支路：{0.4+87.2−[1.0+(3.2−1.4)+1.3]}×2+[1.0+(3.2−1.4)+1.3]×3=167+12.3=179.3 3) N_3 支路：(0.4+100.7−4.1)×2+4.1×3=194+12.3=206.3 (3) 合计=128.4+180.4+206.9+149.5+179.3+206.3=1051.1	m	1051.1
7	BV2.5mm²	(1) 照明箱（一）系统： 1) N_4 支路：(1.0+27.0)×3=84 2) N_5 支路：(1.0+35.7)×3=110.1 (2) 照明箱（二）系统： 1) N_4 支路：(0.4+28.2)×3=85.8 2) N_5 支路：(0.4+40.2)×3=121.8 合计=84+110.1+85.8+121.8=401.7	m	401.7
8	40W 吸顶灯	照明箱（一）系统：7 照明箱（二）系统：7	盏	14
9	5 头吸顶灯	2	盏	2
10	单管荧光灯	2	盏	2
11	25W 吸顶灯	12	盏	12
12	60W 吸顶灯	12	盏	12
13	32W 荧光花灯	12	盏	12
14	40W 壁灯	25	盏	25
15	换气扇	12	只	12
16	单控单联开关	40	只	40
17	单控双联开关	25	只	25
18	双控单联开关	2	只	2
19	空调插座	26	只	26
20	照明箱	2	只	2
21	接线盒	12	只	12
22	开关盒	67	只	67
23	灯头盒	79	只	79
24	系统接地极	L50×5 角钢接地极：3	根	3
25	接地母线	−40×4 扁钢接地母线：17	m	17
26	系统调试	1	个	1

工 程 预 算 表

附表 3-2

定额编号	分项工程名称及规格	数量	单位	单价（元）				合价（元）			
				设备主材	安装费	其中		设备主材	安装费	其中	
						工资	机械费			工资	机械费
2-442	照明箱（一）安装	1	台	620.0	8.74	5.00	0.58	620	8.74	5.00	0.58
2-441	照明箱（二）安装	1	台	370	6.10	3.00	0.58	370	6.10	3.00	0.58
2-703	DG15 管暗配	1.31	100m	103×3.40	32.21	13.13	5.38	458.76	42.20	17.20	7.64
2-704	DG25 管暗配	0.03	100m	103×4.30	50.44	20.48	6.50	13.29	1.51	0.61	0.20
2-758	ϕ16PVC 管暗敷	5.01	100m	106×0.90	13.36	11.08	—	477.95	66.93	55.51	—
2-773	BV1.5mm^2 管内穿线	10.51	100m	116.48×0.41	6.89	2.48	—	501.92	72.41	26.07	—
2-773	BV2.5mm^2 管内穿线	4.02	100m	116.48×0.63	6.89	2.48	—	295.00	27.70	9.97	—
2-774	BV4.0mm^2 管内穿线	0.05	100m	109.25×0.98	3.81	1.70	—	5.35	0.19	0.09	—
2-776	BV6.0mm^2 管内穿线	0.18	100m	104.09×1.37	2.71	1.90	—	25.67	0.49	0.34	—
2-943	接线盒安装	1.2	10个	10.2×2.20	6.18	1.13	—	26.93	7.42	1.36	—
2-943	插座盒安装	2.6	10个	10.2×1.00	6.18	1.13	—	26.52	16.07	2.94	—
2-944	开关盒安装	6.7	10个	10.2×1.00	3.86	1.20	—	69.34	25.86	8.04	—
2-944	灯头盒安装	7.9	10个	10.2×1.00	3.86	1.20	—	80.58	30.49	9.48	—
2-952	5 头吸顶灯安装	0.2	10套	10.1×180.0	39.93	5.40	—	363.60	7.99	1.08	—
2-951	40W 吸顶灯安装	1.4	10套	10.1×90	29.51	5.40	—	1272.60	41.31	7.56	—
2-950	60W 吸顶灯安装	1.2	10套	10.1×90	21.34	5.40	—	1090.8	25.61	6.48	—
2-953	矩形罩吸顶灯	1.2	10套	101.1×90	42.32	5.40	—	1090.8	50.78	6.48	—
2-984	吸顶荧光花灯	1.2	10套	101.1×130	17.17	5.43	—	1575.6	20.60	6.52	—
2-984	吸顶单管荧光灯	0.2	10套	1.01×35.0	17.17	5.43	—	70.70	3.43	1.09	—
2-961	壁灯安装	2.5	10套	10.1×40.0	22.09	5.05	—	1010	55.23	12.63	—
2-1070	换气扇安装	12	台	120	3.38	1.28	—	1440	40.56	15.36	—
2-1032	单联开关安装	4.0	10套	10.2×6.50	3.99	2.13	—	265.2	15.96	8.52	—
2-1033	双联开关安装	2.5	10套	10.2×7.50	4.12	2.13	—	191.25	10.30	5.33	—
2-1032	双控单联开关安装	0.2	10套	10.2×8.0	3.99	2.13	—	16.32	0.80	0.43	—
2-1047	空调插座安装	2.6	10套	10.2×6.50	6.49	2.08	—	172.38	16.87	5.41	—
2-1216	角钢接地极安装	3	根	23.10	1.86	0.80	0.58	69.30	5.58	2.40	1.74
2-1222	接地母线敷设	1.70	10m	10×4.20	8.97	7.75	0.47	71.4	15.25	13.18	0.80
2-1376	系统调试	1.0	系统	—	60.00	30.00	28.00	—	60.0	30.0	28.0
	合计							11670.26	676.38	262.08	39.54

电气照明工程预算造价计算表

附表 3-3

序号	项目名称		计 算 公 式
一	定额基价		676.38（元）
二	其中	人工费	262.08（元）
三		机械费	39.54（元）
四		辅材费	676.38－262.08－39.54＝374.76（元）
五	人工费调整		262.08÷2.5×22.00＝2306.30（元）
六	调整后辅材		374.76＋676.38×62％＝794.12（元）
七	机械费调整		39.54×（1＋417％）＝204.42（元）
八	调整后基价		2306.30＋794.12＋204.42＝3304.84（元）
九	主材费		11670.26（元）
十	综合间接费		2306.30×74％＝1706.66（元）
十一	劳动保险费		2306.30×14.5％＝334.41（元）
十二	税金		（3304.84＋11670.26＋1706.66＋334.41）×3.445％＝586.21（元）
十三	总造价		17602.38（元）

附录四 给排水工程施工图预算编制实例

一、编制依据

1. ××招待所给水排水工程施工图（见附图）。

2.《全国统一的安装工程预算定额》和《江苏省建筑安装工程费用定额》。

3. 江苏省及扬州市现行的机械费及辅材费调整计算的相关规定。

4. 给水排水工程施工及验收规范。

二、编制说明

1. 本预算主材预算单价参照扬州市现行的建筑安装材料指导价格，部分材料参照市场价格，决算时可按实调整。

2. 本预算按扬州市全民施工企业包工包料取费。

3. 根据《江苏省建筑安装工程费用定额》中工程类别划分的规定，本工程为三类工程。

工程量计算表 附表 4-1

序号	名 称	计 算 式	单位	数 量
1	室内镀锌管 *DN*50	图中未标出进户管上阀门位置，现按距建筑物外墙 1.5m 为界 （1）室内给水管：2.0 （2）热水管：1.5＋22＝23.5 （3）合计＝2.0＋23.5＝25.5	m	25.5
2	室内镀锌管 *DN*25	室内给水管：6.3＋7.2＋1.9×3＋（0.35＋0.5）×3＝21.75 （其中埋地 20.7） （2）热水管：（0.8＋5.97＋0.2＋2.77＋0.6）×3＋14.5＝45.52 （3）合计＝21.75＋45.52＝67.27	m	67.27
3	室内镀锌管 *DN*40	（1）室内给水管：1.0 （2）热水管：1.5＋22＝23.5 （3）合计＝1.0＋23.5＝24.5	m	24.5
4	室内镀锌管 *DN*20	（1）室内给水管：3.2×3＝9.6 （2）热水管：[（0.8＋0.1＋0.1）＋（1.85＋0.8＋0.35）×2]×6＝42 （3）合计＝9.6＋42＝51.6	m	51.6
5	室内镀锌管 *DN*15	室内给水管：[（0.8＋0.1＋0.1）＋（1.65＋0.1＋0.80＋0.45＋0.15）×2]×6＝43.8	m	43.8
6	浴缸	12	只	12
7	洗脸盆	12	只	12
8	大便器	12	只	12
9	*DN*15 截止阀	（1）卫生器具：12 （2）热水系统：12	只	24
10	地漏	12	只	12
11	排水铸铁管 *DN*100	图中未标出化粪池具体位置，现按距建筑物外墙皮 4m 为界 （1）PL1：[0.3＋（6.4＋0.7）＋3.2＋4.0＋（1.8＋0.4×2）×2]×3＝59.4 （2）PL2：（0.3＋6.4＋0.7＋3.2＋4.0）×3＝43.8 （3）合计＝59.4＋43.8＝103.2	m	103.2

续表

序号	名　称	计　算　式	单位	数　量
12	排水铸铁管 *DN*50	[(0.8+0.6+0.5+0.4×2)+1.8]×3=21.6	m	21.6
13	镀锌管刷沥青两遍	给水埋地管道现按刷沥青两道计 2.0×17.9/100+1.0×15.07/100+20.7×10.10/100=2.6m²	m²	2.6
14	铸铁管刷沥青两遍	(59.4+43.8) ×35.8/100×1.3+21.6×17.9/100×1.3=53.1	m²	53.1
15	铸铁管刷油时人工除锈	53.1	m²	53.1
16	热水管岩棉保温层	热水管按岩棉保温层 50mm 计 23.5×1.77/100+45.52×1.35/100+23.5×1.46/100+42×1.28/100=1.91	m³	1.91

工　程　预　算　表　　　　**附表 4-2**

定额编号	分项工程名称及规格	数量	单位	单价（元）		其中		合价（元）		其中	
				设备主材	安装费	工资	机械费	设备主材	安装费	工资	机械费
8-71	*DN*15 镀锌管（丝扣）	4.38	10m	10.2×5.50	14.55	4.85	—	245.72	63.73	21.24	—
8-72	*DN*20 镀锌管（丝扣）	5.16	10m	10.2×7.20	13.35	4.86	—	378.95	68.89	25.03	—
8-73	*DN*25 镀锌管（丝扣）	6.73	10m	10.2×8.90	15.89	5.50	0.21	610.95	106.94	37.02	1.41
8-75	*DN*40 镀锌管（丝扣）	2.45	10m	10.2×13.40	16.64	6.53	0.21	334.87	40.77	16.00	0.52
8-76	*DN*50 镀锌管（丝扣）	2.55	10m	10.2×17.10	20.46	6.53	0.60	444.77	52.17	16.65	1.53
8-128	*DN*50 铸铁管（水泥）	2.16	10m	8.8×21.00	20.99	5.58	—	399.17	45.34	12.05	—
8-130	*DN*100 铸铁管（水泥）	10.32	10m	8.9×40.00	61.04	8.58	—	3673.92	629.93	88.55	—
8-230	*DN*15 截止阀	24.0	个	1.01×9.00	1.28	0.23	—	218.16	30.72	5.52	—
8-351	浴缸安装	1.20	10 组	10×550.0	437.69	34.45	—	6600.0	525.23	41.34	—
8-355	洗脸盆安装	1.20	10 组	10.1×230.0	545.94	15.23	—	2787.60	655.13	18.28	—
8-379	坐式大便器安装	1.20	10 组	10.1×260.0	221.16	19.03	—	3151.20	265.39	22.84	—
8-400	*DN*50 地漏安装	1.20	10 个	10×21.0	8.72	3.75	—	252.0	10.46	4.50	—
13-1	铸铁管人工除锈	5.31	10m²	—	1.90	0.83	—	—	10.09	4.41	—
13-52	镀锌管刷沥青一遍	0.26	10m²	—	6.77	0.78	—	—	1.76	0.20	—
13-53	镀锌管刷沥青二遍	0.26	10m²	—	5.19	0.75	—	—	1.54	0.20	—
13-130	铸铁管刷沥青一遍	5.31	10m²	—	6.94	0.95	—	—	36.85	5.05	—
13-131	铸铁管刷沥青二遍	5.31	10m²	—	6.14	0.98	—	—	32.60	5.20	—
13-295	岩棉瓦块安装	1.91	m²	1.03×600	20.46	15.43	—	1180.38	39.08	29.47	—
	合计							20277.69	2616.62	353.55	3.46
	其中第八册合计								2494.7	309.02	3.46
	其中第十三册合计								121.92	44.53	—

脚手架搭拆费：	
第八册：给排水	309.02×8%=24.72（元）　其中工资占：24.72×25%=6.18（元）
第十三册：刷油	(44.53−29.47) ×12%=1.81（元）　其中工资占：1.81×25%=0.45（元）
绝热	29.47×30%=8.84（元）　其中工资占：8.84×25%=2.21（元）
调整后合价及工资：	
第八册：合价	2494.7+24.72=2519.42（元）
工资	309.02+6.18=315.20（元）
第十三册：合价	121.92+1.81+8.84=132.57（元）
工资	44.53+0.45+2.21=47.19（元）

给排水工程预算造价计算表 附表 4-3

序号	项目名称		计　算　公　式
一	定额基价		（八）册：2519.42（元）
			（十三）册：132.57（元）
二	其中	人工费	（八）册：315.20（元）
			（十三）册：47.19（元）
三		机械费	（八）册：3.46（元）
			（十三）册：0（元）
四		辅材费	（八）册：2519.42－315.20－3.46＝2200.76（元）
			（十三）册：132.57－47.19＝85.38（元）
五	人工费调整		（315.20＋47.19）÷2.5×22＝3189.03（元）
六	调整后辅材		（八）册：2200.76＋2519.42×96％＝4619.40（元）
			（十三）册：85.38＋132.57×72％＝180.83（元）
七	机械费调整		（八）册：3.46×(1＋359％)＝15.88(元)
			（十三）册：0（元）
八	调整后基价		3189.03＋(4619.40＋180.83)＋15.88＝8005.14(元)
九	主材费		20277.69（元）
十	综合间接费		3189.03×74％＝2285.88（元）
十一	劳动保险费		3189.03×14.5％＝462.41（元）
十二	税金		(8005.14＋20277.69＋2285.88＋462.41)×3.445％＝1069.02(元)
十三	总造价		8005.14＋20277.69＋2285.88＋462.41＋1069.02＝32100.14（元）

主要参考文献

1 建设部颁发．全国统一建筑工程基础定额，1995

2 江苏省建设委员会．全国统一建筑工程基础定额江苏省估价表．南京：南京大学出版社，1997

3 江苏省建设委员会．江苏省建筑工程综合预算定额．南京：南京大学出版社，1997

4 江苏省建设委员会．江苏省建筑工程概算定额．南京：南京大学出版社，1999

5 江苏省建设委员会．江苏省建筑安装工程费用定额．南京：南京大学出版社，1997

6 徐大图主编．工程造价的确定与控制．北京：中国计划出版社，1997

7 从培经主编．建筑工程技术与计量（土建工程部分）．北京：中国计划出版社，1997

8 唐连珏主编．工程估价师手册．北京：中国建筑工业出版社，1997

9 沈杰，戴望炎，钱昆润编著．建筑工程定额与预算（第三版）．南京：东南大学出版社，1999

10 于忠诚编．建筑工程定额与预算．北京：中国建筑工业出版社，1997

11 丁国铭编．建筑安装工程定额预算入门．南京：东南大学出版社，1997

12 刘钟莹，倪俭编．建筑工程造价与招投标．南京：东南大学出版社，1998

13 王维如主编．建筑工程概预算及电算化．上海：同济大学出版社，1998

14 陆崇熙主编．建筑工程技术与计量（安装工程部分）．北京：中国计划出版社，1997

15 刘玉辉，方林梅，张国华编．建筑装饰与安装工程预算．南京：东南大学出版社，1995

16 陈宪仁编．水电安装工程预算与定额．北京：中国建筑工业出版社，1997

17 袁方编．桥梁工程估算及概预算的编制．上海：同济大学出版社，1996

18 丰景春编．工程招投标与估价．南京：河海大学出版社，1997

19 交通部颁发．公路工程概算定额，1992

20 交通部颁发．公路工程预算定额，1992

21 王贵新编．国际工程投标报价方法与参数．北京：科学技术文献出版社，1994

22 何伯森编．国际工程招标与投标．北京：中国水利电力出版社，1994

23 尹贻林主编．工程造价管理相关知识．北京：中国计划出版社，1997

24 刘志才，许程洁，杨晓林编著．建筑安装工程概预算与投标报价．哈尔滨：黑龙江科学技术出版社，1998

25 全国监理工程师培训教材编写委员会．工程建设合同管理．北京：中国建筑工业出版社，1997

26 杜训编．国际工程估价．北京：中国建筑工业出版社，1996

27 周佩德编．Foxpro 2.5 数据库原理与应用．北京：电子工业出版社，1994

28 王守清编．计算机在建筑工程成本测算中的应用．北京：清华大学出版社，1996